培养最精彩的情绪管理　测试最独到的理财

人生二诀

姜韦羽◎著

做人讲情商
做事讲财商

天津出版传媒集团

天津人民出版社

图书在版编目（CIP）数据

人生二诀：做人讲情商，做事讲财商/姜韦羽著
. --天津：天津人民出版社, 2018.7
ISBN 978-7-201-13253-2

Ⅰ.①人… Ⅱ.①姜… Ⅲ.①人生哲学—通俗读物
Ⅳ.①B821-49

中国版本图书馆 CIP 数据核字（2018）第 073494 号

人生二诀：做人讲情商，做事讲财商
RENSHENG ERJUE: ZUOREN JIANG QINGSHANG, ZUOSHI JIANG CAISHANG

出　　版	天津人民出版社
出 版 人	黄　沛
地　　址	天津市和平区西康路35号康岳大厦
邮　　编	300051
邮购电话	（022）23332469
网　　址	http://www.tjrmcbs.com
电子信箱	tjrmcbs@126.com

责任编辑	刘子伯
装帧设计	孙希前

印　　刷	香河县宏润印刷有限公司
经　　销	新华书店
开　　本	710×1000毫米　1/16
印　　张	15
字　　数	120千字
版次印次	2018年7月第1版　2018年7月第1次印刷
定　　价	39.80元

前言

情商又称情绪智力，是近年来心理学家们提出的与智力和智商相对应的概念。它主要是指人在情绪、情感、意志、耐受挫折等方面的品质。以往认为，一个人能否在一生中取得成就，智力水平是第一重要的，即智商越高，取得成就的可能性就越大。

但现在心理学家们普遍认为，情商水平的高低对一个人能否取得成功也有着重大的影响作用，有时其作用甚至要超过智力水平。

如果说智商显示一个人做事的本领，那么情商反映的是一个人做人的表现。在未来社会，不仅要会做事，更要会做人。情商高的人，说话得体，办事得当，才思敏捷，"人见人爱"。情商低的人，不是"不合群"，就是"讨人嫌"，要不就是"哪把壶不开提哪把"。

现在，在国外广为流传这样的话："靠智商得到录用，靠情商得到提拔"。一旦进入一个单位，能不能"工作顺利"、"事业有成"，情商是一个关键因素。职场中人在不断提升自己的能力时，还应不断培养自己的情商。否则，"身怀绝技"，也难免碰壁。

真正能做到"人见人爱"的，古往今来能有几人！我们不可能做到让每个人都喜欢你，但是情商高的人一定能做到让每个人都不讨厌你。

财商是指一个人管理金钱和驾驭金钱的能力，它不但能反映出一个人的财富观念，更是决定一个人投资理财能否成功的关键因素，因此拥有出类拔萃的财商已经成为决定人生成败的重要条件。

财商也成为了衡量一个人在商业方面取得成功能力的重要指标，反映了一个人判断财富的敏锐性，以及怎样做事才能成为富翁。人们把财商认为是实现成功人生的关键因素，将它与智商、情商一起并列为不可或缺的"三商"之一。

著名商人乔治·克拉森说，财富就像一棵树，是从一粒小小的种子成长起来的。你积蓄的第一个铜板就是你财富之树的种子；你越早播种，财富之树就会越早成长起来；你越是以不断的储蓄悉心地呵护这棵树，你就可以越早地在它的树荫下乘凉。

我们也经常听到一些人为自己找借口，抱怨命运的不公。其实，这是人们的通病。他们从来没有考虑过，他们之所以如此，是由于财商低下，对金钱一无所知。财商的低下导致行动的落后，行动的落后导致生活的贫困。

世界上许多穷困的人不乏有才华的人——硕士、博士。在他们的思维中，没有想过提高自己的财商，所以，在社会上会出现智力一般却是亿万富豪，而学识渊博却生活穷困的现象。

于丹说过"这个世界上的真理都是最朴素的，就像太阳从东边升起，春天要播种，秋天要收获一样。"可是往往越是简单的道理越容易被人忽略，更何况"说到"和"得到"之间还横亘着"做到"。

智商能令你聪明，但不能使你成为富有的人；情商可以帮助你寻找财富，赚取人生的第一桶金；而财商能为你保存这第一桶金，并且让它持续不断的增值。

实践证明，只有学习才能不断提高你的情商、财商，使你在今后的事业中游刃有余，人脉兴盛，机会也会接踵而来，对财富的渴望就有可能变为希望、变成现实。

目 录

第三章：良好的情绪管理能力

第四章：自我激励以取得成功

第五章：迈向成功的人脉金矿

下篇 做事讲财商

第六章：激活你的财商潜意识

第七章：唯专注才能赢得成功

第八章：选准方向可驶得更远

第九章：坚持努力使梦想成真

第十章：品质决定成功的高度

上 篇：

做人讲情商

许多证据显示，情商较高的人在人生各个领域都占尽优势，无论是谈恋爱、人际关系，还是在主宰个人命运等方面，其成功的机会都比较大。

此外，情商高的人生活更有效率，更易获得满足，更能运用自己的智能获取丰硕的成果。反之，不能驾驭自己情感的人，内心激烈的冲突，削弱了他们本应集中于工作的实际能力和思考能力。也就是说，情商的高低可决定一个人其他能力（包括智力）能否发挥到极致，从而决定他有多大的成就。

多年以来，人们一直以为高智商等于高成就，其实，人一生的成就至多有20%归之于智商，80%则受情商因素的影响。所谓20%与80%并不是一个绝对的比例，它只是表明，情感智商在人生成就中起着至关重要的作用。尽管智商的作用不可缺少，但过去把它的作用估量得太高了。为此，心理学家霍华·嘉纳说："一个人最后在社会上占据什么位置，绝大部分取决于智力因素。"

现代研究已经证实，情商在人生的成功中起着决定性因素，只有与情感智商联袂登台，智商才能得到淋漓尽致的发挥。

所以说，情商是一个人命运中的决定性因素，成功者和卓越者并不是那些满腹经纶却不通世故的人，而是那些能调动自己情绪的高情商者。

第一章

正确客观地认识自我

　　人一生的奋斗过程其实就是战胜自我的过程，要想战胜自我，当然首先要尽量地了解自己。如果对自己的优点、缺点都不清楚，那就很难在工作中扬长避短，挑战自我。

　　人经常每天要面对的，不仅仅是围绕在你身边的人。更多时候，人时时要面对的，只是自己。像一滴水能映照出太阳的光辉一样，每天，人的思想、语言、心态、行为，便能映照出一个真实的自己。认识自己，就可以把握自己；认识自己，就可以完善自己……一旦看问题看世界的角度有了变化，人就能发现全新的自己。

　　生活如同月亮有盈有亏，好似海水有涨有落充满缺憾，人又怎样才能十全十美、事事如意呢？既使再有学问的人也会存在有不懂的知识，每个人都有自己的优势，但也会有不如他人之处，谦虚是做人的一种美德，"不耻下问"是获取知识的一种境界，"知己知彼"才能获得大的成功。

　　《孟子》云：穷则独善其身，达则兼善天下。人一旦真的到了这样的思想深度，就能将认识自己升华到一个完美的境界中。

1. 智商诚可贵 情商价更高

智商显示一个人做事的本领，情商反映一个人做人的表现。在未来社会，不仅要会做事，更要会做人。情商高的人，说话得体，办事得当，才思敏捷，"人见人爱"。情商低的人，不是"不合群"，就是"讨人嫌"，要不就是"哪壶不开提哪壶"。

现在，在国外广为流传这样的话："靠智商得到录用，靠情商得到提拔"。一旦进入一个单位，能不能"工作顺利"、"事业有成"，情商是一个关键因素。职场中人在不断提升自己的能力时，还应不断培养自己的情商。否则，"身怀绝技"，也难免碰壁。

1960年，著名心理学家瓦尔特·米歇尔（Walter Mische）进行了一个实验。在斯坦福大学附属幼儿园里选择了一群四岁的孩子，这些孩子多数为斯坦福大学教职员工及研究生的子女。

他让这些孩子走进一个大厅，在每一位孩子面前放着一块软糖。测试老师对孩子们说：老师出去一会儿，如果你能坚持到老师回来还没有把自己面前的软糖吃掉，老师就再奖励你一块。如果你没等到老师回来就把软糖吃掉了，你就只能得到你面前的这一块。

在十几分钟的等待中，有些孩子缺乏控制能力，经不住糖的甜蜜诱惑，把糖吃掉了。而有些孩子领会了老师的要求，尽量使自己坚持下来，以得到两块糖。

他们用各自的方式使自己坚持下来。有的把头放在手臂上，闭上眼睛，不去看那诱人的软糖；有的自言自语、唱歌、玩弄自己的手脚；有的努力让自己睡着。最后，这些有控制自己能力的小孩如愿以偿，得到了两块软糖。

研究者对接受这次实验的孩子进行长期跟踪调查。中学毕业时的评估结果是，四岁时能够耐心等待的人在校表现优异，入学考试成绩普遍较好。而那些控制不住自己，提前吃掉软糖的人，则表现相对较差。

而进入社会后，那些只得到一块软糖的孩子普遍不如得到两块软糖的孩子取得的成就大。

这项并不神秘的实验，使人们意识到对智力在人生成就方面所起的作用估价有些偏高，而对原本并不陌生的人类情感，在人生成就和生活幸福方面实际上所起的巨大作用估价太低了。正是这项实验研究引发了人们对情感智力研究和教育的重视。

情感智力，是近年来心理学家们提出的与智力相对应的概念。它主要是指人在情绪、情感、意志、耐受挫折等方面的品质。可以用情绪商数（Emotional Quotient）来具体化，即人们常说的"情商"。现在心理学家普遍认为，情商水平的高低对一个人能否取得成功有着重大影响，其作用甚至要超过智力水平。

情商之父丹尼尔·戈尔曼指出：一个人的成功诸因素中，智商只起决定作用的20%，而情商却占80%。在过分注重智育的家庭中成长的孩子必然缺乏了解他人和社会交往的能力，在保护意识特别浓的父母呵护下长大的孩子，必然缺乏独立性。

相反，如果在孩子年幼的时候，就让他接触"情绪教育"，给他一个温暖、鼓励、健康的成长环境，创造足够多的与同龄人相交往和交流的机会，教他们如何控制或平息愤怒、焦躁、忧郁等不良和消极情绪，这对他们的一生都能起到最积极的作用。

美国心理学家认为，情商包括以下几个方面的内容：

一是认识自身的情绪。因为只有认识自己，才能成为自己生活的主宰，我们首先要有意识地关注自己。

二是能妥善管理自己的情绪。即能调控自己，有的同学为接一桶水打架，为一句话不恰当骂人，这都是缺乏情绪管理的能力。

三是自我激励。它能够使人走出生命中的低潮，重新出发，考试不理想，情绪低落的时候，要多方面考虑和改进；生活中有不幸的时候，要从积极的方面换角度进行思考。世界性的金融危机，有多少领导在积极应对？不断出台措施，不断互相往来，互相鼓励。中国的4000个亿拉动内需，多少人赞叹！

四是认知他人的情绪。这是与他人正常交往，实现顺利沟通的基础；找别人心情好的时候才谈论事情，或者提出自己的要求；或者叫看场合说话，这些都是以认知别人作为前提。

五是人际关系的管理。即领导和管理能力。主要是指学会协调和统筹等。

心理学家们认为，情商高的人在人生各个领域都占尽优势，无论是谈恋爱、人际关系，还是在主宰个人命运等方面，其成功的机会都比较大。一般他们社交能力强，外向而愉快，不易陷入恐惧或伤感，对事业较投入，为人正直，富于同情心，情感生活较丰富但不越轨，无论是独处还是与许多人在一起时都能怡然自得，易获得满足，更能运用自己的智能获取丰硕的成果。反之，不能驾驭自己情感的人，内心激烈的冲突，削弱了他们本应集中于工作的实际能力和思考能力。

　　为此，心理学家霍华·嘉纳说："一个人最后在社会上占据什么位置，绝大部分取决于情商因素。"

　　也就是说，情商的高低可决定一个人其他能力（包括智力）能否发挥到极致，从而决定他有多大的成就。现代研究已经证实，情商在人生的成功中起着决定性因素，只有与情感智商联袂登台，智商才能得到淋漓尽致的发挥。

　　在现代社会也有不少神童，没有像人们想像的那样子，长大后可以有出息，为什么？有的学生虽然也很聪明，但是性格孤僻，怪异，不合群，不宜合作。有的自卑脆弱不能面对挫折，有的急躁，固执，自负，情绪不稳定，有的冷漠，易怒，神经质，与周围的人很难沟通。特别是有的以自我为中心，从不关爱他人，总喜欢周围的人围绕他一个人转。但是他们与人合作方面还不尽人意，对人苛刻挑剔，不能原谅人，不能宽容人。

　　可是，在许多领域卓有成就的人当中，有相当一部分人，在学校里被认为智力不太出众，也不是太聪明，甚至大家认为他可能还是低智商的，但他们充分地发挥了他们的情商，最后获得成功，成了大事业。

　　达尔文在他的日记中说："教师、家长都认为我是平庸无奇的儿童，智力也比一般人低下。"但他成为伟大的科学家。

　　爱因斯坦在 1955 年的一封信中写道："我的弱点是智力不行，特别苦于记单词和课文。"但他成为了世界级的科学家。

　　洪堡上学时的成绩也不好，一次演讲中他提到："我曾经相信，我的家庭教师再怎样让我努力学习，我也达不到一般人的智力水平。"可是，20多年后他却成为杰出的植物学家、地理学家和政治家。

　　凯文·米勒小时候学习成绩很差，高中毕业时靠着体育方面的才能，才勉强进入芝加哥大学学习。许多年后，在他公开的日记中有这样的记述："老师和父亲都认为我是一个笨拙的儿童，我自己也认为其他孩子在智力方面比我强。"可是，这位凯文·米勒经过多年的努力，却成为美国著名的洛兹企业集团的总裁。

戈尔曼用了两年时间，对全球近500家企业、政府机构和非牟利组织进行分析，除了发现成功者往往具备极高的工作能力以外，卓越的表现亦与情绪智能有着密切的关系。

在一个以15家全球企业，如IBM、百事可乐及富豪汽车等数百名高层主管为对象的研究中发现，平凡领导人和顶尖领导人的差异，主要是来自情绪智能的差异。

卓越的领导者在一系列的情绪智能，如影响力、团队领导、政治意识、自信和成就动机上，均有较优越的表现。

情商对领导人特别重要，是因为领导的精髓在于使他人更有效地做好工作。一个领导人的卓越之处，在很大程度上表现于他的情商。

所以说，情商是一个人命运中的决定性因素，成功者和卓越者并不是那些满腹经纶却不通世故的人，而是那些能调动自己情绪的高情商者，所以可以说神童不神，就差在情商。

随着社会高速发展，人们遇到的是快节奏的生活，高频率的工作负荷，再加上复杂的人际关系，再加上越来越激烈的竞争，人们普遍感到心里的压力很大，再加上天灾人祸，还有纷繁复杂的社会，只有高智商应付显然力不从心，还必须有高情商才能够适应社会，应对自如，才能自我管理自我调节。看一个领导是否成功，主要看他的部下是否成功。你的情商高了，吸引力、影响力、人格魅力就出来了，就能产生一种振臂一呼，应者云集的效果。

美国哈佛大学教授丹尼尔·戈尔曼他写了一本书，这本书叫做《情绪智力》，他指出，真正决定一个人是否成功的关键是情商能力而不是智商能力。所以，有人说：智商诚可贵，情商价更高。

智慧箴言

情商不仅是开启心智的钥匙，更是影响个人命运的最关键因素，要做出明智的决定，采取最合理的行动，正确应对变化并最终取得成功，情商不仅是必要的，而且是至关重要的。成功者和卓越者并不是那些满腹经纶却不通世故的人，而是那些能调动自己情绪的高情商者。

2. 情商是赢得非凡人生的关键

情商是衡量一个人情绪智力水平高低的一项重要指标。自控、自知、充满热情、擅长社交等都是非智力因素，它是不能被传统的智商要领所包容的，更不能从传统的文凭和学历方面得到证明。

现实告诉我们，许多聪明的人往往会成为一个失败者，而一些天生平庸的人却取得了成功。其中就是人与人在品质、意志、人格魅力、沟通能力、心理素质等因素方面的差异作用。然而，恰恰就是这些因素对一个人的命运起着决定性的作用。

人生活在这个世界上，的确会有很多事情难以预料到，成功和失败常常会伴随一生。人的这一生有如簇簇繁花，既有耀眼红火的时候，也有萧条暗淡的时候。如果一个人在面对成功或者荣誉之时，能做到不狂喜，不盛气凌人，淡泊功名利禄，那么在他遭遇到挫折或者失败的时候，也就不会像《儒林外史》里的范进那样，中举了，却让自己成为一个发了疯的人。

每个人都需要有一道经历成功、战胜失败的精神防线。在取得成功的同时，要时刻记住，世界上的任何成功或者荣誉，往往是依赖于周围的其他因素，并非是自己一个人的功劳的。在遭受到失败的时候，也不要一蹶不振。只要是你经过了自己的奋斗和拼搏就可以了，你就可以无愧地告诉自己："天空没有留下我的痕迹，但我已飞过。"这样你就会为自己赢得一个非常广阔的心灵空间，得而不喜、失而不忧，能够更好地把握自我和超越自我。

曾经有一个叫菲尔德的美国人，他是一位实业家。在19世纪中叶的时候，他率领工程技术人员，利用海底电缆，把欧美这两个大陆连接起来。由此，人们给了他很高的荣誉，称他是这两个世界的统治者，他也成为当时美国最受尊敬的人。就在举行盛大的接通典礼的时候，刚刚被接通的电缆传送的信号，突然间中断了，人们的欢呼声顿时变成了愤怒的狂涛声，大家都纷纷骂他是个骗子、白痴。

然而，对于眼前发生的一切，菲尔德只是淡淡一笑，他没有去做任何解释，而只是在心中暗暗地告诉自己，我要继续努力，直到取得成功。此后，菲尔德埋头苦干，经过几年的努力，最终实现了他的梦想，通过海底电缆架起了欧美大陆之桥。就在这次隆重的庆典大会上，菲尔德并没有登上贵宾台，他只是远远地站在人群之中观看。

可以说，菲尔德不仅是两个世界的统治者，而且还是一位理性的胜利者。在遭遇到失败的时候，他没有气馁，意志消沉，而是通过对自我心理的调节后，做出了非常正确的选择，从而在实际行动上，显示出强烈的意志和自持力。这就是一种理性的自我完善。

在生活中，我们经常会遇到一些人，他们总是不停地抱怨命运对自己的不公，认为自己付出了辛勤的汗水，却得不到应有的回报，有的只是痛苦和失败。他们为什么会有抱怨呢？究其原因，那就是因为他们不懂得怎样去调节自己的情绪。

一个人要想在事业上取得成功，就需要有正确的思想和理念来做指引。真正具有建设性的精神力量，是蕴藏在左右人一生命运的情商之中的。能对人的生命产生决定性影响的，正是每时每刻的精神行为。

美国著名心理学家韦克·斯勒曾考察过40余名不同领域的诺贝尔奖得主，发现这些诺贝尔奖获得者们并非都具有高智商，他们中绝大多数人的智商甚至都在平常水平，但他们却无一例外地都具有锲而不舍的精神、很强的抗挫能力、很强的自信心和进取心等。换言之，他们无一例外地都属于高情商人群。

著名生物学家达尔文，曾在日记中写道："我的老师和长辈们都认为我是个平庸无才的孩子，甚至认为我的智力低于一般水平。"然而，达尔文却凭借着坚持不懈的努力成功了，成为生物进化论的创始人。

美国洛兹集团的总裁凯文·米勒，学习成绩一直不佳，甚至高中毕业时考试成绩也没有达到要求，只是凭借体育方面的特殊才能勉强进入芝加哥大学学习，然而他却以其独特的人格魅力、交际才能和管理天赋等这些情商素质成为一家大集团的领导者。

还有著名科学家爱因斯坦、洪堡和大诗人海涅、拜伦等人，他们的事例都说明，情商在个人追求成功的过程中起着决定性的作用，而智商的作用则是从属的。

其实，无论是自然领域还是社会领域，无论是事业还是爱情婚姻，情商都起着决定性的作用，甚至超过了我们上面所说的在自然领域方面的影响。

人是有感情的动物，如果情商低，就不能很好地了解、把握自己和别人。如果情商低，那么从事文学会不善于体察和探测情感，从政又不善于把握和控制情感，从事教育又不能阐释和引导人的情感，从事社交又不善于理解和利用人的情感……如此，想要成功自然是非常困难的事情。

由此可见，对于那些不甘平庸、追求成功的人而言，拥有高情商是一件势在必行的事情。也许，很多人都拥有丰富情感，但这并不等于拥有高情商。如果把人生比作一辆全速行驶的列车，那么情商就是为它提供前进的足够动力，决定它前进的快慢与方向。

在现实生活中不难发现，有些人虽然处在一种极其艰难困苦的环境之中，却能活得非常开心，在别人的鄙视与冷眼中一鸣惊人。相反，有些人生活的条件非常优裕，开拓事业的条件也样样具备，也会有不计其数的机会，可他们却总是消极麻木，不思进取。

之所以造成这两种为人、两种人生，究其原因还是与情绪有关系的。前一种人就是因为具有比较高的情商，才会在挫折中不被折服，能够进行自我激励，从而获得成功；后一种人就是因为情商比较低下，才会缺乏前进的动力，最终成为命运的输家。

在 20 世纪 50 年代，有一个叫史瑞克的美国人，在日本学习气功。一天上午，他在地铁里遇到一个酒气冲天的健壮男子，脸色阴沉，肆意寻衅滋事。这个男子跌跌撞撞地在车上走来走去，把一个怀中抱着婴儿的妇女撞倒在一对老夫妇的身上。

他不仅没有道歉，还撒起酒疯来，似乎想把车厢中间的一根铁柱子连根拔起来。车上的人都被吓坏了，连大气都不敢出一声。史瑞克看到这种情况后，就准备用他所学的气功小试身手，用以自卫和保护其他人。史瑞克慢慢地站了起来，那个男子见状，就立刻做出了准备出击的姿势，一场干戈即将发生。

就在这个时候，车厢里突然发出了一声洪亮而友好的声音："嗨！"这个声音让人听后，能够感觉到一种好友久别重逢时的欣喜。那个男子惊奇地转过身去，看到一位年纪近 70 岁的个子非常矮小的老人，正在笑容可掬地向他招手，并且对他说："你过来一下！"男子听后，就大踏步地走了过去，怒气冲冲地对他说："我凭什么要跟你说话？"老人用充满笑意的眼神望着男子说："你喝的是什么酒呀？"男子说："我喝的是清酒，这关你什么事？"

老人说："那太好了，我也很爱喝清酒，每天晚上都要温一小瓶清酒，拿到花园里和我的太太边喝边聊。花园里的景色非常美，那里面的柿子树长得真好……你一定也有一个很好的老婆吧？""我没有老婆，她去世了……"男子哽咽着对老人讲述了他的不幸，老人还鼓励他把所有的压抑都说出来。当史瑞克要下车的时候，就看到那个男子已经平静下来，斜倚在椅子上，他的头几乎是埋在老人的怀中。

这个故事可以说是情商的一次精彩表现，大家都不知道那位老人在处理数学和语言中的智商有多高，但他的人际智能确实令车上所有人折服。智商只是为一个人的成功提供了一种潜力，而情商却制约着智商发挥的程度及限度。情商对于智商来说，并不是智商的对立面，情商本身就是一种智慧。

所以，不能把一个人的智商值作为预测将来智力的唯一指标。事实也证明，智商与遗传是有关系的，但后天的努力更为重要。

美国哈佛大学心理学家说："成功对于任何人来说都不是命中注定的。成功的人之所以成功，除了后天的不懈努力，情商也是至关重要的成功砝码。与情商低的人相比，高情商的人更懂得为自己争取机遇、获取成功。"由此可见，情商才是赢得非凡人生的关键。

智慧箴言

成功者之所以成功，是因为他们能致力于力所能及的或经过拼搏能胜任的工作，积极地与那些成功者相比较，把他们当成楷模……通过努力、坚持不懈去战胜哪怕是最严重的困难，相信只有坚持才能把人生引向成功，认为除了干下去，别无选择。

3. 内省，认识自我的魔镜

一个真正成熟的人，应该在充分认识客观世界的同时，充分看透自己。认识了自己，你就是一座金矿，你就能够在人生中展现出应有的丰采。认识了自我，你就成功了一半。

在每个人的精神世界里，我们都存在着矛盾的两面：善与恶，好与坏，创造性和破坏欲。你将成长为怎样的人，外因当然起作用，但你对自己不断地反思，不断地在灵魂世界里进行自我扬弃，内省所起的作用是不能低估的。

人的成长就是不断的蜕变，不断地进行自我认识和自我改造。对自己认识得越准确越深刻，人取得成功的可能性越大。任何只停留在外表的修饰美化，如改变口才、风度、衣着等，都无法使人真正得到成长。要彻底改变旧我，要成长为一个真正的人，必须有一颗坚强的心，来支撑着你去经历高层次的蜕变。

一位年轻人去看医生，抱怨生活无趣和永无休止的工作压力，心灵好像已经麻木了。诊断后，医生证明他身体毫无问题，却觉察到他内心深处有问题。医生问年轻人："你最喜欢哪个地方？""不知道！""小时候你最喜欢做什么事？"医生接着问。"我最喜欢海边。"年轻人回答。医生于是说："拿这三个处方，到海边去，你必须在早上9点、中午12点和下午3点分别打开这三个处方。你必须同意遵照处方，除非时间到了，不得打开。"

这位年轻人身心俱疲地拿着处方来到了海边。

他抵达时刚好接近9点，独自一人，没有收音机、电话。他赶紧打开处方，上面写道："专心倾听。"他开始用耳朵去倾听，不久就听到以往从未听见的声音。他听到波浪声，听到不同的海鸟叫声，听到沙蟹的爬动，甚至听到海风低诉。一个崭新、令人迷恋的世界向他展开双手，让他整个安静下来，他开始沉思、放松。

中午时分他已陶醉其中，他很不情愿地打开第二个处方，上面写道："回想。"于是他回想起儿时在海滨嬉戏，与家人一起拾贝壳的情景……怀旧之情汩汩而来。近3点时，他正沉醉在尘封的往事中，温暖与喜悦的感受，使他不愿去打开最后一张处方。但他还是拆开了。

"回顾你的动机。"这是最困难的部分，亦是整个"治疗"的重心。他开始反省，浏览生活工作中的每件事、每一状况、每一个人。他很痛苦地发现他很自私，他从未超越自我，从未认同更高尚的目标、更纯正的动机。他发现了造成疲倦、无聊、空虚、压力的原因。

勇士称号不仅属于手执长矛、面对困难所向无敌的人，而且属于敢于用锋利的解剖刀解剖自己、改造自己，使自己得到升华和超越的人。从心理上看，自省所寻求的是健康积极的情感、坚强的意志和成熟的个性。它要求消除自卑、自满、自私和自弃，消除愤怒等消极情绪，增强自尊、自信、自主和自强，培养良好的心理品质。

自省者审视自我，使个性心理健康完善，摆脱低级情趣，克服病态畸形，净化心灵。自省有助于强者伦理人格的完善，和良好心理品质的培养，同时也成为强者的特征之一。

强者在自省中认识自我，在自省中超越自我，自省是促使强者塑造良好心理品质的内在动力。

自我省察对每一个人来说都是严峻的。要做到真正认识自己，客观而中肯定地评价自己，常常比正确地认识和评价别人要更困难的得多。能够自省自察的人，是有大智大勇的人。

哲学家亚里士多德认为，对自己的了解不仅仅是最困难的事情，而且也是最残酷的事情。心平气静地对他人、对外界事物进行客观的分析评判，这不难做到。但这把手术刀伸向自己的时候，就未必让人心平气静、不偏不倚了。

然而，自我省察是自我超越的根本前提。要超越现实水平上的自我，必须首先坦白诚实地面对自己，对自身的优缺点有个正确的认识。在人生道路上，成功者无不经历过几番蜕变的过程，也就是自我意识提高、自我觉醒和自我完善的过程。

历史总是这么有趣。2000年前，曾子说，吾日三省吾身。2000年后，他的后人曾国藩就成为了知识分子中具有自省精神的典范。如果用一个词为曾国藩的一生盖棺定论，显然非"自省"莫属。道光二十二年十月初一，已年近而立的他立下了"学作圣人"的宏愿，并为此付诸一生。乃至百年之后，"三十岁之前是庸人"的他，脱胎换骨，竟成了"千古第一完人"。

曾国藩的资质在史学界一直论为愚钝，左宗棠评价其才质平平。也并非修养过人，老祖父曾说他"尔若不傲，更好全了"。但既使不是这样，绝对谈不上突出。这就表明，既非天纵英才，也无祖上荫庇的曾国藩，能够从一位普通的农家子弟成长为一位权倾一时的"中兴第一名臣"、"中国最后一位儒家大师"，对后世产生深远影响，与他的自省有着深刻的联系。

曾国藩入翰林后，一直注重学问、修身、处世方面的提高，先后有两个理学家对他产生了深刻的影响。一个是唐鉴，一个是倭仁。倭仁对理学修炼最为虔诚，每天从早晨起床到晚上睡觉，一言一行，坐卧饮食，都按照"礼"

去办事，如果稍有违反，都一一登记在册。曾国藩在求教中，接受了把有违"礼"的事登记在册这样一种方法，并把它发扬光大。

他在给弟弟的信中说："每日有日课册，一日之中，一念之差，一事之失，一言之默，皆笔之于书，以便触目克治。""余向来有无恒之弊，自此次写日课本子起，可保终身有恒矣。"日课就是现在说的日记。曾国藩将日记作为自己自励、自责、自省的一件武器。

曾国藩每天将自己的意念和行事，以楷书写在日记上，以便随时检点和克制。就是在自己的思想上有不利于自身发展的苗头时，就对其进行认真的研究，从中发现事物的发展趋势和事物之间的相互利害关系，然后采用"克己"的方法，将那些不合"礼"的私心杂念统统消灭在萌芽状态中，以便自己的思想能始终沿着圣贤所要求的方向发展，而且，通过这样一种方式，他在学习、生活、治事等方面都养成了"恒"的功夫。

十七八岁时，曾国藩就获得了"烟棍"的雅号，成天烟筒不离口。21岁时，悔改戒烟，并把名字改成"涤生"，但雷声大，雨点小，只是口头革命；29岁时，林则徐禁烟，曾国藩响应，决定戒烟，他自我检讨说：为了戒烟，名字都改十年了，还是吃烟如故，可叹可恨。这次戒烟取得一定成效，但时断时续，不能坚持。

31岁时，也就是曾国藩向倭仁求教的那一年，他真正的下了决心戒烟，并逐日记载吸烟的害处。这种日记法终于把吸了多年的烟戒掉了。通过这件事，曾国藩也深刻地理解到：要成就一件大事，没有足够的毅力和恒心是绝对不行的。正是这种理解，并通过身体力行，为人表率，曾国藩最终成了中国封建社会的最后一位精神偶像。

曾国藩的日记通过自励、自责，达到了自省提高的境界，养成了持之以恒、永不放弃的精神，并通过日记反哺了下一代，对其中子弟门生产生了很大影响。

他儿子们在他的督责下，每日都要摹写小楷，隔几日便要做诗文一篇，并寄给他过目，即使在与太平军激战的时期也从未中断。曾氏后人代有人才出，与这种要求是分不开的。而且，曾国藩所提倡的这种有恒，不仅是指求学办事的恒心、毅力，还指读书、做事乃至养生的一种良好习惯和规律。

任何事物都有一定的规律，遵循规律才可收到良好的效益。这就是曾国藩说的"人生惟有常是第一美德"的真意。曾在他的家书中说"人旦有恒，事无不成"，就是说世上无难事，只怕有心人。他用他的后半生，证明了这个道理。

"勤能补拙"，正是凭着这股韧劲和恒心，曾国藩造就了自己的成功人生，成为中国近代史上一位重要的历史人物，被称为晚清"第一名臣"，成为中国传统文化的集大成者、中国近代文化的开创者、引进西方近代文化的带头人、中国近代洋务运动的创始人；后来者推崇他为"千古完人"、"官场楷模"。

但是，我们常会遇到这样一些人，他们身上有些缺点那么令人讨厌：他们或爱挑剔、喜争执，或小心眼、好忌妒，或懦弱猥琐、浮躁粗暴……这些缺点不但影响着他的事业，而且还使他不受人欢迎，无法与人建立良好的人际关系。

许多年过去了，这些人的缺点仍丝毫未改。细究一下，他们人心地并不坏，他们的缺点未必都与道德品质有关，只是他们缺乏自省意识对自身的缺点太麻木了。

本来，别人的疏远，事业的失利，都可作为对自身缺点的一种提醒。但都被他们粗心地忽略了，因而也就妨碍了自身的成长。

用诚实坦白的目光审视自己，通常是很痛苦的，因此，也是难能可贵的。人有时会在脑子里闪现一些不光彩的想法，但这并不要紧，人不可能各方面都很完美、毫无缺点，最要紧的是能自我省察。

凡属对自身的审视都需要有大勇气，因为在触及到自己某些弱点、某些卑微意识时，往往会令人非常难堪、痛苦。不论是对自己、对自己的偏爱物、对自己的民族传统、对自己的历史，都是这样。

但是，无论是痛苦还是难堪，你都必须去正视它。不要害怕对自己进行深入的思考，不要害怕发掘自己内心不那么光明，甚至很阴暗的一面。

当然，自我省察不仅仅是对自己的缺点勇于正视，它还包括对自己的优点和潜能的重新发现。每个人都有巨大的潜能，每个人都有自己独特的个性和长处，每个人都可以通过自省发挥自己的优点，通过不懈努力去争取成功。

认识自我，是每个人自信的基础与依据。即使你处境不利，遇事不顺，但只要你的潜能和独特个性依然存在，你就可以坚信：我能行，我能成功。

一个人在自己的生活经历中，在自己所处的社会境遇中，能否真正认识自我、肯定自我，如何塑造自我形象，如何把握自我发展，如何抉择积极或消极的自我意识，将在很大程度上影响或决定着一个人的前程与命运。

换句话说，你可能渺小而平庸，也可能美好而杰出，这在很大程度上取决于你是否能够反省，充分地认识自己。认识自我，你就是一座金矿，你就一定能够在自己的人生中展现出应有的风采。

智慧箴言

人就像蝉蜕，每成长一步，就要脱去旧衣，改换新装。如果一直不自觉、不自省，而是把失败的罪责推给别人或推给外界，那么身上的沉疴就会越积越重，身上的壳就会越套越厚，到一定程度你就再也脱不下来，就会付出巨大代价，别人是不会替你承受的，终究要由你自己承担。

4. 自我形象助你认识自己

自我心象是指在自己心目中，即潜意识中的"自我肖像"。每个人心目中都有一幅完整而详细的心理蓝图，即"我属于哪种人"。换句话说，就是你对自我的定义。

如果你的自我心象是一个低能者，你就会在自己的内心深处的那块屏幕上，经常看到一个无所作为、不受人重视的平庸小人物。而且，遇到困难时你会对自己说没有能力，在生活和工作中，你就会感到自卑、沮丧、无力。

如果你的自我心象是一个多才多艺者，你就会在自己内心深处的屏幕上，经常看到一个办事利索、受人尊重、进取向上的自我。这样，在任何情况下，你都会对自己说：我能干好。在工作中，你就会有自尊、愉快、好胜等良好的心态，从而在工作中取得成绩。

自我心象虽然是不自觉形成的，但这种心像一旦形成，人们就依据它去判断自己，并指导自己的行动，而很少怀疑它的可靠性。自我心象如何，是能否取得成功的首要基础。你觉得自己是个聪明的人，你就不会在难题面前轻易罢休。你觉得自己将一事无成，你就不会再向更高的目标努力。因为良好的自我心像表现出来就是自信心。

这个自我心象不管我们认识与否，也不管我们承认与否，它都客观地存在着。它不代表头脑，也不代表身体，它像意志、兴趣、情感一样是看不见、摸不着的。它虽然不占有身体的某个器官，但它确确实实存在着。它在人的行为中起着主导作用，让你在成功、成就、失败中去感受它的真实存在。

现在在个性心理学、精神治疗医学和工业心理学领域中，有无可辩驳的临床例证表明"成功型个性"、"失败型个性"、"健康倾向性个性"、"疾病倾向性个性"是客观存在的，然而这些个性的核心是什么呢？是一个人的自我心象。

每个人的自我心象的形成都是在暗示中成长起来的。"暗示"塑造了每个人的个性。自我心象就是个性（或性格）的图像，你的言行、举止就是自我心象的展示，它是人们能动的工作和学习的心理力量。

一次，美国著名的心理学家罗森塔尔教授来到一所普通的中学，在一个班里随便走了一趟，然后就在学生名单上圈了几个名字，告诉他们的老师说，这几个学生智商很高，很聪明。过了一段时间，教授又来到这所中学，奇迹发生了，那几个被他选出的学生真的成为了班上的佼佼者。罗森塔尔教授这时才对他们的老师说，自己对这几个学生一点都不了解。这让老师们很是意外。其实，正是由于老师和学生接受了积极自我心理暗示才出现了这样的结果。

然而，人类的伟大梦想为什么只有少数人才能去实现呢？这就是自我心象的作用。卓越的自我心象并不是所有人都有的。谁都想成为卓越的人才，可是很多人对影响自己晋升或提高的缺点、毛病，即一些旧习性和不良的性格缺陷，却视而不见，自身的潜在能量没有得到有效的发挥。

在本世纪初，美国著名心理学家詹姆斯指出，一个正常健康的人，终其一生只利用了他固有能力的10%。2年之后人类学家、心理学家玛格丽特·米德说，即使最优秀的人，他的能量也不过发挥6%而已。到了80年代，蜚声世界的心理学家奥托指出："据我最近估计一个人所能发挥的能力，只占他全部能力的4%。我们估计的之所以越来越低，是因为人所具备的能力及其源泉之强大，根据现在的发现，远远超过我们过去10年前乃至5年前的估测。"更令人惊讶的说法出自控制论的奠基者N·维纳，他说："可以完全有把握地说，每个人，即使他是做出了辉煌创造的人，在他的一生中利用自己的大脑潜能还不到百亿分之一。"

我们最大的悲剧是：千千万万的人们生活着然后死去，却从未意识到存在他们身上的巨大潜能。随着岁月的流逝，挫折和失败的增加，屈从于当前的压力，很多人慢慢地丢失了梦想。自我设陷不断增加，整天生活在失败的恐惧之中，认为自己不行，认为自己不能够成功。

拿破仑就说过："在我的字典里就没有'不可能'这三个字。"一切的结论都是主观的，心理上的。一个人只要在心理上拒绝失败，他就不可能是真正的失败者，只要他不放弃梦想，不放弃奋斗，一切都是暂时的而不是最终的定局。只有积极的自我心象才能与积极的观念融为一体，而变成指挥成功行动的巨大心理驱动力。积极的自我心象会把一切错误的观念拒之门外，而使人少犯错误或少失败。所以，自我心象是左右个性和行为的关键，是一切成败的首要因素。

罗杰·罗尔斯是纽约的第53任州长，也是纽约史上第一位黑人州长。他出生在纽约的贫民窟，那里环境肮脏，充满暴力，是偷渡者和流浪汉的聚集地。在这儿出生的孩子，从小就耳濡目染逃学、打架、偷窃甚至吸毒等事，长大后很少有人获得体面的职业。

然而，罗杰·罗尔斯是个例外，他不仅考入了大学，而且成为州长。在就职的记者招待会上，到会的记者提出了一个共同的问题：是什么把你推向州长宝座的？面对300多名记者，罗尔斯对自己的奋斗史只字未提，他仅说了一个非常陌生的名字——皮尔·保罗。后来人们才知道，皮尔·保罗是罗尔斯上小学时的一位校长。

1961年，皮尔·保罗被聘为诺必塔小学的董事兼校长。当时正值美国嬉皮士流行的时代，他走进诺尔塔小学的时候，发现这儿的孩子比"迷惘的一代"还要无所事事，他们不与老师合作，旷课、斗殴，甚至砸烂教室的黑板。皮尔·保罗想了很多办法来引导他们，可是没有一个奏效。后来他发现这些孩子都很迷信，于是在他上课的时候就多了一项内容——给学生看手相。几乎经过他看过手相的学生，没有一个不是州长、议员、或者富翁的。

当罗尔斯从窗台上跳下，伸着小手走向讲台时，皮尔·保罗说，我一看你修长的小拇指就知道，将来你就是纽约州的州长。当时，罗尔斯大吃一惊，因为长这么大，只有他奶奶让他振奋过一次，说他可以成为五吨重的小船的船长。这一次，皮尔·保罗先生竟然说他可以成为纽约州的州长，着实出乎了他的意料。他记下了这句话，并且相信了他。

从那天起，纽约州州长就像一面旗帜飘扬在他的心间。他的衣服不再沾满泥土，他说话时也不再夹杂污言秽语，他开始挺直腰杆走路，他成了班长。在以后的几十年里，他没有一天不按州长的身份要求自己。51岁那年，他真的成了州长。

显然，自我心象是一种后天习得的自我感觉，这种感觉是在自我经历、环境和某种特殊事件或刺激中形成的。人总是根据自我意象，自我意识中的"我"去行动的，你认为自己是个好人，你就可能成为好人；而你认定自己是坏人，你才会成为一个坏人。认为自己是一位成功者，你就会像成功者一样去行动，你就会真的变成一位成功者。

人是自己观念的产物，你是什么样的人，首先在于你想成为一个什么样的人，由你自己决定。如果孩子认为自己聪明勤奋，只要努力就会有出息，他一定会努力学习，决不甘心自己的学业成绩落后于别人。如果孩子认为自己不行，不是读书的料，他就不会勤奋努力，也不会对学习感兴趣。

自我意识，自我概念统合得越好，人越能发挥自强、勤奋、进取、创造的特点。一个人不成功的根本在于他有一个失败、消极的概念。成功学大师拿破仑·希尔说过："成功是产生于那些有成功意识的人身上，失败降临在那些不自觉地让自己产生失败意识的人身上。"自我意象、自我意识造就了兵、将、帅，一旦成功意识根植于心中，你就会成为一位成功者。

所以，不要让过去的失败、挫折和当前的压力限制你潜能的发挥，迷失了自我。要时刻保持奋斗进取的热情，坚信："别人能做到的，我也能做得到"、"别人做不到的，我有可能做得到"、"当我一定要，我就一定能。"

智慧箴言

世间万物，各有优劣。不愿在与别人的比较中找出自身差距的人，不愿取人之长补己之短的人，不愿移"他山"填"己谷"的人，就不可能清醒地认识自己。认识自己，是个心灵逐步"净化"的过程；推动这种"净化"齿轮转动的，当然也包括挫折、打击、这类作用力。莎士比亚断言："最好的好人，都是犯过错误的过来人。"此论极是！

5. 做好自己的旁观者

中国有句老话叫"医不自治，鉴不自照"，是说每个人在对待自己时很难做到准确公正；西方也有句老话说"为什么看见你弟兄眼中有刺，却不想自己眼中有梁木呢"，是说每个人看别人往往看得清楚，看自己就不容易了。其实，上面两句简言之，就是我们常说的另一句老话："当局者迷，旁观者清"。

一个人如若自高自大，就会使自己的发展停滞不前，甚至后退，而自暴自弃则永远失败。心理学家的研究表现，如果因为错误的评价自己而使自己的潜能得不到充分的发挥，埋没了自己，那么就会处于自卑感和失败感的控制之下。长此以往，就会变得胆小、退缩，形成消极的情绪和性格，最终导致心理疾病。所以，一个具有健康情绪的人，必须学会正确认识自己，做自己的旁观者。

有一位老师，常常教导他的学生说：人贵有自知之明，做人就要做一个自知的人。唯有自知，方能知人。有个学生在课堂上提问道："请问老师，您是否知道您自己呢？"

"是呀，我是否知道我自己呢？"老师想，"嗯，我回去后一定要好好观察、思考、了解一下我自己的个性，我自己的心灵。"回到家里，老师拿来一面镜子，仔细观察自己的容貌、表情，然后再来分析自己的个性。

首先，他看到了自己亮闪闪的秃顶。"嗯，不错，莎士比亚就有个亮闪闪的秃顶。"他想。他看到了自己的鹰钩鼻。"嗯，英国大侦探福尔摩斯——世界级的聪明大师就在一个漂亮的鹰钩鼻。"他想。他看到自己的大长脸。"嗨！大文豪苏轼就有一张大长脸。"他想。他发现自己具有一又大脚。"呀，卓别林就有一双大脚！"他想。于是，他终于有了"自知"之明。

"古今中外名人、伟人、聪明人的特点集于我一身，我是一个不同于一般的人，我将前途无量。"第二天，他对他的学生们说。

尼采曾经说过："聪明的人只要能认识自己，便什么也不会失去。"正确认识自己，才能使自己充满自信，人生的航船才不会迷失方向。正确认识自己，才能正确确定人生的奋斗目标。只有有了正确的人生目标，并充满自信，为之奋斗终生，才能此生无憾。即使不成功，自己也会无怨无悔。

但是，精确地认识自己并不是一件容易的事情。人们常说：旁观者清。这是因为了解外界的事物需要的是观察力、推理能力和分析能力，这些属于智商范畴，并不太受情商影响，只是经常被运气所左右。而认识自己，就需要较高的情商。人在开始准备了解自己之前，都对自己怀有各种期望，如果在了解自己的过程中，发现自己的能力不及自己的期望，自然会产生失望的情绪，从而低估自己的其它能力。

相反，如果在了解自己的过程中，发现自己的能力远远超出自己的期望，自然也会产生惊喜的情绪，从而高估了自己的其它能力。只有情商高的人，善于控制自己的情绪，才能在平和的心态中对自己进行精确的评估。

著名作家威廉·史泰隆在自述严重抑郁的心境时，有十分生动的描述："我感觉似乎有另一个自我与我相随，一个幽魂的旁观者心智清明如常，无动于衷，带着一丝好奇，旁观我的痛苦挣扎。"有些人在自我体察时，的确对激昂或困扰的情绪了然于胸，从自身的体验向旁迈开一步，仿佛另一个自我在半空中冷静旁观。

"我在愤怒面前不能自己了！"有人这样描述自己当时的情绪。

在这种场景中有两个自我，一个身临其境怒火中烧的我，一个旁观的我。"旁观的我"以局外人的身份来观察自己，来评判自己的情绪。这个时候他与自己之间存在某种程度的距离，是以一种鸟瞰的方式来打量自己，与自我保持一定的距离，能够更清楚地了解那个潜在的我，了解自己真实的情绪。

每当你受到刺激需要发泄时，便可试着先强制自己冷静，然后在脑子里迅速地幻想出一个内心的旁观者。这个人可以是潜在的自我，也可以是另外一个人，想像他就在你的旁边，他在注视着你的表演，看你如何发泄不满，而他的内心正在嘲笑你。这时你便会觉得自己的行为有多么的不理智，你就会重新审视自己的行为，从而懂得一个正确的处理办法。

一般说来，高情商者都是通过两种途径了解自己。

一是通过别人对自己的评价来认识自己。他人评价比自己的主观认识具有更大的客观性，如果自我评价与周围人的评价相差不大，表明自我认识能力较好，反之，则表明在自我认知上有偏差，需要调整。

然而，对待别人的评价，也要有认知上的完整性，不可只以自己的心理需要，注意某一方面的评价。应全面听取，综合分析，恰如其分地对自己做出评价和调节。

　　二是通过生活阅历了解自己。大多数人通过别人的看法来观察自己，为获得别人的良好评价而苦心迎合。

　　但是，仅凭别人的一面之辞，把对自己的认识建立在别人身上，就会面临严重束缚自己的危险。人生的棋局该由自己来摆，不要从别人身上找寻自己，应该经常自省塑造自我。成功和挫折最能反映个人的性格情绪，因此，还可以通过自己成功或失败的经验教训，来发现自己的情绪特点，在自我反省中重新认识自我，把握自己的情绪走向。

　　高情商者是自我觉知型的人，他们了解自己的情绪，对自己情绪状态能进行认知、体察和监控。他们具备自我意识，能在情绪分扰中保持中立自省的能力。反之，低情商者则受情绪的左右，对事物的发展缺乏判断和预知能力。结果往往会事与愿违。

　　纪伯伦在其作品中讲了一只狐狸觅食的故事——狐狸欣赏着自己在晨曦中的身影说：“今天我要用一只骆驼做午餐！”整个上午，它奔波着，寻找骆驼。但当正午的太阳照在它的头顶时，它再次看了一眼自己的身影，于是说：“一只老鼠也就够了。”狐狸之所以犯了两次截然不同的错误，与它选择“晨曦”和“正午的阳光”作为镜子有关。晨曦不负责任地拉长了它的身影，使它错误地认为自己就是万兽之王，并且力大无穷、无所不能，而正午的阳光又让它对着自己已缩小了的身影忍不住妄自菲薄。

　　不能很好地认识自己的人，千万别忘记了上帝为我们准备了另外一面镜子，这面镜子就是“反躬自省”四个字。它可以映射出落在心灵上尘埃，提醒我们“时时勤拂拭”，认识真实的自己。

智慧箴言

　　俗话说“知人者智，自知者明”所有迷途的羔羊，皆因为心性已失；所有遗失的鸟儿，皆因忘乎所以。要想拥有美好的人生，就该时时刻刻打开心灵的窗户，让自己认清自己的灵魂，把命运掌握在自己手中，走好人生的每一步。

6、发现自己最闪亮的发光点

俗话说"金无足赤，人无完人"，每个生命个体都不可能是完美无暇的。如果我们抱着寻找完美自我的态度，那我们总是在自寻烦恼，以乐观豁达的态度面对自己的缺陷，以冷静平和的态度看待自己的长处，才能使我们人生的脚步愈加稳健从容，背影必将愈加自信厚重。

海伦·凯勒是位全世界都知道的盲人作家，她是如何站在信念的天平上的呢？换句话说，当她的生理和生存开始面临不幸的时候，她是如何成大事的呢？海伦刚出生时，是个正常的婴孩，能看、能听，也会咿呀学语。可是，一场疾病使她变得既盲又聋又哑——那时她才 19 个月大。

生理的剧变，令小海伦性情大变，稍不顺心，她便会乱敲乱打，野蛮地用双手抓食物塞入口里。若被试图纠正，她就会在地上打滚乱嚷乱叫，简直是个十恶不赦的"小暴君"。父母在绝望之余，只好将她送至波士顿的一所盲人学校，特别聘请一位老师照颐她。

所幸的是，小海伦在黑暗的悲剧中遇到了一位伟大的光明天使——安妮·沙莉文女士。沙莉文也是位有着不幸经历的女性。她 10 岁时和弟弟两人一起被送进麻省孤儿院，在孤儿院的悲惨生活中长大。由于房间紧缺，幼小的姐弟俩只好住进放置尸体的太平间。在卫生条件极差又贫困的环境中，幼小的弟弟 6 个月后就夭折了。她也在 14 岁时得了眼疾，几乎失明。后来，她被送到帕金斯盲人学校学习凸字和指语法。

既聋又哑且盲的少女，初次领悟到语言的喜悦时，那种令人感动的情景实在难以描述。海伦曾写道："在我初次领悟到语言存在的那天晚上，我躺在床上，兴奋不已，那是我第一次希望天亮——我想再没有其他人可以感觉到我当时的喜悦吧。"就是这位失明的海伦，凭着触觉——指尖去代替眼和耳学会了与外界沟通。她 10 岁多一点时，名字就已传遍全美，成为残疾人士的模范——一位真正的由弱而强的人。

1893 年 5 月 8 日，是海伦最开心的一天，这也是电话发明者贝尔博士值得纪念的一日。贝尔博士在这一日成立了他那著名的国际聋人教育基金会，而为会址奠基的正是 13 岁的小海伦。

海伦·凯勒也曾经彷徨痛苦过，但她终究是位不平凡的女性，因为她已能够坦然面对不幸的遭遇，缺陷已不再是她关注的焦点。

小海伦成名后，并未因此而自满，她继续孜孜不倦地接受教育。1900 年，这个 20 岁的残疾女孩学会了指语法、凸字及发声，并通过这些手段获得超过常人的知识，进入了哈佛大学拉德克利来学院学习。她说出的第一句话是："我已经不是哑巴了！"她发觉自己的努力没有白费，兴奋异常，不断地重复说："我已经不是哑巴了！"4 年后，她作为世界上第一个受到大学教育的盲聋哑人，以优异的成绩毕业。海伦不仅学会了说话，还学会了用打字机著书和写稿。坦然面对自己缺陷的人是强者，也是智者，他们摒弃了不必要的自欺欺人，选择从容与毫不畏惧的态度，于是幸运才会降临到他们的身上。

高情商的人能将自己有限的天赋发挥到极致，罗斯福就是一个典型的例子。奥利弗·万德尔·劳尔姆斯认为罗斯福"智力一般，但极具人格魅力"。罗斯福之所以能当上美国总统，带领美国走出经济萧条，在第二次世界大战中成为真正的赢家，与他积极乐观的性格有着极大的关系。

美国前总统罗斯福在中年时患小儿麻痹，这时他已经做了参议员，在政坛上炙手可热，遭此打击，差点心灰意冷，退隐乡园。

开始时，他一点都不能动，必须坐在轮椅上，但他讨厌整天依赖别人把他从楼上抬上抬下，晚上就一个人偷偷练习。

有一天，他告诉家人说，他发明了一种上楼梯的方法，要表演给大家看。原来，他先用手臂的力量把身体撑起来，挪到台阶上，然后再把腿拖上去，就这样一阶一阶艰难缓慢的爬上楼梯。他的母亲阻止他说："你这样在地上拖来拖去，给别人看见了多难看！"罗斯福断然说："我必须面对自己的耻辱！"也许与罗斯福相比我们是大千世界中微不足道的一个，但单就个体来讲，我们却是比他幸运的。但我们健康的身体往往承载不了他所谓的"耻辱"，不是因为他是罗斯福，而是因为我们没有面对困境的勇气。

不要逃避自己的缺点，勇于面对缺点，并战胜它，虽然艰难，虽然不易，但当你真正克服之后，你会发现，原来你可以做到。

没有哪一个人活着会是十全十美的，丑陋的不是缺点，而是没有面对缺点的勇气。我们在生活中会遇到形形色色的人或事，有些是需要理解的，有些是需要忍让的，有些是需要引以为鉴的。一切不如意的事情重要的不是去埋怨对方有如何多的不是，而是看这些事情对于自己来说都学到了什么，哪怕一点点也是收获。

古时候，泰国有一个国王整天愁眉苦脸，闷闷不乐。一些老百姓很替他担忧，以为国王生病了。但是宫廷大夫说，国王像水牛一样强壮。另一些老百姓又担心，怕是国王没钱花了。但是宫廷司库说："国王拥有的财宝和粮食比中国还多得多。"举国上下传说纷纭，议论纷纷，都希望能找到真正的原因，揭开这个秘密。然而，全国只有一个人知道国王的秘密，这个人就是国王的理发师。有一天，正当他给国王理发时，偷偷地对国王说："陛下，臣明白你为什么不高兴。""可不许对任何人讲。"国王马上制止道。

世上的事，往往是事与愿违的，这位理发师喜欢多嘴，不善于保守秘密，凡是他知道的事，他怎么也藏不住，总会脱口而出。然而这一次，他下最大决心不把这件事泄露出去，甚至连老婆问他，也坚决地回答："请原谅我。这一次，我绝不泄露秘密。"

但是老百姓探听到他知道国王的秘密，就成天围着他转，他走到哪里，就跟到哪里，希望从他身上打听一些消息。因此，他成了全国注目的中心人物。有一次，理发师泛舟于大湖之中，立刻有许多小船围拢过来。此事过后，理发师为逃避人们的纠缠，远离城市到乡间去，没想到，当即又被周围的农夫包围住了。他到寺庙烧香拜佛，也被熙熙攘攘的香客围得水泄不通。最后，他想也许待在家里可以清静些，结果连他的家也被人团团围住，不得安宁。理发师被弄得不知所措，痛苦极了。

妻子很为理发师的处境担忧，但同时她也勾起了强烈的好奇心，她多么想知道这其中的奥妙。有一次，家里又是里三层，外三层地围满了人。妻子实在憋不住了，跑到丈夫面前恳求道："告诉我吧，我决不转告任何人。"此刻理发师已感到，国王的秘密再也保不住了。于是，他飞快地冲进国王的御花园，数百名群众在后面追赶着他。他钻进一个树洞里，不顾一切地撕裂着嗓门大声述说国王的秘密，由于太紧张了，声音在颤抖，以致谁也听不清他嚷了些什么。然而这样做以后，理发师感到如释负重，轻松多了。于是，他长长地吁了一口气，钻出树洞往家里走去。沿路上，他感到今天的空气也格外清新，心情特别舒畅。

回到家里，当妻子恳求他将秘密和盘托出时，他非常轻松地说："我再也没有什么秘密啦，因此也没什么可说的了。""可是你什么也没说呀。"妻子惊讶地反驳道。事也凑巧，皇家乐师要为国王造一个大鼓。国王十分喜欢打鼓，而且对大鼓有精湛的技艺。于是，乐师们来到御花园选择优质木材。正好选中了理发师藏身的那颗有洞的大树。

他们锯下大树，由大象把它抱回王宫，用它制成了一个大鼓。当鼓制成后，国王举槌击鼓。"咚！咚！咚！"大鼓发出铿锵的隆隆声。国王满心欢喜，决定要在下一个重大节日里，在宫内表演一番。节日到了，数百名文武官员和百姓，前来听鼓。国王举槌猛击大鼓。大家聚精会神地聆听："咚——达达——咚"，但是除了鼓声以外，还伴有一个巨大的声音："陛下的头秃顶啦，头秃顶啦。"

听众们啼笑皆非。有的人用手捂住嘴巴，生怕笑出声来。国王看上去比以前更加愁眉不展了，他恼羞成怒地喝道："宫廷理发师在哪儿？"

理发师被带到殿前。国王训斥道："你为什么把我的秘密告诉了大树？"

理发师惊恐万状，但他还是把前前后后发生的事情统统照直对国王说了。

"放了他，"国王见他忠诚老实，就命令道："这不是他的过错。他不了解那棵大树能重复叙述人的话。"百姓们焦急地等待着，看看国王将如何处置理发师。就在这时，大鼓又嚷了起来："陛下的头秃顶啦，头秃顶啦！"大家面面相觑，不知如何是好，气氛显得异常紧张。

这时，国王打破了寂静，从容不迫地对众人说道："是的，我承认这个事实。因为，没有任何人可以隐瞒自己的缺陷，也没有一个人是完美无缺的。"说着，国王坦然地笑了。

这是多年来国王第一次笑。他心情如此愉快，是因为他再也没有什么可隐瞒了。是啊，金无足赤，人无完人！残缺也是一种美。只有坦然面对自身缺陷才是快乐的真源泉！

智慧箴言

放大你的优点，欣赏你自己。在每个人的心灵深处，都有一种天然的与生俱来的渴望成功、渴望被欣赏、渴望被赞扬的心理动因。在发现自己闪光点的同时要扬长避短。可以使自己的闪光点越来越多，使自己的自信越来越强，最终使自己走向成功的彼岸。

7. 正视不足，接受自己的缺点

有则材料写到，猪八戒照镜子，看到镜中丑陋的自己，顿时火冒三丈，举起九齿钉耙将镜子砸得粉碎。猪八戒之所以大动肝火，是因为不能正视自己对不起观众的外貌，他的冲动并没有改变他的现状，每块碎片中都有一个丑陋的自己。人，其实是都有缺点的，我们要善于正视自己的不足。

俗话说："金无足赤，人无完人。"平凡的我们不可能十全十美，总有这样或那样的缺点和不足。"爱美之心，人皆有之。"期待自己完美是普遍的心理，但有些事情是不能以我们的意志为转移的，我们必须正视它，善待它。猪八戒之所以砸碎镜子，就是因为不能正视自己的不足。其貌不扬的他没能认清自己的本来面目，一味地责怪镜子，甚至认为是镜子丑化了自己。试想，如果猪八戒能够正视自己的长相，坦然面对，愉快接受，也不至于落下遭人耻笑的话柄。

生活中，"不如意者十常八九"，抱着正确的态度，善于直面，敢于正视，必将获益匪浅，收效良多。它能促使你摆脱阴影，向着阳光的地方前进；它能激励你扬长避短，向着成功的港湾停泊。

正视自己的不足，需要大勇气。面对不足，如果缺乏勇气，就难以走出阴影，难以改变自身。有了勇气，就有了对抗压力的信心，就有了挑战命运的动力。

卡丝·黛莉天生有一副优美动听的歌喉，但却长着一口难看的暴牙。有一回，她报名参加歌唱比赛。上台后，由于她只顾掩饰她的暴牙，观众和评委都感到很好笑，她理所当然地失败了。

"你肯定会成功，"有位评委到后台找到她，很认真地告诉她，"你音乐潜质很好，但必须忘掉你的暴牙。"

之后，卡丝·黛莉开始反思自己，慢慢走出了暴牙的阴影。后来，她在一次全国性大赛中，以极富个性化的歌唱才华倾倒了观众和评委，美国乐坛一位著名的歌唱家就此诞生。她的暴牙也因此同她的名字一样有名，许多歌迷还夸她有一口漂亮的暴牙呢。

许多人有来自身体或外貌的缺陷，遗憾的是我们常常会试图掩饰它，而不是用难得的勇气来面对我们的缺陷。

正视自己的不足，就是挑战自我。寸有所长，尺有所短。面对自己的"所短"，你必须挑战自己，克服心里障碍，扬己"所长"，这样，才能取长补短，才能变不利为有利，变坎坷为坦途。

当代作家史铁生，在20岁的时候突然双腿瘫痪，面对自己身体的严重不足，他感到过绝望，想到过死。但后来，他挑战了自我，抗衡了消极心理，觉得死亡是一件不必急于求成的事，要好好活着。解放了被死亡奴役的心灵，发挥他爱好文学的特长，终于在文坛上树立了自己的地位。可以说，如果没有正视自己的不足，没有在地坛的挑战自我，就没有他的功成名就。

有一个10岁的小男孩，在一次车祸中失去了左臂，但是他很想学柔道。

最终，小男孩拜一位日本柔道大师做了师傅，开始学习柔道。他学得不错，可是练了3个月，师傅只教了他一招，小男孩有点弄不懂了。

他终于忍不住问师傅："我是不是应该再学学其他招术？"

师傅回答说："不错，你的确只会一招，但你只需要会这一招就够了。"小男孩并不是很明白，但他很相信师傅，于是就继续照着练了下去。

几个月后，师傅第一次带小男孩去参加比赛。小男孩自己都没有想到居然轻轻松松地赢了前两轮。第三轮稍稍有点艰难，但对手还是很快就变得有些急躁，连连进攻，小男孩敏捷地施展出自己的那一招，又赢了。就这样，小男孩迷迷糊糊地进入了决赛。

决赛的对手比小男孩高大、强壮许多，也似乎更有经验。开始，小男孩显得有点招架不住，裁判担心小男孩会受伤，就叫了暂停，还打算就此终止比赛。然而师傅不答应，坚持说："继续比赛！"

比赛重新开始后，对手放松了戒备，小男孩立刻使出他的那招，制服了对手，由此，赢了比赛，得了冠军。

回家的路上，小男孩和师傅一起回顾每场比赛的每一个细节，小男孩鼓起勇气道出了心里的疑问："师傅，我怎么就凭一招就赢得了冠军？"

师傅答道："有两个原因：第一，你几乎完全掌握了柔道中最难的一招；第二，就我所知，对付这一招惟一的办法是抓住你的左臂。这样，你左臂的缺失反而成了你最大的优势。"

有的时候，人的某方面缺陷未必就是劣势，只要善加利用，或者扬长避短，劣势也会转化成优势。

在这方面，伊笛丝的经历或许对每个人都有所启示。

伊笛丝从小就特别敏感而腼腆，她的身体一直太胖，而她的一张脸使她看起来比实际还胖得多。伊笛丝有一个很古板的母亲，她认为把衣服弄得漂亮是一件很愚蠢的事情，她总是对伊笛丝说："宽衣好穿，窄衣易破。"母亲也总是这样来帮伊笛丝穿衣服。伊笛丝从来不和其他的孩子一起做室外活动，甚至不上体育课。她非常害羞，觉得自己和其他人都"不一样"，完全不讨人喜欢。

长大之后，伊笛丝嫁给一个比她大好几岁的男人，可是她并没有改变。她丈夫一家人都很好，对她充满信心。伊笛丝尽最大的努力要像他们一样，可是她做不到。他们为了使伊笛丝开朗而做的每一件事情，都只会令她更退缩到她的壳里去。伊笛丝变得紧张不安，躲开了所有的朋友，情形坏到她甚至怕听到门铃响。伊笛丝知道自己是一个失败者，又怕她的丈夫会发现这一点。所以每次他们出现在公共场合的时候，她假装很开心，结果常常做得太过分，事后，伊笛丝又会为这个难过好几天。最后不开心到使她觉得再活下去也没有什么意义了，伊笛丝开始想自杀。

后来，是什么改变了这个不快乐的女人的生活呢？只是一句随口说出的话。

一句随口说出的话，改变了伊笛丝的整个生活。有一天，伊笛丝的婆婆正在谈她怎么教养她的几个孩子，她说："不管事情怎么样，我总会要求他们保持本色。"

"保持本色！"就是这句话！在一刹那间，伊笛丝才发现自己之所以那么苦恼，就是因为她一直在试着让自己适合于一个并不适合自己的模式。

伊笛丝后来回忆道："在一夜之间我整个改变了。我开始保持本色，我试着研究我自己的个性、自己的优点，尽我所能去学色彩和服饰方面的知识，尽量以适合我的方式去穿衣服，主动地去交朋友。我参加了一个社团组织——起先是一个很小的社团——他们让我参加活动，使我吓坏了。可是我每发一次言，就增加一点勇气。今天我所有的快乐，是我从来没有想到可能得到的。在教养我自己的孩子时，我也总是把我从痛苦的经验中所学到的教给他们：'不管事情怎样，总要保持本色。'"

我们也许无法选择自己的家庭出身和自己的外表，但我们始终有一样别人无法剥夺的东西，那是上天赐予每个人的礼物——你可以选择用怎样的心情来对待生活中的一切。

智慧箴言

　　人无完人，有谁没有点缺点，有谁不抱有一点遗憾？问题在于能不能看到"镜子"里的有缺点的自己，能不能不试图遮掩它，能不能欣然接受，努力改正。给自己一个机会，正视错误，认识缺点，并努力去改正，生活中不缺乏美，不缺乏成功。

8. 情商是人生制胜的关键

　　情商是人的一种能力，是一种准确觉察、评价和表达情绪的能力；一种接近并产生感情，以促进思维的能力；一种调节情绪，以帮助情绪和智力发展的能力。这种能力的运用就是一门艺术。

　　人的情绪体验是无时无处不在的，相信我们每个人都有过莫名其妙被某种情绪侵袭的经验。这种情绪体验既包括积极的情绪体验，也包括消极的情绪体验。在生活中我们经常遇到种种不如意，有的人容易因此大动肝火，结果把事情搞的越来越糟。而有的人刚能很好地控制自己的情绪，泰然自若地面对各种刁难，在生活中立于不败之地。

　　超市里等着结帐的队伍排的越来越长。玛格丽特大概排在队伍的第八位，因此看不清楚前面发生了什么事。只听到有人叫来主管，在开收款机检查，看来还得等很长时间。玛格丽特有点生气，但是理智告诉她现在什么也做不了，只能等，而且这肯定不是收银的错。无奈中，玛格丽特回头冲排在后面的人笑了笑，随手从旁边的架子上拿起一本杂志翻了起来。

　　过了几分钟，玛格丽特感觉队伍远处有喊叫声。队伍前面有个男子在骂收银员和主管，"纯属无能，笨到家了。""你不会修好收款机啊？没看见队伍有多长吗？我还有一个约会呢，太可恶了。"收银员和主管只好道歉，说收款机出问题也不是他们所能控制的，他们已经在尽力修了。他们建议刚才那个骂人的男子换个收款台，这一说男子更来气了，"为什么我要换啊？换到别的收款台又得等那么长时间。今天把我晚上的约会都给毁了，以后再也不来这儿买东西了。我要给你们领导写信。"男子丢下满是物品的购物车，愤愤地离开了超市。

男子离开一两分钟后，又发生了三件事。为了不耽误这支队伍的顾客交款，超市在旁边又专门开了一个收款台；刚才坏了的收款机也修好了；为了表示道歉，主管给玛格丽特及这个队伍中的其他顾客每人5英镑的优惠券。玛格丽特挺高兴的，这次买东西不仅得到了优惠，她还从刚才的杂志上看到了两个新的菜谱，而且她跟排在后面的女士聊得也挺愉快。玛格丽特从谈话中得知，她和那位女士参加了同一个羽毛球俱乐部，说好下次可以一起去。玛格丽特心情愉快，觉得这次购物的收获真不错。

同时，那个愤怒的男子却没完成购物，没得到优惠券，还跟人生气发火，留下的是"不愉快的"经历。他会睡不好，起来可能还会头疼。

情商的一个重要内容是控制自我，没有自制力的人终将一无所成，一点小困惑和烦恼都抵制不了，面对大的困惑必将深陷其中。

控制自我情绪是一种重要的能力，也是人区别于动物的重要标志。人是有理性的，不能只依赖感情行事。

2000年，小布什击败戈尔当选为美国总统。但很多人却很难想象得到，就是这样堂堂的美国总统，年轻时候却放荡不羁、缺乏自制力。

学生时代的布什，学习成绩一般，但对于吃喝玩乐他却样样在行。平时他除了与他那帮"狐朋狗友"四处游荡之外，无所事事。他最大的喜好便是开着自己那辆哈雷·戴维斯摩托车，带着时髦的女孩，在大街上飙车。除此之外，每天晚上，他总是泡在各色舞厅里，不到深夜不会回家，而且每次都是醉醺醺的。

老布什看儿子如此不济，多次谆谆教导，但是，小布什总把父亲的话当作耳旁风，依然如故。

直到有一天，一个很特别的姑娘出现在他面前，她的美丽和纯洁一下打动了"花花公子"小布什。在这位姑娘的影响之下，小布什警醒了，他慢慢克制住自己的放浪行为，奋发努力，投入政界。经过一番奋斗，他终于成就了自己的辉煌，登上了总统宝座。托马斯·曼告诚人们："控制感情的冲动，而不是屈从于它，人才有可能得到心灵上的安宁。"

有一个间谍，被敌军捉住了，他立刻装聋作哑，任凭对方用怎样的方法诱问他，他都绝不为威胁、诱骗的话语所动，等到最后，审问的人故意和气地对他说："好吧，看起来我从你这里问不出任何东西，你可以走了。"

你认为这个间谍会立刻转身走开吗？不会的！

要是他真这样做，他就会当场被识破他的聋哑是假装的。这个聪明的间谍依旧毫无知觉似地就立着不动，仿佛对于那个审问者的话完全不曾听见。

审问者是想以释放他使他麻痹，来观察他的聋哑是否真实，因为一个人在获得自由的时候，常常会精神放松。但那个间谍听了依然毫无动静，仿佛审问还在进行，就不得不使审问者也相信他确实是个聋哑人了，只好说："这个人如果不是聋哑的残废者，那一定是个疯子了，放他出去吧！"就这样，间谍的生命保存下来了。

很多人都惊叹于这个间谍的聪明。其实，与其说这个间谍聪明绝顶，还不如说是他超凡的自制力在关键时刻拯救了他的生命，换回了他的自由。

自制，顾名思义就是约束自己。看似不自由，殊不知，为了获得真正的自由，必须有意识地克制自己。

没有自制力的人是可怕的，不但他的思想会肆意泛滥，行为更会如此。有人喝酒成瘾、上网成瘾等，无一不是缺乏自制力的表现。

一个失去自制能力的人是不会得到命运的眷顾与垂青的。卡耐基的经历给了我们很好的启示。

有一次，卡耐基和办公大楼的管理员发生了一场误会，这场误会导致了他们之间的憎恨。这位管理员为了表示对卡耐基的不满，便给他时不时添些小麻烦。一天，管理员知道整栋大楼里只有卡耐基在办公室里时，立刻把全楼的电灯关了。这样的情形发生了好几次，最后，卡耐基忍无可忍，决定"反击"。

某个周末，机会来了。卡耐基在他的办公室里准备一份计划书，忽然电灯熄灭了。卡耐基立刻跳起来，奔向楼下地下室，他知道在那儿可以找到这位管理员。当卡耐基到那儿时，发现管理员正倚在一张椅子上看报纸，还一边吹着口哨，仿佛什么事情都未发生似的。

卡耐基立刻破口大骂。一连5分钟之久，他用尽了天下所有的脏字来侮辱管理员。最后，卡耐基实在想不出什么骂人的词句，只好放慢语速。这时候，管理员放下手中的报纸，脸上露出开朗的微笑，并以一种充满自制和镇静的声音说："呀！你今天有点儿激动，不是吗？"他的话像一支利箭，一下子刺进了卡耐基的心。

卡耐基羞愧难当：站在自己面前的是一位只能以开关电灯为生的工人，他在这场战斗中打败了自己，而且这场战斗的场合和武器，都是自己挑选的。

卡耐基一言不发，转过身，以最快的速度回到办公室。他再也做不了任何事了。当卡耐基把这件事反省了一遍又一遍后，他立即看出了自己的错误，坦率地说，他很不愿意采取行动来化解自己的错误。但卡耐基知道，必须向那个人道歉，内心才能平静。最后，他费了很久的时间才下定决心，决定到地下室去忍受必须忍受的这种羞辱。

卡耐基到地下室后对那位管理员说道："我回来为我的行为道歉，如果你愿意接受的话。"管理员脸上露出了微笑，说："凭着上帝的爱心，你用不着向我道歉。除了这四堵墙壁，以及你和我之外，并没有人听见你刚才说的话。我不会把它说出去的，我知道你也不会说出去的，因此，我们不如就把此事忘了吧。"

卡耐基听了这话，羞愧再次刺痛了他的心。他抓住管理员的手，使劲握了握。卡耐基不仅是用手和他握手，更是用心和他握手。在走回办公室途中，卡耐基心情十分愉快，因为他终于鼓起勇气，化解了自己做错的事。由此卡耐基一再告诫我们，自制是一种十分难得的能力，它不是枷锁，而是你带在身上的警钟。

情商就是这样一种管理情绪的艺术，如果你要快乐幸福地生活，你就要学会了解和管理自己的情绪，这也是提高情商的方法，掌握并利用好这门艺术，将会令你受益一生，给情绪一个自制的阀门，我们自然会做到挥洒自如，赢得卓越的人生。

智慧箴言

一个人的智商是可以量度的，具有有限性，但一个人的情商却像"一只看不见的手"在发挥作用，没有一个绝对可以衡量的尺度。但情商的发挥具有无限性，因此，情商对于每一个渴望成功的人而言，不可或缺，至关重要。

第二章

了解自身并完善自我

　　希腊哲学家认为"只有认识自己才能认识世界"。每个人都是有偏见的，只有知道自己的偏见、局限，对世界的认识才能较全面、客观。如果不能正确地认识自己，就会产生虚妄的期望，设定错误的目标，最后容易导致失望。盲目自信常常是失败的先兆。很多成功人士会认为自己比别人强，他们更有可能受到严重的失败。

　　认识自己还能更好地保护自己。我们是一种社会动物，做很多事情都会跟别人比较，有时就会忘记其实自己存在的意义跟别人是不一样的。只有认识自己，才能保持自己的特点、个性。

　　人的一辈子就是不断变化的过程。没有一成不变的自我，没有绝对真实的自我，只有相对真实的自我。我们应该充分理解自己的情绪、性格、智能、兴趣、价值观及自我形象，能帮助人们分析自己的性格特点，快速地使个人在社会中寻找到恰当的位置，以便顺应天性，发展和完善自我。让我们去学会思索，去学会认识自己。只有我们真正认识了自我，并且全然接受自我之后，才能做到真正的面对这世界，直面恐惧，享受喜悦。

1. 掌握情绪的晴雨表

美国研究人员发现，"一颗老鼠屎坏了一锅汤"在职场上同样适用。个别表现消极的员工会对整体工作产生严重的负面影响。你肯定碰到过类似的情况：身边总会有几个一天到晚怨天尤人的同事，无论是在每周员工例会上，还是在餐厅排队时，他们始终在抱怨。他们仅需几句泄气话，就能让一个热闹的头脑风暴会议前功尽弃，他们的坏心情很快便会传播开来。消极态度甚至能抵消掉好消息。

在心理学上，关于"踢猫效应"有这样一个故事：某公司董事长为了重整公司事务，许诺自己将早到晚回。有一次，他在家看报太入迷以至忘了时间，为了不迟到，他在公路上超速驾驶，结果被警察开了罚单，最后还是误了时间。这位老董愤怒之极，回到办公室时，为了转移他人的注意，他将销售经理叫到办公室训斥了一番。销售经理挨训之后，气急败坏地走出老董办公室，将秘书叫到自己的办公室并对他挑剔一顿。秘书无缘无故被人挑剔，自然是一肚子气，就故意找接线员的茬儿。接线员无可奈何垂头丧气地回到家，对着自己的儿子大发雷霆。儿子莫名其妙地被父亲痛斥之后，也很恼火，便将自己家里的猫狠狠地踢了一脚。

这就是心理学上著名的"踢猫效应"，描绘的是一种典型的坏情绪的传染。人的不满情绪和糟糕的心情，一般会随着社会关系链条依次传递，由地位高的传向地位低的，由强者传向弱者，无处发泄的最弱小的便成了最终的牺牲品。众所周知，细菌、病毒等具有传染性，殊不知消极情绪也可传染。有人将这种消极情绪的传染称为"情绪污染"。

美国有位科学家发现，原本心情舒畅、性格开朗的人，如果整天与一个心情沮丧、愁眉苦脸、唉声叹气的人相处，不久也会变得抑郁起来。而且，一个人的同情心及敏感性越强，越容易受不良情绪的传染。

消极情绪的传染是在不知不觉中进行的，而且传染的速度相当快。一个人如果和亲近的人待在一起，而对方情绪低落或烦躁，那么不到半小时他的情绪就会受到对方的传染。

专家做过一个简单的实验，请两个实验者写出当时的心情，然后请他们相对静坐等候研究人员的到来，两分钟后，研究人员来了，请他们再写出自己的心情，这两个实验者是经过特别挑选的，一个极善于表达情感，一个则喜怒不形于色。实验结果，后者的情绪总是会受前者的感染，每一次都是如此。

人们会在无意识中模仿他人的情感表现，诸如表情、手势、语调及其它非语言的形式，从而在心中重塑自己的情绪。如你听同一首歌，在家听的感受与到演唱会现场去听，结果肯定是大相径庭，因为你在现场情绪受到了感染。

认识到情绪这种特殊的"传染病"，我们就要重视它，并积极利用正面情绪，克制、舒缓负面情绪，这样才能拥有赢得成功的品质。

与其一天到晚怨天尤人，说自己多么不幸福，不如从改变自己的情绪个性来改变命运。没有人是天生注定要不幸福的，除非你自己关起心门，拒绝幸福之神来访。千万不可做个喜怒无常的人，让自己的心理状态完全被情绪左右，那样伤害的不只是别人，你自己也会因此失去拥有幸福的机会。

古人云：克己、复礼。克己，就是遇事从容，能理智控制好自己的情绪；与人为善，给周边疲倦的心灵以慰籍与鼓励。有位高僧在外出云游前，把自己酷爱的种了满院子的兰花交与弟子，并嘱咐悉心照料。谁知一天晚上弟子忘了将兰花搬回室内，恰巧风雨大作，原本开得正艳的兰花被打得七零八落。弟子忐忑不安等待着师傅的责骂。僧人云游回来，得知缘由，只是淡淡说了一句："我不是为了生气才种兰花的。"弟子从中得到启发，幡然悟道。

我们生活在社会生活中，特别是在当前人与人、企业与企业竞争日益激烈的背景下，我们每个人的坏情绪要远远多与好情绪。美国密歇根大学心理学家南迪·内森的一项研究发现，一般人的一生平均有十分之三的时间处于情绪不佳的状态，因此，人们常常需要与那些消极的情绪作斗争。所以，情绪控制对人生有非常大的帮助。一个人真的想有所成就的话，就要有情绪调控的能力。

"进门前，请脱去烦恼；回家时，带快乐回来。"一位家庭主妇在她的房门上挂了这么一块木牌。在她的家中，男主人一团和气，孩子大方有礼，一种温馨、和谐，满满地充盈整个空间。

询问那块木牌，女主人笑笑，解释说："有一次我在电梯镜子里看到一张充满疲惫的脸，一副紧锁的眉头，忧愁的眼睛……把我自己吓了一大跳。于是，我开始想，孩子、丈夫看到这副愁眉苦脸时，会有什么感觉？假如我对面也是这副面孔，又会有什么反应？接着我想到孩子在餐桌上的沉默、丈夫的冷淡，这些在我原来认为是他们不对的事实背后，隐藏的真正原因竟是我！当晚我便和丈夫长谈，第二天就写了一块木牌钉在门上提醒自己。结果，被提醒的不只是我自己，而是一家人……"

主妇不经意间的一句平白朴实的话，让原本死气沉沉的家庭又焕发出生机。如果我们稍稍用心，把这种豁达和体恤用于生活、工作的各个方面，"踢猫"这条恶劣的传递链就能被截断了。

生活中，我们每一个人不可能永远不犯错误。犯了错误之后有人能及时地提出批评意见，这是犯错误者的福气。如果没有人及时地提出来，我们也许就不知道自己犯了错误。因此，就会在错误的道路上越走越远，甚至毁了自己的一切。有人提出了批评，不管我们接不接受，至少批评让我们知道了自己犯了错误，会使我们引起警觉。只要我们注意，那么，我们在今后的生活里就会少犯或不犯同样的错误。

其实，批评在我们日常的工作、学习、生活里是少不了的。亲朋之间、同事之间、上下级之间，都需要有相互的批评指正。我们生活在一个多诱惑的社会，一失足就会成千古恨。批评能让我们警钟长鸣，即使批评错了也能让我们未雨绸缪、防患于未然，因此，我们无须因为受了批评而生气。批评是生活中我们每个人都会遇到的，我们应该善待批评。

在现实的生活里，我们很容易发现，许多人在受到批评之后，不是冷静下来想想自己为什么会受批评，而是心里面很不舒服，总想找人发泄心中的怨气。其实这是一种没有接受批评、没有正确地认识自己的错误的一种表现。受到批评，心情不好这可以理解。但批评之后产生了"踢猫效应"，这不仅于事无补，反而容易激发更大的矛盾。

成功者控制自己的情绪，失败者被自己的情绪所控制。所谓成功的人，就是心理障碍突破最多的人，因为每个人或多或少都会有各式各样、大大小小的心理障碍。

世界上从来没有过完美的公司，也没有过完美的个人，关键是把人的注意力放在哪里。是去注意优点，还是注意缺点。把注意力放在问题的不同方面，常常会得出不同的结果，对人产生不同的情绪。看问题的积极方面，可以产生乐观的情绪；看问题的消极方面，就会产生悲观的情绪。但相当多的人不由自主地会选择悲观，所以必须学会控制自己的注意力以调控自己的情绪。

在人生的整个航程中，消极思维者一路上都晕船，无论眼前的境况如何，他们总是对将来感到失望。在消极思维者眼中，玻璃杯永远不是半满的，而是半空的。他们预期会得到人生中最糟糕的结果，而且事实也确实如此。

智慧箴言

一个人的情绪是他真正的主人，要么是你掌控命运，要么是命运掌控你。而你的情绪将决定谁是掌控者，谁是被掌控者。人生成功的秘诀就在于懂得怎样控制情绪这股力量，而不为这股力量所反制。如果你能做到这点，就能主宰自己的人生。反之，你的人生就无法掌控。

2、要做自己情绪的调节师

操之在我是自我情绪管理的技巧，它指的是要能够控制自己的情绪，不受制于人，不为环境因素所左右，它是情商的至高境界。

善于了解自己情绪的人，大多善于将自己的情绪调整到一个最佳位置，协调或顺应他人的情绪基调，轻而易举地将他人的情绪纳入自己的主航道。这样，在交往和沟通中将一帆风顺。

认识并把握住自己的情绪，便能指导自己的人生，从而主宰自己的人生。

一个年轻人跟禅师学习搬山术，学了许久，仍没办法把山移过来。禅师说："所谓搬山术，只是拉近你和山的距离。既然山不过来，那你就过去。"山不过来，我就过去，改变不了别人，那就改变自己。指望改变别人而让自己快乐起来，这是极不牢靠的，弄不好还会陷入更消极的情绪中。

只有你自己才能够无条件地听你调遣，自己的情绪只有自己负责，你能改变的只能是你自己。

承认人的独立性、独特性和事情的现实性，才不至于跟眼前的人或事过不去，才能够及时摆脱坏情绪的纠缠，腾出精力去解决问题。

改变自我，除了改变自己惯常的思维方式之外，改变自己的注意，即转移兴奋中心也是一个重要方面。产生了消极情绪之后，要改变这种状态，有意识地去找其他的事情做，借以分散注意力，如读书看报、郊游垂钓、寻友访旧、种植花草等等。总之，尽量去做自己平时爱做的事，这也是完全可以选择的。

还要学会安慰自我。事情已成定局难以挽回的时候，可以使用精神胜利维护自尊心和自信心，以图再度振作，这时候，我们不妨做一只狐狸。

几只狐狸同时走到葡萄架下，却无法吃到葡萄。第一只自我安慰说葡萄是酸的，自己不想吃，走了。第二只不断地使劲往上蹦，不抓到葡萄誓不罢休，最终耗尽体力累死在葡萄架下。第三只狐狸吃不到葡萄便破口大骂，抱怨人们为什么把葡萄架得这么高，不料被农夫听到，一锄头打死在地。第四只因生气抑郁而死。第五只犯了疯病，整天口中念念有词："吃葡萄不吐葡萄皮……"

想想，哪只狐狸的情商更高？心理学认为，人的好恶和自我评价来自于价值选择，当消极的情绪困扰你的时候，改变你原来的价值观，学会从相反的方向思考问题，这样就会使你的心理和情绪发生良好性变化，从而得出完全相反的结论。这种运用心理调节的过程，称之为反向心理调节法，它常常能使人战胜沮丧，从不良情绪中解脱出来。

两个工匠去卖花盆，途中翻了车，花盆大半打碎。悲观的花匠说："完了，坏了这么多花盆，真倒霉！"而另一个花匠却说："真幸运，还有这么多花盆没有打碎。"后一个花匠运用反向心理调节法，从不幸中挖掘出了幸运。

很多情况下，人们的痛苦与快乐，并不是由客观环境的优劣决定的，而是由自己的心态、情绪决定的。遇到同一件事，有人感到痛苦，有人却感受到快乐，情商不同的人会得出不同的结论。

在烦恼的时候，与其在那里唉声叹气，惶惶不安，不如拿起心理调节武器，从相反方向思考问题，使情绪由阴转晴，摆脱烦恼。

俄国作家契诃夫曾写道："要是火柴在你口袋里燃烧起来了，那你应该高兴，而且感谢上苍，多亏你的口袋不是火药库。要是你的手指扎了一根刺，你也应该高兴，挺好，多亏这根刺不是扎在眼睛里。依次类推……照我的劝告去做吧，你的生活就会欢乐无穷。"

当我们遇到困难、挫折、逆境、厄运的时候，运用一下反向心理调节，就能使自己从困难中奋起，从逆境中解脱，进入洒脱通达的境界。

"没有时间去忧虑"，这是丘吉尔在战事紧张、每天要工作 18 个小时的时候说的话。当别人问他是否为自己肩负的重任而忧虑时，丘吉尔说："我太忙了，没有时间去忧虑。"

"让自己忙着"这一件简单的事情，就能够把忧虑赶走。心理学上一条最基本的定律就是：一心不能二用。人们不可能既激动、热诚地去想令人兴奋的事情，又与此同时陷入忧虑当中。"让自己忙着"这句话，曾被医生用来治疗心理上的精神衰弱症。

除了睡觉的时间之外，每一分钟都让这些在精神上受到打击的人充满了活动，比如钓鱼、打猎、打球、打高尔夫球、种花以及跳舞等等，根本不让他们有时间闲着。

"职业性的治疗"是近代心理医生所用的名词，也就是拿工作当成治病的处方。这并不是新的办法，古希腊的医生早已经使用了。每一个心理治疗医生都能告诉你：工作——让你忙着——是精神病最好的治疗剂。要是你不能一直忙碌着，而是闲坐在那里发愁，你会产生一大堆被达尔文称之为"胡思乱想"的东西。"胡思乱想"就像传说中的妖精，会掏空你的思想，摧毁你的行动力和意志力。

高情商者说：有忧虑时不必去想它，在手掌心里吐口唾沫，让自己忙起来，你的血液就会开始循环，你的思想就会开始变得敏锐。马特先生就是这样一位高情商者，他在那段焦虑的时间里，完成了一次生命的航行。

1953 年的一天晚上，马特先生胃出血了，被送进芝加哥医学院的附属医院。不到几天，他的体重从 175 磅锐减到 90 磅，只能每小时吃一汤匙半流质的东西。每天早上和晚上，护士把橡皮管插进他的胃里，把里面的东西洗出来。医生坦率地告诉他已经无药可救了。

马特先生想了许多，他开始焦虑、发怒，病情因此加重许多。他甚至想到了自杀。就这样过了几个月，马特发现自己几乎剩下一张躯壳，这不是他原来的样子。他决定作一些改变。他对自己说：马特，如果你除了等死以外，再也没有别的指望了，还不如好好利用一下剩余的时间呢。你不是一直想环游世界吗？现在可以去做了。

当马特把这个想法告诉医生时，医生以为他疯了，并警告他说：如果你环游世界，就只有葬身大海了。马特说：不会的。我已经告诉了亲友，我要葬在尼布雷斯卡州老家的墓园里，我打算把棺材随身带着。他真的买了一具棺材，和轮船公司讲好，万一死了，就把他的尸体放进冷冻舱里。

马特从洛杉矶上了"亚当斯总统号"船，开始向东方航行了。真奇怪，他居然觉得好多了！渐渐地不再吃药和洗胃，不久之后，任何东西都能吃了，甚至可以抽长长的黑雪茄，喝几杯酒，多年来他从来没有这样享受过了。

马特在船上和人们玩游戏、唱歌、交新朋友，晚上聊到半夜。他感到非常舒服，充满了欢乐。回到美国之后，他的体重增加了60磅，几乎完全忘记了以前的焦虑和病痛。他一生中从来没有这样开怀过。

回来后，马特先生对他的家人说"如果上船之后我继续忧虑下去，毫无疑问，我只会躺在棺材里完成这次旅行了。"

忧虑也容易导致神经和精神问题。著名的梅奥兄弟宣布，在病床上躺着患有神经病的人，在强力的显微镜下，以最现代的方法来检查他们的神经时，发现大部分都非常健康。

他们"神经上的毛病"，都不是因为神经本身有什么异常，而是因为情绪上有悲观、烦躁、焦急、忧虑、挫败、颓丧等待情形。

医学已经大量消除了可怕的、由细菌所引起、而是由于情绪上的忧虑、恐惧、憎恨、烦躁以及绝望所引起的病症。这种情绪性疾病所引起的灾难正日渐增加，日渐广泛，而且速度快得惊人。

精神失常的原因何在？没有人知道全部的答案。可是在大多数情况下，极可能是由恐惧和忧虑造成的。焦虑和烦躁不安的人，多半不能适应现实生活，而跟周围的环境隔断了所有的关系，缩到自己的梦想世界，以此解决他所忧虑的问题。许多人都想办法赶走自己的忧虑情绪，许多人这样做到了。

智慧箴言

人生成功的秘诀就在于懂得怎样控制情绪，悲观的人，先被自己打败，然后才被生活打败；乐观的人，先战胜自己，然后才战胜生活。情商高的人，懂得妥善管理自己的情绪，不是压抑、否定、控制情绪，而是管理和疏解，对情绪做出合宜的表达。他们懂得自我激励，抗压能力高，所以更能够适应当前竞争激烈的社会。

3. 学会管理自己的情绪

安东尼约了整骨医师，而且特意把时间约在了下午 1 点半，这样就可以利用中午工作休息时间见医师，不用专门跟公司请假，他也不想请假。现在的工作不太稳定，公司也有些风言风语，所以他很担心请假，不管是什么理由都不想。

安东尼不仅要操心工作，还得担心自己的肘部是不是有问题。有个朋友给安东尼推荐了一个私人整骨医师。这倒是一个很好的办法，不用绕那么多圈就能看看到底出了什么问题。他预感到医师会告诉自己需要去国家健康中心治疗。

这天，安东尼准时到了约好的地方，发现候诊室有很多人。估计这些人是挤出中午休息时间来看病的，一想到这儿安东尼开始有点紧张了，他担心时间来不来得及。快到 1 点半的时候，安东尼真的开始担心了，"专心地"期待着医师叫他的名字。

终于等到 1 点半了，也等到医师叫他了，但是名字后还有一个数——安东尼，23 号。安东尼震惊了。他一直在等，而且提前也约好了时间，现在却被告知是 23 号。顿时，他非常生气，加上自己已经很忧虑，他再也无法冷静思考了。他站了起来，连招呼都没有跟接待员打一个，就走出了诊所，直接回公司工作了。可是，他的胳膊还疼着呢。

最后，安东尼终于冷静了下来，但是愤怒还是没有消退。于是，他写了一封信给诊所，说他们没有时间观念。没想到，诊所的回信很有礼貌，不但没有说安东尼失约，反而解释了 23 号只是病人要去的诊室号，整骨医师在 23 号诊室等他。这封礼貌的回信后面还附有一张帐单，这是安东尼因缺诊要必须付的。

我们经常会误解事实或是胡乱猜想听到的事实。不去思考事情的来龙去脉就妄下结论已经成了一种思维定势。没有质疑或核实事情的准确性，草率地去下决断是很坏的习惯。纵容自己情绪化地处理事情，不去抵制错误情绪，后果往往是不理智的做出决定。

我们如何才能避免这种情况、很好的培养情感自我意识呢？答案就是培养自我的控制力，了解自己，利用现有的条件做力所能及的事。这样当遇到某种困境时，行为选择保持开阔，接近大脑中某些特定的区域，帮助你走出困境。

有一位哲人曾经说过："心若改变，你的态度跟着改变；态度改变，你的习惯跟着改变；习惯改变，你的性格跟着改变；性格改变，你的人生跟着改变。"

武士与禅师论道，好斗的武士向一个老禅师询问天堂与地狱的涵义。老禅师说："你性格乖戾，行为粗鄙，我没有时间跟你这种人论道。"武士恼羞成怒，拔剑大吼："你竟敢对我这般无礼，看我一剑杀死你。"禅师缓缓道："这就是地狱。"武士恍然大悟，心平气和纳剑入鞘，伏地鞠躬，感谢禅师的指点。禅师又言："这就是天堂。"武士的顿悟说明，两种不同结果的出现其实都源于情绪，改变自己的情绪，就会出现截然不同结局。

人生犹如跌宕起伏的海洋，我们人就是那航海中的船，而情绪无疑就是那船的上帆。只有我们适时的来调整帆的方向，也就是学会控制自己，才能避免有可能发生的"船毁人亡"，阻止甚至可能由此带来一系列不良因果链的产生。

愤怒的情绪对人的身心健康是不利的。这一点古人早有认识，如中医认为"怒伤肝""气大伤神"等。同样，愤怒时因为情绪处于激动之中，还可能引发其它不理智的情绪，比如：自以为是、自尊受损、好下结论等，这些都可能使事态向更严重的方向发展，甚至会对别人造成伤害。可见，愤怒于己于人不是什么好事，所以我们要想办法控制自己的情绪，让自己少发脾气。

一天，陆军部长斯坦顿来到林肯那里，气呼呼地对他说一位少将用侮辱的话指责他偏袒一些人。林肯建议斯坦顿写一封内容尖刻的信回敬那家伙。"可以狠狠地骂他一顿。"林肯说。斯坦顿立刻写了一封措辞强烈的信，然后拿给总统看。"对了，对了。"林肯高声叫好，"要的就是这个！好好训他一顿，真写绝了，斯坦顿。"

但是当斯坦顿把信叠好装进信封里时，林肯却叫住他，问道："你干什么？""寄出去呀。"斯坦顿有些摸不着头脑了。"不要胡闹。"林肯大声说，"这封信不能发，快把它扔到炉子里去。凡是生气时写的信，我都是这么处理的。这封信写得好，写的时候你已经解了气，现在感觉好多了吧，那么就请你把它烧掉，再写第二封信吧。"

愤怒是一种极具毁灭力量的情绪，它不仅能够摧毁你的健康，而且可以扰乱你的思考，给你的工作和事业带来不良的影响，林肯的处事方法又告诉我们，反击回去或发泄给别人也不是上策，所以，我们只能自己想办法消除心中的不满，或是把它转化成一种力量。

有一个男孩脾气很坏，于是他的父亲就给了他一袋钉子，并且告诉他，当他想发脾气的时候，就钉一根钉子在后院的围篱上。第一天，这个男孩钉下了 40 根钉子。慢慢地，男孩可以控制他的情绪，不再乱发脾气，所以每天钉下的钉子也跟着减少了，他发现控制自己的脾气比钉下那些钉子来得容易一些。

终于，父亲告诉他，现在开始每当他能控制自己的脾气的时候，就拔出一根钉子。一天天过去了，最后男孩告诉他的父亲，他终于把所有的钉子都拔出来了。于是，父亲牵着他的手来到后院，告诉他说："孩子，你做得很好。但看看那此围墙上的坑坑洞洞，这些围篱将永远不能回复从前的样子了，当你生气时所说的话就像这些钉子一样，会留下很难弥补的疤痕，有些是难以磨灭的呀！"从此，男孩终于懂得管理情绪的重要性了。

其实，我们拥有许多不同的情绪，它们似乎也为我们的生活增添了许多色彩。然而，有情绪好不好呢？一个成功的人应不应该流露情绪？怕不怕被人说你太情绪化？所以宁愿不要有情绪……其实真正的问题并不存情绪本身，而在情绪的表达方式，如果能以适当的方式在适当的情境表达适度的情绪，就是健康的情绪管理之道。

诺贝尔文学奖得主赫曼赫塞说："痛苦让你觉得苦恼的，只是因为你惧怕它、责怪它；痛苦会紧追你不舍，是因为你想逃离它。所以，你不可逃避，不可责怪，不可惧怕。你自己知道，在心的深处完全知道——世界上只有一个魔术、一种力量和一个幸福，它就叫爱。因此，去爱痛苦吧。不要违逆痛苦，不要逃避痛苦，去品尝痛苦深处的甜美吧。"要记住，其实情绪本身并无是非、好坏之分，每一种情绪都有它的价值和功能。因此，一个心理健康的人不否定自己情绪的存在，而且会给它一个适当的空间允许自己有负面的情绪。只要我们能成为情绪的主人，不是完全让它左右我们的思想和行为，就可以善用情绪的价值和功能。

在许多情境下，一个人应该泰然接受自己的情绪，把它视为正常。例如，我们不必为了想家而感到羞耻，不必因为害怕某物而感到不安，对触怒你的人生气也没有什么不对。这些感觉与情绪都是自然的，应该允许他们适时适地存在，并缓解出来。这远比压抑、否认有益多了，接纳自己内心感受的存在，才能谈及有效管理情绪。

至于管理情绪的方法，就是要能清楚自己当时的感受，认清引发情绪的理由，再找出适当的方法缓解或表达情绪，我们可以归纳成为以下三部曲。

1．WHAT——我现在有什么情绪？

由于我们平常比较容易压抑感觉或者常认为有情绪是不好的，因此常常忽略我们真实的感受，因此，情绪管理第一步就是要先能察觉我们的情绪，并且接纳我们的情绪。情绪没有好坏之分，只要是我们真实的感受，我们要学习正视并接受它。只有当我们认清我们的情绪，知道自己现在的感受，才有机会掌握情绪，也才能为自己的情绪负责，而不会被情绪所左右。

2．WHY——我为什么会有这种感觉（情绪）？

我为什么生气？我为什么难过？我为什么觉得挫折无助？我为什么……找出原因我们才知道这样的反应是否正常，找出引发情绪的原因，我们才能对症下药。

3．HOW——如何有效处理情绪？

想想看，可以用什么方法来抒解自己的情绪呢？平常当你心情不好的时候，你会怎么处理？什么方法对你是比较有效的呢？也许可以通过深呼吸。肌肉松弛法、静坐冥想、运动、到郊外走走、听音乐等来让心情平静，也许会大哭一场、找人聊聊、涂鸦、用笔抒情等方式，来宣泄一下或者换个乐观的想法来改变心情。

人不可能永远处在好情绪之中，生活中既然有挫折、有烦恼，就会有消极的情绪。一个心理成熟的人，不是没有消极情绪的人，而是善于调节和控制自己情绪的人，

心理学研究表明，"压抑"并不能改变消极的情绪，反而使它们在内心深处沉积下来。当它们积累到一定程度时，往往会以破坏性的方式爆发出来，给自己和他人造成伤害。比如我们常会看到一些"好脾气"的人，有时会突然发火，做出一些使人吃惊，或者让他自己也后悔的事来，这往往就是平时压抑的结果。同时压抑还会造成更深的内心冲突，导致心理疾病。

情绪就是这样。谁了解自己的情绪，谁就能充分合理地利用它们，谁就能操控、驾驭它们。谁要是不了解自己的情绪，就只能无助地听任它们的摆布，成为情绪的奴隶。当你开始观察和注意自己内心的情绪体验时，一个有积极作用的改变正悄然发生，那就是情商的作用！

　　高情商者往往能有效地觉察出自己的情绪状态，理解情绪所传达的意义，找出某种情绪和心境产生的原因，并对自我情绪作出必要恰当的调节，始终保持良好的情绪状态。低情商者则因不能及时地认识自我情绪产生的原因，自然无法有效地进行控制和调节，致使消极情绪如雾一样弥漫心境，久久不退。

智慧箴言

　　情绪本身并无是非、好坏之分，每一种情绪都有它的价值和功能。情商高的人，能够管理自己的情绪，对情绪做出合宜的表达。能够有效地控制自己的情绪，方寸不乱。即使是泰山崩于前，也能镇定自若，只要我们能成为情绪的主人，不是完全让它左右我们的思想和行为，就可以善用情绪的价值和功能。

4. 不要让恐惧打垮自己

　　积极情绪与人们的价值取向相联系，而消极情绪通常与畏惧和愤怒联系。当积极情绪遍及心灵时，消极情绪就几乎没有立足之地。

　　但是，在大多数情况下，畏惧和愤怒都是一种破坏性力量，是引发冲突的诱因。畏惧会阻碍人们采取行动。如果畏惧是现实的，那么人们就必须改变他们的计划，使畏惧感消失。

　　可悲的是，畏惧经常建立在想象的基础上。人们在自己的头脑里构建出一幅大灾难的可怕图景，而它赖以产生的基础仅仅是可能发生的事情——对某个信息产生的悲观判断，而且经过大脑的不断加工，人们还会不断为它加上一些更可怕的后果。50 年前，美国的研究机构对人的畏惧心理进行了调查，调查对象被询问到，在今后的几周里，他们可能会担心发生什么事情。调查后发现，在他们所担心的事情中，超过 90% 根本就没有实际发生，而在发生了的事情中，有 70% 并不像他们想象的那么糟糕。

当然，生活中发生的某些事情是难以避免的，比如年龄增长、投资失败、事故、战争、疾病及生离死别等。带着战战兢兢的畏惧心理对待它们，将会使它们变得比事实本身更加糟糕。而如果勇敢地接受它们，人们就能够运用预先做好准备，迎接它们的挑战，最终要远比想象的中结局乐观得多。

1939 年，德国军队占领了波兰首都华沙，此时，卡亚和他的女友迪娜正在筹办婚礼。然而，卡亚做梦都没有想到，他和其他犹太人一样，光天化日之下被纳粹推上卡车运走，关进了集中营。

卡亚陷入了极度的恐惧和悲伤之中，在不断地遭到摧残和折磨下，他的情绪不稳定，精神遭受着痛苦的煎熬。同被关押的一位犹太老人对他说："孩子，你只有活下去，才能与你的未婚妻团聚。记住，要活下去！"

卡亚冷静下来，他下决心，无论日子多么艰难，一定要保持积极的情绪。所有关在集中营犹太人，他们每天的食物只有一块面包和一碗汤。许多人在饥饿和严酷刑罚的双重折磨下精神失常，有的甚至被折磨致死。

卡亚努力控制和调适着自己的情绪，把恐惧、愤怒、悲观、屈辱等抛之脑后，虽然他的身体骨瘦如柴，但他的精神状态却很好。

5 年后，集中营里的人数由原来的 4000 人减少到不足 400 人。纳粹将剩余的犹太人用脚镣铁链穿成一长串，在冰天雪地的隆冬季节，将他们赶往另一个集中营。许多人忍受不了长期的苦役和饥饿，最后横尸于茫茫雪原之上。在这人间炼狱中，卡亚奇迹般地活了下来。他不断地鼓舞自己，靠着坚韧的意志力，维持着衰弱的生命。

1945 年，盟军攻克了集中营，而那位给他忠告的老人，却没有熬到这一天。若干年后，卡亚将他在集中营的经历写成一本书，他在前言中写道："如果没有那位老者的忠告，如果放任恐惧、悲伤、绝望的情绪在我的心间弥漫，很难想象，我还能活着出来。"是卡亚自己救了自己，是他用积极乐观的情绪救了自己。心理学家研究发现：当人们觉得凭借自己的能力无法完成一件事或者将会搞砸一件事的时候，恐惧感就会由此产生。但是，假如你去尝试，你常常会意识到，很多时候这种恐惧感其实是毫无依据的。

凯莉在一家高技术设备公司工作，她是该公司的高级经理，在与一家大型企业交易时，公司的供货订单上出现了严重的错误，为此公司将蒙受几百万美元损失。凯莉从一开始就介入了这一订单合同，她被通知去参加由主管主持召开的经理级别会议，会议的目的是找到如何保住合同的方法。

会议一开始，管理主管就对经理们发出了严厉的指责，每一位经理都因各自的责任受到粗暴严厉责问。主管不但不允许他们做出任何分辩解，而且讽刺的口吻越来越强烈。这似乎在告诉在场者，他举行会议的目的，就是为了将所有的人羞辱一番。有两位高级经理对这种羞辱很不满，并提出异议，但主管立刻声嘶力竭，咆哮不已，于是，所有的人都畏缩和静默了。

关键时刻，凯莉举起了手，所有的眼睛都转向她。主管迟疑了一下，同意她发言。凯莉首先提醒主管开会的目的，并询问他，是否可以开始讨论这一合同的补救法。主管凶狠地盯着凯莉，反复问她在这一事件中应承担的责任。凯莉对视主管紧逼的目光，平静地回答了他提出的所有问题，没有流露出丝毫胆怯和迟疑。

她承认已经出现的错误，但是坚定地说，公司现在最需要做的事情，是讨论如何保住这张订单。凯莉提出，她非常想了解主管对这一问题的意见，她冷静地重复这一观点，直到主管逐渐开始平静下来，会议终于转回到对实际问题的讨论上来。几个月以后，凯莉在这位主管的推荐下得到晋升。

当时，整个会议笼罩在畏惧的愤怒的气氛中，凯莉拒绝让自己陷进去，她挺身而出，因为她冷静，并且对目前的合同状况极为关注。

凯莉的成功就在于，她能够把主管的愤怒与自己的工作能力问题区分开来，从而使她能够冷静清晰，表达出采取积极行动所需要的观点，而不是消极对抗、揭丑和反诘。也就是说，她在情绪冲突面前做出了良好的判断，而且对自己不必做的事情，做出了恰如其分的情绪回应。

在生活中，为了保护我们自己，我们的大脑会不顾一切地阻止我们做一些有风险的事。想象一下，你正乘着飞机在万米高空中时，这时遇到危险情况必须跳伞，大脑会灌输一些负面的信息让你无法顺利跳伞，那是因为恐惧像种子一样扎根在我们的头脑中。而假如你此前有过很多年的跳伞经验，你的大脑就不会有所顾忌，因为你的潜意识告诉你：跳伞不会有危险。

当你将自己推向自己能力极限的时候，让你感到恐惧的事就会开始减少。久而久之，你会渐渐领悟出一个道理，其实所有的恐惧都是你的大脑出于保护自己的本能而产生的，而且你也会领悟到那些未知的恐惧没有你潜意识中认为的那样危险。

比如一个刚刚入行的推销员要在街上向行人推销自己的产品，这可能会让很多新人手足无措，他们不知如何开口，不知道是否会遭到拒绝甚至白眼，不知道是否有人愿意买自己的产品，但这并不是无法办到的事。只要克服自己内心的恐惧，勇敢地张开嘴，迈开腿，花一点时间，下一点工夫，你会发现其实这根本算不了什么。

人们常说，你能想到多远就能走到多远。有这样一个故事，一个人经过一个建筑工地，那里有三位建筑工人，他分别问三个人在做什么，第一个工人回答："我正在砌一堵墙。"第二个工人说："我正在盖一座大楼。"第三个工人回答："我正在建造一座城市。"

十年以后，第一个工人还在砌墙，第二个工人成了建筑工地的管理者，第三个工人则成了城市的领导者。

事实上，当初三个工人的处境几乎一样，他们同样踏实肯干，对未来有着同样美好的设想，只不过第一个工人被内心的恐惧阻止了，他认为理想是离现实太遥远的东西，而第二个和第三个工人只是朝着理想多走了一步，多做了一些尽管最初让自己有所畏惧的事情，比如勇敢地寄出了自己的设计图纸，在适当的时候展示了自己的才能。

每天做这样一件令自己畏惧的事，你的体内会产生大量的肾上腺素。而且假如你完成了原先你认为做不到的事，你会感觉非常棒，因为你发现不会再有阻止你的障碍了。你会过上更好的生活，获得来自同行们的更多的尊敬，而且你能更好地控制你自己，能够经历许多别人想都不敢想的经历。

苏姗·婕菲丝曾提醒人们：畏惧将取决于我们的行动——面对畏惧，我们也许可以与之为伍，并从中做出最佳决定。

智慧箴言

恐惧始终是人的本性的一部分，在可预见的未来，它也会陪伴着我们。恐惧广泛存在，几乎每个人都有这种感受，因此可以说，恐惧是正常的。战胜恐惧。克服恐惧最好的办法理应是：面对内心所恐惧的事情，勇往直前地去做，直到成功为止。

5. 丢掉烦恼振作起来

古代，有一位著名的画家。一天，他突发奇想，想画出一幅人人见了都喜欢的画。画完，他拿着它到市场上去展出。仿效着春秋时期秦相吕不韦修撰《吕氏春秋》时"一字千金"的做法，他在画旁放了一支笔，附上说明：每一位观赏者，如果觉得此画还有需要修改的地方，就请在相应之处做上记号。

结果令这位著名画家很惊讶，因为他发现整个画面竟然被涂满了记号——事实上，没有一笔一画不被指责。画家很不解，以自己的实力不至于受到这么多批评吧，因此开始怀疑自己的能力。在苦思冥想之后，画家决定换另一种尝试的方法。

于是，他又画了一张同样的画，然后依旧拿着它到市场上展出。不同的是，这一次，他要每位观赏者指出的，不再是画的欠佳或不妥之处，而是请每一位观赏者，在自认为精彩的地方做上记号。结果令画家再一次感到震惊。他同样感到十分不解——原先所有被否定指责过的地方，现在也都被做上了标记，不过这次是赞美的记号。

最后，画家充满感慨地说："我如今终于明白了一个奥妙，那就是：在任何时刻都要坚持自己的，不要太在意别人的看法。因为别人的看法永远是别人的看法，有赞美就会有批评，谁都无法让所有人都满意。重要的是有自己的主见。"

如果一个人的行动完全取决于别人的看法，他就会失去自我，成为别人意愿的奴隶。请坚持你的主见，切莫让别人的建议反客为主，取代了你的主见！走自己的路，让别人去说吧！被别人左右，不懂得坚持自己的立场注定毫无成就，而坚定自己立场的人才会成功。

已故的美国人马修·布拉，当年是华尔街四十号国际公司总裁，有人问他是否对别人的批评很敏感，他回答说："是的，我早年对这种事情非常敏感。我当时急于要使公司里的每一个人，都认为我非常完美。要是他们不这样想的话，就会使我忧虑。"

"只要一个人对我有一些怨言，我就会想法子去取悦他。可以我所做的讨好他的事，总会让另外一个人生气。然后等我想要补足这个人的时候，又会惹恼其他的人。"

"最后我发现，我愈想无能为力讨好别人，就愈会使我的敌人增加。所以最后我对自己说：只要你超群出众，你就一定会受到批评，所以还是趁早习惯的好。这一点对我大有帮助。"

"从此以后，我就决定只尽自己最大能力去做，而把我那把破伞收起来，让批评我的雨水从我身上流下去，而不是滴在我的脖子里。"

林肯要不是学会对那些骂詈置之不理，恐怕他早就受不住内战的压力而崩溃了。他写下的如何对待批评的方法，已经成为经典之言。第二次世界大战期间，麦克阿瑟将军曾把它抄下来，挂在总部的写字台后面。而丘吉尔则将其镶在框子里，挂在书房的墙上。

这段话是这样写的：

"如果我只是试着要去读——更不用说去回答所有对我的攻击，这爿店不如关了门，去作别的生意。我尽量用最好的办法去做，尽我所能去做，我打算一直这样把事情做完。如果结果证明我是对的，那么人家怎么说我，就无关紧要了；如果结果证明我是错的，那么即使花10倍的力气来说我是对的，也没有什么用。"

所以，情商高的人都不会为别人的批评而烦恼，太在意别人批评的人，都会局限于狭窄的范围内，而让自己失去了更为广阔的天地。

康能第一次在美国众议院演讲的时候，被言辞流利的新泽西洲的代表菲尔斯这样讥讽了一句："这位从伊利诺洲来的先生，恐怕口袋里装的是雀麦吧？"全院的人听民便哄堂大笑，假如被讥讽的是一个脸皮薄的人，恐怕就会不知所措了，但是康能却不然，他外表虽然粗蛮，但内心却明白这句话是事实。

他回答说："我不仅口袋里有雀麦，而且头发里藏着种子。我们西部人大都是这种乡土味儿，不过我们的种子是好的，能够长出好苗来。"康能因这次反驳，以致全国闻名，而大家都称他为"伊利诺洲的种子议员"。

康能能够使别人的批评变为称赞和同情，因为他谙熟一种自贬的方法，这种方法人人都可以很容易学到。从批评声中逃走是不好的，批评就好像一只狗一样，狗看见你怕它，便愈加追赶你，恐吓你，如果某种批评把你吓住了，你便日夜都痛苦不安。但是如果你回转头对着狗，狗便不再吠叫了，反而摇着尾巴，让你来抚摸。

只要你正面迎击对你的批评，到头来，它反而会为你所溶化、克服。人们之所以怕批评，是因为批评乃是真的事实，愈真实则人们愈害羞，从而寻求逃避。

然而，批评之所以可贵，便是因为里面包含着真实的缘故。别人批评康能好像草包，他并不害羞、逃避，承认自己比别人土头土脑。不过在他粗野的外表里，能显出他是一具纯正的人。

批评是揭发人们缺点的好方法，你不必要对它忧心忡忡。批评你的人或许存心不良，但是其批评的事实却可能是真的。他或许是想伤害你，但是如果他的批评能使你改进，对你反而更有助益。你如果因他的批评而寻烦恼，那就让他的诡计得逞了。

对每个人来说，凡事都要有自己的主见，不要太在意别人的批评。在面对双向甚至多向选择时，决定权永远在我们自己的手中，也许有的时候我们自己的选择并不是最好的，但这就是人生。

让自己成为掌舵人，即使这艘船在我们的生命中行驶得有点颠簸，我们也会在航行的快乐中到达自己的生命彼岸。如果总是因为他人的看法改变自己，你会活得越来越没有自我。想要达到最终的目标，就不能放弃自己，要自己来走完这条路。放弃了自己不仅会使你失去成就自己的机会，你的生命也会随之失去意义。

智慧箴言

凡是成功者，无不都是坚守理想、努力拼搏、紧紧握住自己命运的人。真正做自己的主人，不会在面对困难时充满胆怯与恐惧，更不会在困难面前俯首称臣，拱手把自己的命运让给别人来控制，主宰世界是因为首先主宰了自己，把握了自己的命运；倘若不是如此，就会在有意无意间受制于人，把自己的命运交给别人，或许就一事无成。

6、不要为琐事而羁绊

在非洲草原上，有一种不起眼的动物叫吸血蝙蝠。它身体极小，却是野马的天敌。这种蝙蝠靠动物的血生存，它在攻击野马里，常附在马腿上，用锋利的牙齿极敏捷地刺激野马的腿，然后用尖尖的嘴吸血。无论野马怎么蹦跳、狂奔，都无法驱逐这种蝙蝠。蝙蝠却可以从容地吸附在野马身上，落在野马头上，直到吸饱喝足，才满意地飞去。而野马常常在暴怒、狂奔、流血中无可奈何地死去。

动物学家们在分析这一现象时指出，吸血蝙蝠所吸的血量是微不足道的，远不会让野马死去，野马的死亡是它暴怒的习性和狂奔所致。

现实生活有着惊人的相似之处。将人们击垮的，有时并不是那些看似灭顶之灾的挑战，而是一些微不足道的鸡毛蒜皮的小事。的确，人们通常都能勇敢地面对生活中大的危机，可是，却会被那些小事情搞得垂头丧气。但是一个具有高情商的人，决不会让小事情困住自己的情绪。

这和婚姻方面的权威人士的说法是类似的。芝加哥的约瑟夫·萨巴士法官仲裁了超过四千起婚姻纠纷的案件，他说："很多家庭纠纷，往往都是由一些琐事引发的。"纽约州地方检察官法兰克·霍根也曾说："一半以上的刑事案件都是由琐事引起的：在酒吧里逞强、家庭中的争吵、侮辱性的言语、粗鲁的行为……正是这些小事，引发了更大的争斗甚至关乎人命。人性本善，其实很多的人生悲剧，最初只是因为自尊心、虚荣心受到了一点小小的伤害，但这些却造成了'世界上超过一半的伤心事'。"

住在新泽西州的罗勃·摩尔曾经讲过一个极具戏剧性的故事。1945 年 3 月某日，这一天的特殊经历，给他上了有生以来最重要的一堂课。他当时所在的贝野号潜艇正在中南半岛附近水域 276 英尺深的海下行驶，潜水艇上共有 88 名船员。黎明时分，雷达系统显示，有一支日军小型舰队正迎面驶来。

他们从潜望镜里观察到，这支日军舰队由一艘日本驱逐舰、一艘油轮和一艘布雷舰组成。他们的潜艇开始上浮寻找进攻机会，向驱逐舰发射了三枚鱼雷，但都没有击中目标。所幸驱逐舰没有发现自己受到了攻击，继续向前行驶。

正当他们准备攻击航行在最后面的布雷舰时，它突然调转方向，径直朝他们开来。原来是一架日本飞机发现了他们的潜水艇，飞机把他们的位置用无线电通知了那艘布雷舰。他们当时在水下60英尺，为了防止被它侦察到，紧急下潜到150英尺深的地方，同时做好应付深水炸弹的准备。为了防止潜水艇发出声响，潜艇关闭了整个冷却系统和所有的发动机。

三钟后，一阵剧烈的震动如山崩地裂般袭来——六枚深水炸弹在四周爆炸，将他们的潜水艇从水下150英尺直压到海底276英尺深的海床上 。他们中的所有人都陷入极度恐慌之中。要知道，在不到1000英尺深的海水里，一旦受到攻击将会有很大的危险，如果不到500英尺，几乎是在劫难逃，而他们当时所处的海域水深仅仅是250英尺。这好比一个人想要躲在水里不被人发现，而这水的深度却只是刚刚到他的膝盖——整个人暴露无遗。

这场攻击持续了整整15个小时，深水炸弹不停地从日本布雷舰上投下来。有十多个或者是二十几个深水炸弹就在离他们周围五十英尺左右的地方爆炸，如果这些炸弹再近一些——在17英尺以内的地方爆炸，潜水艇就会被炸出一个洞来，后果不堪设想。当时，他们所有人奉命躺在床上努力保持镇定。可有些士兵仍然吓得喘不过气来，不停地叨念："我要去见上帝了……"。

电扇和冷却系统全部关闭后，潜水艇的温度急剧上升，几乎有华氏一百多度（摄氏32度），可罗勃·摩尔却因为害怕而全身战栗，穿上毛衣和夹克，还是全身阵阵发冷，牙齿抖动咯咯作响，浑身上下一阵阵冒冷汗。攻击在持续了15个小时以后戛然而止。显然，那艘布雷船用光了所有的深水炸弹后撤离了这片水域。

罗勃·摩尔回忆说：在炸弹的爆炸声中，有一刻，我突然觉得曾经那些所谓烦恼忧虑的琐事，在此刻显得那么荒谬和藐小。我对自己发誓，如果我能活着离开潜艇重见天日，我绝不会再忧虑了！绝对不会！永远不会！在潜水艇中度过的这恐怖的15个小时里，我所学到的，比我在大学四年从书本中学到的还要多得多。

一个善于运用情商的人，完全能够掌控和调适自己的情绪，不会为一点琐碎小事而忧虑。

特别地不要让还没有发生的忧虑困住自己，因为，99%的忧虑其实不会发生。

1943 年夏季，世界上大多数烦恼似乎降到史密斯先生的头上。40 年来，他的生活一直很顺畅，只有一些身为大夫、为人之父及生意上的小烦忧，他通常也都能从容应付。而当下面临的一些麻烦却让他备感郁闷而焦头烂额。

他办的商业学校，因为男孩都入伍作战去了，因此面临严重的财务危机。他的长子也在军中服役，像所有儿子出外作战的父母一样，他感觉牵挂担忧。俄克拉何马市正在征收土地建造机场，他的房子正巧位于这片土地上。他能得到的赔偿金只有市价的十分之一。

最惨的是，他无家可归，因为城市内的房屋不足，他担心能不能找到一个遮蔽一家六口的房子。说不定他们得住在帐篷里，连能不能买到一顶帐篷，他也感到担忧。

他农场上的水井干枯了，因为他房子附近正在挖一条运河。再花 500 美元，重新挖个井，等于把钱丢到水里，因为这片土地已被征收了。他每天早上得运水去喂牲口，可能要搞两个月，说不定后半辈子都得这么累了。

他住在离商业学校十英里远的地方，限于战时的规定，他又不能买新轮胎，所以他老担心那辆老爷福特车，会在前不着村后不着店的荒郊野外抛锚。他大女儿提前一年高中毕业，她下决心要念大学，他却筹不出学费，她会因此而心碎的。

一天下午，史密斯正座在办公室里为这些事忧虑着，他忽然决定把它们全部写下来，因为这些困难好像已超出他的控制范围。看着这些问题，他觉得束手无策。一年半以后的一天，史密斯在整理东西时，发现了这张纸片，上面记载着他曾经有过的六大烦恼。但有趣的是，他发现其中没有一项真正发生过：

担心学校无法办下去是没有意义的，因为政府开始拨款训练退役军人，他的学校不久就招满了学生。担心从军的儿子也没有意义，他毫发无损地回来了。担心土地被征收去建机场也是无意义的，因为附近发现了油田，因此不可能再被征收。担心没水喂牲口是无意义的，既然他的土地不会被征收，他就可以花钱掘口新水井。担心车子在半路上抛锚是无意义的，因为他小心保养维护，倒也坚持下来了。担心长女的教育经费是无意义的，因为就在大学开学前 6 天，有人奇迹般地提供给他一份从事稽查的工作，可以用课后的时间兼差，这份工作帮助他筹足了学费。

99%的忧虑其实不会发生，直到看到自己这张烦恼单，史密斯先生才明白这个道理。难忘的经验让史密斯体会到，为了根本不会发生的事而饱受煎熬，这是一件多么愚蠢的事啊！今天正是你昨天忧虑的明天。在忧虑时不妨问问你自己：我怎么知道秘忧虑的事真的会发生？

智慧箴言

一个善于运用情商的人，完全能够掌控和调适自己的情绪，不会为一点琐碎小事而忧虑。特别是不要让还没有发生的忧虑困住自己，因为，99%的忧虑其实不会发生，努力培养一种举重若轻、处变不惊的个性，因为我们需要轻松、愉快的生活。放弃旧的观念，代之以乐观主义，把烦恼抛到脑后。那我们的生活就会惬意而又舒心。

7. 冷静分析让逆境去而不返

古今中外，凡成大业者无一不是历经磨难——贝多芬在双耳失聪的情况下，"扼住了命运的喉咙"，创作了著名的《命运交响曲》；曹雪芹在家破人亡后，著成《红楼梦》。在种种磨难面前，他们没有低头，反而迎难而上，走出了生活的泥沼。

在里氏8级的汶川大地震中，高情商的优势也显露出来。它使我们在无数垮塌的废墟之上，见证着72小时后的生命奇迹——被埋79个小时的女孩获救后，撩了撩头发，对着摄像机说："我没事，大家放心。"；另一名男孩开口说的第一句话，居然是"叔叔，我要喝可乐……"

人在恶劣的逆境中，除了必要的物质生存条件之外，超强的精神意志是让他们超越极限的重要理由。而这，也就是高情商的表现。情商高的人更容易成功，也更容易走出困境。

1976年唐山大地震的幸存者卢桂兰老人在废墟下足足被埋了13天。她事后回忆说，被埋期间自己一直暗暗唱歌，唱《下定决心》，唱《东方红》，

"我一想到死，就觉得解放军会来救我。"生死攸关时，高情商的人更善于察觉自己惊慌、恐惧的情绪。之后，他们会尽快清除这些不良情绪，把寻求解决之道作为最紧要的任务。同时，他们又都执著于某个目标，此时，争取胜利的希望就成了他们坚持的动力。

在逆境中，人的情绪会极端消沉，高情商者能很快走出失败的阴影，自己拯救自己。

从他记事起，他就知道父亲是个赌徒，母亲是个酒鬼。父亲赌输了，打完母亲再打他；母亲喝醉后，同样也是拿他出气。拳打脚踢中，他渐渐地长大了，但经常是鼻青脸肿、皮开肉绽。好在那条街上的孩子都与他一样，成天不是挨打就是挨骂。

像周围大多数的孩子一样，跌跌撞撞上到高中时，他便辍学了。接下来，街头鬼混的日子让他备感无聊，而绅士淑女们蔑视的眼光更让他觉得惊心。他一次次地问自己：难道自己一辈子就在别人的白眼中度过？

一次又一次的痛苦追问后，他下定决心走一条与父母迥然不同的道路。但自己又能做些什么呢？他长时间地思索着。从政，可能性几乎为零，进大企业去发展，学历与文凭是目前不可逾越的高山；经商，本钱在哪里……

最后他想到了去当演员，这一行既不需要学历也不需要资本，对他来说，实在是条不错的出路。可他哪里又有当演员的条件呢？相貌平平，又无天赋，再说他也没受过相关的训练啊！

然而决心已下，他相信，即使吃透世间所有的苦，他也不会放弃。

于是，他开始了自己的"演员"之路他来到了好莱坞，找明星、找导演、找制片，找一切可能使他成为演员的人恳求："给我一个机会吧，我一定会演好的！"很不幸，他一次又一次地被拒绝了，但他并未气馁。每失败一次，他就认真反省，然后再度出发，寻找新的机会……为了维持生活，他在好莱坞打工，干些粗笨的零活。

两年一晃而过，他遭到了一千多次拒绝。面对如此沉重的打击，他不断地问自己：难道真的没有希望了吗？难道赌徒酒鬼的儿子就只能做赌徒酒鬼吗？不行，我必须继续努力！他想到写剧本，如今的他已不是好莱坞的门外汉了，两年多的耳濡目染，每一次拒绝都是一次学习和一次进步，他大胆地动笔了。

一年后，剧本写了出来，他又拿剧本遍访各位导演："这个剧本怎么样？

让我当主演吧！"剧本还可以，至于让他这样一个无名之辈做主演，那简直就是天大的玩笑。不用说，他再次被拒之门外。

在他遭到一千三百多次拒绝后，一位曾拒绝了他二十多次的导演对他说："我不知道你能不能演好，但你的精神让我感动，我可以给你一个机会。我要把你的剧本改成电视连续剧，不过，先只拍一集，就让你当男主角，看看效果再说；如果效果不好，你从此便断了当演员这个念头吧。"

为了这一刻，他已做了三年多的准备，机会是如此宝贵，他怎能不全力以赴？三年多的恳求，三年多的磨难，三年多的潜心学习，让他将生命融入了自己的第一个角色中。幸运女神就在那时对他露出了笑脸。他的第一集电视剧创下了当时全美最高收视率——他成功了！

关于史泰龙，他的健身教练哥伦布曾经做出如此评价："史泰龙从来不惧怕失败，他的意志、恒心与持久力都令人惊叹。在逆境中，他善于调整自己的情绪，他是一个行动专家，他从来不让自己情绪低落，从不在消极的思想中等待事情发生，他主动令事情发生。"

在逆境中无所畏惧者，正是高情商的体现。情商之所以能发挥出异乎寻常的功效，关键在于它是对现实的能动适应。只有在现实冲突中，情商才能有所作为。高情商者都是敢于正视现实，勇于与现实作斗争的人，他们都有一部血与泪交织着的艰辛的奋斗史。

现实是残酷的，现实正由其残酷而精彩、美丽。只有在失败的砧铁上不断锤炼，才能锻造出铁的品质。正视现实，最重要的是要正视失败。

美国前总统尼克松因水门事件被迫辞职之后，久久沉在失败的忧愤和痛苦之中。媒体的穷追猛打，朋友惟恐避之不及，两次当选的辉煌，与现在的穷途末路形成强烈反差。这一切，使得62岁的尼克松患上了内分泌失调和血栓性静脉炎，他几乎是在苟延残喘地度日。

然而尼克松没有在不利的环境中倒下，他及时地调整了自己的心态，告诫自己："批评我的人不断地提醒我，说我做得不够完美，没错，可是我尽力了。"他不畏惧失败，因为他知道还有未来。他始终相信，"勇往直前者能够一身创伤地回来，"他重新调整心态，迎接新的挑战，鼓舞自己从挫折中走出来。

在这之后，尼克松连续撰写并出版了《尼克松回忆录》、《真正的战争》、《领导者》、《不再有越战》、《超越和平》等巨著，以自己独特的方式实现了人生应有的价值。

失败使强者愈强，勇者愈勇，也可使弱者更弱，甚至从此一蹶不振。贝多芬也曾陷入了近乎绝望的困境中，在他才华横溢之时，他的双耳却失聪了，他一度无法接受这个残酷的现实，整天酗酒，甚至想过自杀。

但是，音乐的力量又使他重建了信心，他以更坚强、更无畏的精神来正视现实。"我要扼住命运的咽喉！"这种伟大的精神，促使他在常人无法想象的痛苦中，创作了举世闻名的《命运》交响曲。

在逆境中，人的情绪全极端消沉，高情商者能很快走出失败的阴影，自己拯救自己。情商高的人对现实的适应性强，集中地体现在挫折承受能力上，正视失败并不意味着消极的承受，相反，它意味着转败为胜的可能。转败为胜的关键在于信心。只要建立起信心，坚持奋斗，就必定能突破困境。

智慧箴言

冷静是做人的一种智慧，冷静是一种修养，冷静也是自身力量的一种表现，头脑冷静而又有礼节的人，能自觉的克己和律己。受挫折时，不至于唉声叹气；获得奖赏时，不至于忘乎所以；有钱有权时，不至于趾高气扬；待人处事时，不至于浮躁轻狂；使自己的人生之路走的更稳健、更精彩。

8. 筑起冷静防火墙

冷静和智慧一样宝贵，其价值胜于黄金。然而，许多人因为火爆激烈的性格使自己的生活变得一团糟，他们毁灭了一切真与美的事物，同时也葬送了自己平稳安宁的性格，并将坏影响四处传播。

1965年9月7日，世界台球冠军争夺赛在美国纽约举行。刘易斯·福克斯以绝对优势将其他选手甩到身后。决赛时也非常顺利，已经胜利在望了，只要再得几分他便可以稳拿冠军。

可是就在这时，一只苍蝇落在了主球上，于是他赶忙挥手将苍蝇赶走了。

可是，当他再次俯身准备击球的时候，那只苍蝇又落到了主球上，这时，刘易斯·福克斯的情绪发生了一些变化，他开始因这只讨厌的苍蝇不断落到主球上而生气。他起身驱赶苍蝇，但苍蝇好像故意与他作对，飞来飞去就是不肯走，引得观众哈哈大笑。

福克斯的情绪也坏到了极点，终于失去了理智，愤怒地用球杆击打苍蝇，球杆触动了球，裁判判他击球，他因此失去了一次机会。更糟的是，浮躁的刘易斯·福克斯方寸大乱，连连失利，终于被对手抢走了似乎已触手可及的冠军宝座。而第二天，人们在一条河里发现了他的尸体，他自杀了。

一只小小的苍蝇击倒了所向无敌的世界冠军！福克斯输给了自己，输给了自己心中的那只苍蝇——浮躁。

浮躁是成功、幸福和快乐最大的敌人。在短暂的生命之旅中，浮躁是人生最大的敌人。也是一种病态心理表现，其特点有：心神不宁，面对急剧变化的社会，不知所为，心中无底，恐慌得很，对前途毫无信心；焦躁不安，在情绪上表现出一种急躁心态，急功近利；盲动冒险，由于极度不安，情绪取代理智，使得行动具有盲目性。

成功者不浮躁，浮躁者难成功。开辟事业的进程中，我们必须抛弃浮躁，谨严前行。因此，我们要力戒浮躁。不浮躁是处世做人的一种心理修养，就是要淡泊名利，静以养心。唯有得宠亦泰然，受辱亦淡然，在大起大落面前，始终不为外界环境变化所影响，不受上司喜怒好恶所干扰，不改变自己的人生目标，豁达潇洒地看待进取得失，才能活得怡然，活得轻松，活得幸福。

克服浮躁要脚踏实地、善于思考、戒骄戒躁、不紧不慢——这是戒掉浮躁的不二法门。许多人因缺少自我控制，不冷静沉着，情绪因为毫无节制而躁动不安，因不加控制而浮沉波动，因为焦虑和怀疑而饱受摧残。只有冷静的人，能够控制和引导自己的思想，才能够控制自己的情绪，才是一个高情商的人。

1980年美国总统大选期间，在一次关键的电视辩论中，竞选对手卡特抓住里根当演员时的生活作风问题，发起了蓄意攻击。里根丝毫没有愤怒的表示，只是微微一笑，冷静而又诙谐地调侃说："你又来这一套了。"

一时间，听众哈哈大笑，为里根的精彩回答鼓起掌来。这样，卡特反而陷入了尴尬的境地，里根则为自己赢得了更多选民的信赖和支持，并最终获得了大选的胜利。

人生二诀： >>>>

冷静是智慧美丽的珍宝，它来自于长期耐心的自我控制。冷静意味着一种成熟的经历，来自于对事物规律不同寻常的了解。一个人能够保持冷静的程度，与他对自己的了解息息相关。

了解自己，也要通过思考了解别人。当你对人对己有了正确的理解，并越来越清楚事物内部存在的因果关系时，就会停止大惊小怪，勃然大怒、忐忑不安或是悲伤忧愁，就会保持处变不惊、泰然处事的态度。

镇静的人知道如何控制自己，在与他人相处时能够适应他人，别人反过来会尊重他的精神力量，并且会以他为楷模，依靠他的力量。人越是处变不惊，他的成就、影响力和号召力就越是巨大。

一个普通的商人，如果能够提高自我控制，保持沉着，他会发现自己的生意蒸蒸日上，因为，人们更愿意和一个沉着冷静的人谈生意。坚强、冷静的人，总是受到人们的爱戴和尊敬。他像是烈日下一棵郁郁葱葱的树，或是暴风雨中经受砥砺的岩石。

谁会不爱一个安静的心灵，一个温柔敦厚，不愠不火的生命？无论是狂风暴雨还是艳阳高照，无论是沧桑巨变还是命运逆转，一切都没有关系，因为这样的人永远安静、沉着、待人友善。

人们称之为"静稳"的可爱的性格，是人生修养的最后一课，是生命中盛开的鲜花，是灵魂成熟的果实。

1915年，小洛克菲勒还是科罗拉多州一个不起眼的人物。当时，发生了美国工业史上最激烈的罢工，历时两年。

愤怒的矿工要求"科罗拉多燃料钢铁公司"提高薪金，小洛克菲勒正负责管理这家公司。由于群情激愤，公司的财产被破坏了，军队被要求来镇压，因而造成流血。那样的情况，可谓民怨沸腾。后来，小洛克菲勒却赢得了罢工者的信服，他是怎么做到的？

小洛克菲勒花了好几个星期结交朋友，并向罢工者代表发表谈话。那次的谈话可称之为不朽，不但平息了众怒，还为自己赢得了不少赞赏。演说的内容是这样的：

这是我一生当中最值得纪念的日子，因为，这是我第一次有幸和公司的员工代表见面，还有公司行政人员和管理人员。我可以告诉你们，我很高兴站在这里，有生之年都不会忘记这次聚会。假如这次聚会提早两星期举行，那么对你们来说，我只是个陌生人，我也只认得少数几张面孔。由于上个星期以来，我有机会拜访整个南区矿场的营地，私底下和大部分代表交谈过。我拜访过你们的家庭，与你们的家人见面，因而现在我不算是陌生人，可以说是朋友了，基于这份互助的友谊，我很高兴有这个机会和大家讨论我们的共同利益。这个会议是由资方和劳工代表所组成，承蒙你们的好意，我得以站在这里。虽然我并非股东或劳工，但我深觉与你们关系密切。从某种意义上说，也代表了资方和劳工。

多么出色的一番演讲，这是化敌为友的最佳艺术表现。

假如小洛克菲勒在那种非常的场景下缺乏冷静，与矿工们争得面红耳赤，用不堪入耳的话骂他们，用各种理由证明矿工的不是，你想结果如何？只会招惹更多的怒愤和暴行。

作为一个社会人，你有必要控制自己的情绪和情感，冷静理智地处理问题。但是，控制并不等于压抑，积极的情感可以激励你进取上进，可以加强你与他人之间的交流与合作。所谓"大勇者"，决不仅仅是指那些军事家、统帅和领袖。

每一个人，只要刻意地在生活中不断磨练自己，都可以成为处变不惊的"大勇者"，用今天的话来说，也就是一个高情商者。

比如，两个人对弈，自己局势告急，怎么办？认输？悔棋？还是冷静下来，观察是否还能挽回败局，想不认输就不能乱了阵脚，头脑冷静才可能绝路逢生。

对于一个人来讲，要想具有应付人生挫折和打击的能力，同样需要一种冷静沉着的心态，一种处变不惊的心理素质。这也就是我们所说的高情商。

智慧箴言

冷静，使我们大度、理智、无私和聪颖。所以说："静而后能安，安而后能虑，虑而后能得。"这个"得"字，才是对高品位生活的甜甜享受。

第三章

良好的情绪管理能力

每个人都有情绪，但人们大都对情绪缺乏一定的了解和关注。消极情绪若不适时疏导，轻则败坏情致，重则使人走向崩溃；而积极的情绪则会激发人们工作的热情和潜力——各种情绪不同程度地影响着人们的工作和生活。所以我们了解了情绪，才能管理并控制情绪，才能发挥其积极作用。

情绪如四季般自然地发生，一旦情绪产生波动时，个人会表现愉快、气愤、悲伤、焦虑或失望等各种不同的内在感受，假如负面情绪常出现而且持续不断，就会对个人产生负面的影响，如影响身心健康、人际关系或日常生活等。

亚里士多德说："任何人都会生气，这没什么难的，但要能适时适所，以适当方式对适当的对象恰如其分地生气，可就难上加难。"所以，正确的情绪管理是要适时适所，对适当对象恰如其分表达情绪。

一个人做任何事情要成功的话，就要学会自我激励、自我把握，尽力发挥出自己的创造潜力，这就需要具备对情绪的自我调节与控制，能够对自己的需要延迟满足，能够压抑自己的某种情绪冲动，从而发挥情绪的积极作用。

1. 情绪化是幸福的杀手

与其一天到晚怨天怨地说自己多么不幸福，不如借由改变自己的情绪个性来改变命运。没有人天生注定要不幸福的，除非你自己关起心门，拒绝幸福之神来访。有的人情绪一来，就什么都不顾，什么难听的话都敢说，什么伤人的话都敢骂，甚至不计后果，酿出大是大非来，这就是人的情绪。

一个周末的傍晚，凯勒在后阳台上整理白天拿出来曝晒的旧书，正巧看见与他相隔一条防火巷的邻居在阳台上洗碗。邻居动作十分利落，水声与碗声铿锵作响，像发自她内心深处的不平与埋怨。这时候，她丈夫竟从客厅端来一杯热茶，双手捧到她面前。这感人的画面，差点教人落泪。

为了不惊扰他们，凯勒轻手轻脚地收起书本往屋里走。正要转身时，听到那天生不幸福的女人回赠那同样不幸福的男人："别在这里假好心啦！"

丈夫低着头又把那杯茶端回屋里。凯勒想，那杯热茶一定在瞬间冷却了，像他的心。继续在洗碗的邻居，还是边洗边抱怨："端茶来给我喝？少惹我生气就行了。我真是苦命啊！早知道结婚要这样做牛做马，不如出家算了。"

也许她需要的不是一杯热茶，而是有人来分担她的家务。但是，在丈夫对她献殷勤的时候，实在没有必要把情绪发泄到对方身上。一时的情绪化，常常是你自身幸福的杀手。

众所周知，《红楼梦》里的泪人儿林妹妹就是个极端情绪化的人。她多愁善感的个性使得她忽喜忽悲，一会儿涕泪纵横，一会儿又满腹欢喜，这让她原本柔弱的身体更加憔悴。身体的不适也会令她伤春悲秋，如此循环往复竟造成了最终的悲剧。也许就是因为过分的情绪化的表现，掐断了她通往幸福的道路，因为王夫人等是不会让一个情绪多变的人来掌管贾府的，必然是选择性情老成持重的薛宝钗。林妹妹的多愁善感甚至掩盖了她技压群芳的才华，在面临"择媳"的事件上，她不是输给了宝钗，而是输给了自己的情绪化。

反之，一个会控制自己情绪的人即使面对困境，也依然会获得幸福。

1939 年，德国军队占领了波兰首都华沙，此时，卡亚和他的女友迪娜正在筹办婚礼。卡亚做梦都没想到，他和其他犹太人一样，在光天化日之下被纳粹推上卡车运走，关进了集中营。卡亚陷入了极度的恐惧和悲伤之中，在不断的摧残和折磨中，他的情绪极其不稳定，精神遭受着痛苦的煎熬。

一同被关押的一位犹太老人对他说："孩子，你只有活下去，才能与你的未婚妻团聚。记住，要活下去。"卡亚冷静下来，他下定决心 j 无论日子多么艰难，一定要保持积极的精神和情绪。

所有被关在集中营的犹太人，他们每天的食物只有一块面包和一碗汤。许多人在饥饿和严酷刑罚的双重折磨下精神失常，有的甚至被折磨致死。卡亚努力控制和调适着自己的情绪，把恐惧、愤怒、悲观、屈辱等抛之脑后，虽然他的身体骨瘦如柴，但精神状态却很好。

5年后，集中营里的人数由原来的 4000 人减少到不足 400 人。纳粹将剩余的犹太人用脚镣铁链连成一长串，在冰天雪地的隆冬季节，将他们赶往另一个集中营。许多人忍受不了长期的苦役和饥饿，最后死于茫茫雪原之上。在这人间炼狱中，卡亚奇迹般地活下来。他不断地鼓舞自己，靠着坚韧的意志力，维持着衰弱的生命。

1945 年，盟军攻克了集中营，解救了这些饱经苦难、劫后余生的犹太人。卡亚活着离开了集中营，而那位给他忠告的老人，却没有熬到这一天。

若干年后，卡亚把他在集中营的经历写成一本书。他在前言中写道："如果没有那位老者的忠告，如果放任恐惧、悲伤、绝望的情绪在我的心间弥漫，很难想象，我还能活着出来。"是卡亚自己救了自己，是他用积极乐观的情绪救了自己。与卡亚不同的是，总有许多人不停地抱怨命运的不公，自己付出了辛劳的汗水，得到的却是失败和痛苦。究其原因，是因为他们不会调节自己的情绪。过度的情绪化除了带给人不快乐的情绪，更多的则是与成功无缘。情绪化会让你周围的人认为你喜怒无常，不敢委以重任或信赖你，因为你在别人眼里是不够成熟。情绪化还会让你丧失判断力，冲动之下说出错话，做出错误的决定。

人的情绪化行为有哪些特征呢？

行为的无理智性。人的行为应该是有目的、有计划、有意识的外部活动。人区别于其它动物之一，就在于人的行为的理智性。人的情绪化行为的一个重要特征，往往表现在不仅"跟着感觉走"，而且"跟着情绪走"。行为缺乏独立思考，显得不够成熟，浮于表面，轻信他人，而且有时还依赖他人。

行为的冲动性。人的行为本应受意志的控制，受意识能动的调节支配。但是，人的情绪化行为反映了意志控制力的薄弱，显得冲动。遇什么不顺意的或不称心的事，就像一只打足了气的球一样，立即爆发出来。带有情绪化行为的冲动，看起来力量很强，然而不能持续很长的时间，紧张性一释放，冲动性行为就结束了。这种冲动性行为往往带来某种破坏性后果。

行为的情景性。它的显著特点是，被生活环境中与自己切身利益相关的刺激所左右。满足自己需要的刺激一出现，就显得非常高兴；一旦发现满足不了，就会异常地愤怒。因此，这种行为就显得简单、原始，比较低级。如果他人故意地制造一个情景，那么，一些人就会按照他人预计的方式行动，就会上当受骗。

行为的不稳定性、多变性。人的行为总有一定的倾向性，而且这种倾向性一经形成，会显得非常稳定。但是，人的情绪化行为却具有多变、不稳定的特点。喜怒哀乐，变化无常，给人一种捉摸不定的感觉。

行为的攻击性。这类人忍受挫折的能力相当低，很容易将自己受到挫折产生的愤怒情绪表现出来，向他人进攻。这种攻击不一定以身体的力量方式出现，也可以语言和表情的方式出现：如不明不白的讽刺挖苦他人，在脸色上给他人难堪，或让别人下不了台等。

情绪化行为的上述特点使这种行为具有不少消极性。例如，情绪化行为会成为个人心理发展的障碍，使人变得缺乏理智、不成熟，甚至成为后果不堪设想行为的起端。对于群体来说，过多的情绪化行为，会妨碍人与人之间的融洽与和睦。对于社会来说，当人的情绪化行为成为一种倾向时，就比较难于为社会控制，甚至成为某个社会事件的起因，给社会造成重大的损失。

那么，应该怎样控制自己的情绪化行为呢？

要承认自己情绪的弱点。每个人的情绪都有其优劣，自己一定要认识自己的情绪，不能回避，不能视而不见。譬如，有的人喜欢冲动，而且一冲动就控制不住自己。怎么办？就要承认自己有这个毛病，在承认的基础上，再认真分析自己好冲动的原因，然后再找一些方法去克服。这样做可以随时提醒自己：不可放纵自己！

要控制自己的欲望。人的情绪化行为，大都是因为自己的欲望、需要得不到满足而产生的。当一个人的功利行为不能满足其需要时，行为就变得简单、浅显，就会产生短视、剧烈的反应，产生情绪化行为就不足为怪了。因此，要降低过高的期望，摆正"索取与贡献、获得与付出"的关系，才可能防止盲动的情绪化行为。

要学会正确认识、对待社会上存在的各种矛盾。要学会全面观察问题，多看主流，多看光明面，多看积极的一面，这样能使自己发现生存的意义和价值，使自己乐观一点，会使自己增加克服困难的勇气，增加自己的希望、信心，即使遇到严重挫折也不会气馁，不会打退堂鼓。

要学会正确释放、宣泄自己的消极情绪。一般说来，当人处于困境、逆境时容易产生不良情绪，而且当这种不良情绪不能释放、长期压抑时，就容易产生情绪化行为。高情商的人，懂得在必要的时候将消极情绪适时的释放、宣泄，譬如，找朋友谈心，找一些有乐趣的事情干，从中去寻找自己的精神安慰和精神寄托。总之，如果你想获得生活的幸福与美满，或者事业的成功与辉煌，那么你就要避免情绪化。

智慧箴言

与其一天到晚怨天怨地说自己多么不幸福，不如藉由改变自己的消极情绪来改变命运。没有人是天生注定要不幸福的，除非你自己关起心门，拒绝幸福之神来访。

2. 要克服你的怒火

一位刚刚卸任不久的县委领导，在超市购物时因商品质量问题与营业员发生口角，突发脑溢血，送医院急救后虽保住一条命，却落得个半身瘫痪不能言语，他用手指在床上向探望者写出四个字："生不如死"，实在令人扼腕唏嘘。

无独有偶，一位刚退下来的工程师，因一件小事与小区保安发生争执，越吵越凶，诱发心脏病，经抢救无效，猝然离世。在他的追悼会上，大家谈起他的做人做事都很惋惜，唯一对他的爱发脾气不予苟同。大伙说，若是他老兄心胸豁达点、少动怒，断不会生此悲剧！

人生在世，谁无喜怒哀乐？世界本身就充满矛盾，谁都会遇到令人气愤发怒的事。但发怒，无论从身心健康还是社会意义上讲，都是有百弊无一利。清朝钦差大臣林则徐在堂上高悬"制怒"二字，说明这位民族英雄也有发怒的时候，但他深谙发怒的危害性，故而告诫自己时刻要"制怒"。

心理学认为，生气是一种不良情绪，是消极的心境，它会使人闷闷不乐，低沉阴郁，进而阻碍情感交流，导致内疚与沮丧。中医认为，怒由气而生，气和怒是"双胞胎"。怒伤肝，怒气会导致"血气耗，肝火旺"，后患无穷。发怒非但增强诱发心脏病的危险，且有罹患其他疾病的可能。正所谓"百病生于气，养身需制怒"。 愤怒是人体中的心理病毒，会使人重病缠身，一蹶不振。可见愤怒对人的身心有百害无一利。

《三国演义》里有 "诸葛亮三气周瑜"一章，周瑜在恼恨暴怒之下，导致口吐鲜血而亡。现实生活中，也不乏这样的悲剧，所谓"一碗饭填不饱肚子，一口气能把人撑死"，上述两个例子，再次证明了这一点。

唐代高僧慧宗法师的一则小故事。某次这位高僧外出云游，临行前吩咐弟子看护好他所酷爱的几十盆兰花。弟子们自不敢怠慢，每天将兰花精心伺候。某夜狂风暴雨大作，徒弟们忘记关窗，翌日一早发现窗前的兰花被大雨浇得一片狼藉，弟子们个个懊悔不迭，只好等待师傅回来"挨训"。

谁知数日后法师返回，见状非但没有责怪，反倒宽慰弟子道："区区兰花，何必挂齿？当初我种兰花是为了快乐，不是为了日后生气呀！"弟子们这才笑逐颜开恢复平静。慧宗法师的言行令人心生敬意。

生活何尝不是如此，我们每做一件事，就是为了快乐生活、健康长寿，有道是"要活好，心别小；善制怒，寿无数"，对人对事过分患得患失必然自寻烦恼，那又何苦呢？一个人受到刺激或委屈，难免会生气，这是人之常情，连圣贤也不能 "免俗"。重要的是要有学会修养、拥有气度，单是为了自身的健康、家人的幸福也要懂得克制自己。动辄发怒非但形象不佳、"有碍观瞻"，对身心健康也极为不利，轻则伤心、重则丧命。

确实，发怒时的言行给别人造成的伤害，是永远无法弥补的。研究表明，最后失去控制、大发雷霆的人，通常都经历了连续地累积情绪过程。每一个拒绝、侮辱和无礼的举止，都会给人遗留下激发愤怒的残留物。

这些残留物不断地积淀，急躁状态会不断上升，直到失去"最后一根稻草"，个人对情绪的控制完全丧失，出现勃然大怒为止。在这个过程中，除非内心控制的阀门快速地被关上，否则，这种狂怒极易造成暴力和伤害。

人的愤怒情绪，从轻微的烦躁不安，到严重的咆哮发怒，乱摔东西，甚至丧失理智。久而久之，成为一种习惯反应，变成侵袭人际关系的"癌症"。

戈曼先生在超市购物时，同别人发生争执，明明是对方的不对，戈曼反被责怪。

要是在以前，他早就反击了。这次他突然想起了一句话：不要因为敌人燃起了一把火，你就把自己烧死。他攥得紧紧的拳头松开了。晚上吃饭的时候，他还好好犒劳了一下自己，不是因为他战胜了别人，而是因为战胜了自己。

愤怒是人情绪中可怕的暴君，与单枪匹马的理性抗衡，感性与理性对心理的影响相反，人的激情远胜于理性。不能生气的人是笨蛋，而不去生气的人才是聪明人。愤怒行为会伤害他人，也会伤害自己，一个人必须学会控制愤怒的情绪。

杰拉尔德完全被激怒了，他一把抓起电话机，把它狠狠地丢出了办公室。很自然，他的销售团队被他狂怒的反应吓坏了。杰拉尔德之所以会大动肝火，是因为他刚刚经历了一项改善他的团队管理的活动，在这个活动中，他们的工作任务没有完成，这使杰拉尔德的情绪非常坏。

不幸的是，他又碰到这件事情，于是，积累下来的情绪就一起爆发出来，以至于事情变得如此糟糕。

杰拉尔德明智地认识到，自己需要自我控制和自我调整。在一位顾问的指导帮助下，他辨别出触发他做出愤怒反应的原因，以及如何控制过去偶发事件给他的积怨。他开始认识到，当他从总公司参加会议回来后，就一直处于最坏的情绪状态中，但是如果他能在会议以前，事实上是在发表意见以前，花几分钟的时间放松一下自己，他根本就不可能发火。

有了这个教训以后，他在遇到不顺心的事情时，或者面对压力时，总是用10分钟的时间，到附近的公园走一走，使自己平静下来。在参加会议时，如果他感觉到愤怒开始困扰自己，就立刻开始做深呼吸，或者通过把手压在臂部下面等方式来控制自己。

这些放松行为，最起码能够阻止他提出最冲动的反对意见，阻止他采取激愤的过激行为，比如夺门而出。在完全接受了控制自我情绪的观点以后，他逐渐掌握了控制和调整自己的情绪和行为的技巧。

一般说来，愤怒基于责备。一旦陷入责备的对抗中，愤怒就会立刻接踵而至，就像黑夜跟随白天那样自然。为了避免陷入这一困境中，惟一可能的是为它找到一条建设性的出路，而惟一的出路，只有运用情绪智力才能实现。发怒是由内心的愤怒所产生，一个心智健全的人，是绝不会无缘无故地发怒，发怒总有原因和针对性。

一些引起发怒的原因在易怒者眼中是不可忍受的导火索，但另一些人则认为不必也不屑为之动气。所以要控制愤怒，必须提高自己对外界刺激的耐受力。

第一步，对自己以往的行为进行一番回忆评价，看看自己过去发怒是否有道理。一个老板对下属发火，原因是下属工作失误。这位下属不敢对老板生气，回来对妻子乱发脾气。妻子没法，只好对儿子发脾气，儿子对猫发脾气。这一连串的行动中，只有老板对下属发脾气是有些缘由的，其他则都是无中生有。

所以，在发怒之前，你最好分析一下，发怒的对象和理由是否合适，方法是否适当，这样你发怒的次数就会减少90%。

第二步，低估外因的伤害性。生活中我们可以观察到，易上火的人对鸡毛蒜皮的小事都很在意，别人不经意的一句话，他会耿耿于怀。过后，他又会把事情尽量往坏处想，结果，越想越气，终至怒气冲天。脾气不好的人喜欢自寻烦恼，没事找事，惹点祸来闯闯。

制怒的技巧是，当怒火中烧时，立即放松自己，命令自己把激怒的情境"看淡看轻"，避免正面冲突。当怒气稍降时，对刚才的激怒情境进行客观评价，看看自己到底有没有责任，恼怒有没有必要。

莎士比亚笔下的奥赛罗听信小人谗言，怒发冲冠，回到家中不问青红皂白，把爱妻一剑送入黄泉。及至觉悟，为时已晚矣。最终，痛不欲生的奥赛罗也自尽身亡。如果当时奥赛罗冷静下来，做一个理智的评估，就不会做出这样的傻事了。

怒气似乎是一种能量，如果不加控制，它会泛滥成灾；如果稍加控制，它的破坏性就会大减；如果合理控制，就有可能减少愤怒。

日本老板就出奇招，专辟房间，摆上几个以公司老板形象为模型制作的橡皮人，有怒气也就消减了大半。如果你平时生气了，不妨出去参加一次剧烈的运动，看一场电影娱乐一下，出去散散步，这些与痛揍"橡皮老板"有异曲工之妙。

脾气暴躁的人经常发火已成为一种习惯，仅让他自己改正，往往并不能持久，必须找一个监督员。一旦露出发怒的迹象，监督员应立即以各种方式加以暗示、阻止。监督员可以请自己最亲近的人来做。这种方法对下决心制怒但又不能自控的人来说尤为适合。

学会制怒是让自己心态平和最关键的一步，只有情商较低的人才会不懂控制怒火，成为怒气伤害的对象。对于怒火要学会自我疏导，而非一味克己忍让，只有让它用一个合适的渠道发泄才会不至伤人伤己。

情商的高低与人们对自我情绪的管理能力有莫大的关系，它将决定一个人成就的大小。

智慧箴言

有一句话说："上帝要毁灭一个人，必先使他疯狂。"我们要控制自己的情绪，做情绪的主人，而不要成为情绪的奴隶。

3. 退一步海阔天空

古希腊神话里有一则"仇恨袋"的故事，说的是一个威风凛凛的大力士名叫赫格利斯，从来都是所向披靡，无人能敌。有一天，他行走在一条狭窄的山路上，突然一个趔趄，险些摔倒。定睛一看，原来脚下躺着一只袋囊。他猛踢一脚，那只袋囊非但纹丝不动，反而气鼓鼓地膨胀起来。赫格利斯恼怒了，挥起拳头又朝它狠狠地一击，但它依然如故，还迅速地胀大着。

赫格利斯暴跳如雷，拾起一根木棒朝它砸个不停，但袋囊却越来越大，最后将整个山道都堵的严严实实。赫格利斯累得气喘吁吁躺在地上，气急败坏却又无可奈何。

一会儿，走来一位智者，见此情景，暗自发笑。赫格利斯懊恼地说："这东西真可恶，存心跟我过不去，把我的路都给堵死了。"智者淡然一笑，说：

"朋友，它叫'仇恨袋'。当初，如果你不睬它，或者干脆绕开它，它就不会跟你过不去，也不至于把你的路给堵死了。"

人生在世，人际间的磨擦、误解和恩怨总是在所难免，如果肩上扛着"仇恨袋"，心中装着"仇恨袋"，生活只会是如负重登山，举步维艰了，最后，只会堵死自己的路。因此，人们之间需要理解和宽容。

退后一步，先向对方认错，缓解了交往中的紧张气氛，协调了双方的情感，因而有了成功的沟通。在此，情商的作用不言而喻。

当富兰克林·罗斯福入主白宫的时候，他向公众承认，如果他的决策能够达到75%的正确率，那就达到了他预期的最高标准了。像罗斯福这么一位本世纪的杰出人物，他的最高希望尚且如此，可见人们在平时犯下的错误有多少。

卡耐基在第二次世界大战结束后不久参加了一个宴会。卡耐基旁边的一个先生讲了一个幽默故事，然后在结尾的时候引用了一句话，意思是："此地无银三百两。"那位先生还特意指出这是《圣经》上说的。

卡耐基一听就知道他错了。他看过这句话，然而不是在《圣经》上，而是在莎士比亚的书中，他前几天还翻阅过，他敢肯定这位先生一定搞错了。于是他纠正那位先生说："这句话是出自莎士比亚的书。"

"什么？出自莎士比亚的书？不可能！绝对不可能！先生你一定弄错了，我前几天才特意翻了《圣经》的那一段，我敢打赌，我说的是正确的，一定是出自《圣经》！如果你不相信，我可以把那一段背出来让你听听，怎么样？"那位先生听了卡耐基的反驳，马上说了一大堆话。

卡耐基正想继续反驳，忽然想起自己的老友——维克多·里诺在右边坐着。维克多·里诺是研究莎士比亚的专家，他想他一定会证明自己的话是对的。

卡耐基转向他说："维克多，你说说，是不是莎士比亚说的这句话。"

维克多盯着卡耐基说："戴尔，是你搞错了，这位先生是正确的，《圣经》上确实有这句话。"随即卡耐基感到维克多在桌下踢了自己一脚。他大惑不解，出于礼貌，他向那位先生道了歉。

回家的路上，满腹疑问的卡耐基埋怨维克多："你明知那本来就是莎士比亚说的，你还帮着他说话，真不够朋友。还让我不得不向他道歉，真是颠倒黑白了。"

维克多一听，笑了，"李尔王第二幕第一场上有这句话。但是我可爱的戴尔，我们只是参加宴会的客人，而你知道吗，那个人也是一位有名的学者，为什么要我去证明他是错的，你以为证明了你是对的，那些人和那位先生会喜欢你，认为你学识渊博吗？不，绝不会。为什么不保留一下他的颜面呢？为什么要让他下不了台呢？他并不需要你的意见，为什么要和他抬杠？记住，永远不要和别人正面冲突。"

试想一下，争吵能带给我们什么呢？能带来双方的快乐吗？能带来彼此间的尊重和理解吗？能带来深厚的友谊吗？能带来生活的安定吗？能证明你掌握的是真理，而别人的都是谬误吗？

都不能。争吵所能带给我们的只是心理上的烦躁、彼此的怨恨与误解，甚至多年的夫妻会因此分道扬镳，生活因之充满了火药味。真理也不会因为你的争吵而倾向于你。争吵发生的时候，骤然升温的情绪之火灼烧你的头脑，使你烦闷、愤怒，甚至想与对方硬拼一场。

对方的强词夺理，唾沫横飞令你愤恨不已，而在对方眼里，你又何尝不是同样可恶的形象。当不断升温的情绪之火达到足以烧毁你仅存的一点理智的时候，一股无法抑制的仇恨之火便由心底升起。这就足以解释为什么口角之争会发展到大动干戈的地步。

"前进"与"后退"不是绝对的，假如在欲望的追求中，性灵没有提升，则前进正是后退，反之，若在失败中、挫折里，心性有所觉醒，则后退正是前进。这里的"退步原来是向前"正是一种阴柔、内敛而又洞达、通透的人生处世哲学，也是一种生存和处世的情商智慧。

本杰明·富兰克林的优点之一就是，他懂得从心理上退一步，改掉他傲慢的个性。他立下一条规矩，决不正面反对别人的意见，也不准自己太武断。他甚至不准许自己在文字或语言上，使用太肯定的措辞。

富兰克林不说"当然"、"无"等，而改用"我想"、"我假设"或"我想象"，或者"目前我看来如此"。当别人发表对一件事的看法，富兰克林决不立刻驳斥他，或立即指正他的错误。他会说，在某些条件下，这种意见没有错，但在目前情况下，看来好像稍有两样等等。

富兰克林很快就领会到改变态度的收获：凡是他参与的谈话，气氛都很融洽。他以谦虚的态度来表达自己的意见，不但容易被接受，而且减少了冲突。他发现自己有错时，难堪的场面不会出现；而他是正确的时候，对方也不会固执己见，转而赞同他。

富兰克林开始不习惯这套规矩，觉得和他的本性相冲突，但不久就变得容易起来，愈像他自己的习惯了。50年以来，没有人听他讲过太武断的话。在新法案修订等重大问题上，富兰克林也没有坚持己见，他总是退后一步，谦虚地听取大家的意见，最终，他的意见反而得到广泛的支持。退一步是为了前进，富兰克林无疑是一位情感智力高手。

哈尔德·伦克是道奇汽车在蒙他哥州比林斯的代理商，汽车销售行业压力很大，他在处理顾客的抱怨时常常不冷酷无情，于是造成了冲突，使生意减少，产生种种的不愉快。伦克说后来发现，这种情形对他没有任何好处，于是尝试另一种办法。

他在顾客抱怨时说：我们确实犯了不少错误，真是不好意思。关于你的车子，可能我们也有错，请你告诉我吧。这个办法很能够使顾客消除怒气，事情就容易解决了。很多顾客还因此向他致谢，甚至还介绍朋友来这里买车。

伦克承认自己也许弄错了，这样就避免了所有的争执，对方见你退了一步，不想跟你过不去，也会以礼相待，宽宏大度，承认他自己有可能弄错了，双方在一种和谐谦让的气氛中解决问题，那么达成协议就很有可能实现。

显然，哈尔德·伦克也是个情商不错的商人，他退后一步，先向对方认错，缓解了交往中的紧张气氛，协调了双方的情感，因而有了成功的沟通，在此，情商的作用是不言而喻的。

河堤上有一排大树，河边零零星星生长着一些孱弱的芦苇。大树常常对小芦苇说："我真替你们担心啊，要是刮起了大风，你们恐怕就要被刮跑了！"小芦苇摇摆着身子说："可是我生来就这样啊！虽然我弱小，但也不至于一无是处吧！"

一天，真的刮起了狂风。大树挺起胸膛拼命抵抗，并鼓励旁边惊恐万分的芦苇说："孩子，你一定要顶住，过去了就好了。"

风过了，堤坝上粗壮的大树被连根拔起，而弱小的芦苇却毫发无损。倒在一边气息奄奄的大树奇怪地问道："为什么我们这么强壮却被风刮断了，而纤细、软弱的你却什么事都没有呢？"

芦苇回答说："面对强劲的大风，我们觉得没有足够的力量抗拒，于是就低下头，躲避风头，这样才免受其害。你们虽然很强大，却自以为有资本，非要和这种风险争个高下，结果自然被狂风刮断了。"

有自知之明的芦苇懂得在风险面前退让，结果保住了自己的性命，而面对大风险只知道一味抵抗的强者却倒下了。看来，对那些不必要冒的风险最好采取退让的姿态。

卡朗先生是一位年轻的纽约律师，他曾在最高法庭参加一个重要案子的辩论。案子牵涉一大笔钱和一项重要的法律问题。在辩论中，法官问卡朗先生："海事法的追诉期限是6年，对吗？"庭内顿时静默下来，气氛似乎顿时降到冰点。卡朗指出法官记错了，并据实地告诉他追诉期的年限。卡朗相信法律站在他这一边，他的答辩非常精彩。

然而，卡朗最后败诉了。他当众指出一位声望卓著、学识丰富的法官错了，却不知道使用外交辞令，他铸成了大错。如果他当时懂得退一步，不露出咄咄逼人气势，判决将会是另一种样子。

智慧箴言

"旁观者清，当局者迷"。而退一步，就是要自己走出山中，站在局外，那才能看清这庐山真面目，做一个理智清醒的旁观者，一个不辜负自己生命存在意义的明白人。

4．冲突解决之道

拥有卓越情商的人，通常都是人际交往的高手。他们能够轻松解决一些别人认为很棘手的问题，有时甚至是化解危机。

罗伊从商店买了一套衣服，他很快就失望了，衣服会掉色，把他衬衣的领子染上了色。他拿着这件衣服来到商店，找到卖这件衣服的售货员，向他陈述事情的经过。他希望能得到商店的理解，可没想到，售货员总是打断他的话。

"我们卖了几千套这样的衣服，"售货员声明说，"你是第一个找上门来抱怨衣服质量不好的人。"他的语气似乎在说："你在撒谎，你想诬赖我们，等我给你个厉害看看。"

吵得正凶的时候，第二个售货员走了进来，说："所有深色礼服开始穿时都会褪色，一点办法都没有。特别是这种价钱的衣服，这种衣服是染过的。"

"我差点气得跳起来，"罗伊先生叙述这件事时强调说，"第一个售货员怀疑我是否诚实，第二个售货员说我买的是二等品，我气死了。"我准备对他说，"你们把这件衣服收下，随便扔到什么地方，见鬼去吧。"正在这时这个部门的负责人来了。他很内行，他的做法改变了我的情绪，使一个被激怒的顾客变成了满意的顾客。他是怎么做的？

首先，他一句话也没讲，听罗伊把话讲完。其次，当话讲完后，那两个售货员又开始陈述他们的观点时，他开始反驳他们，帮顾客说话。他不仅指出衣服的领子确实是因衣服褪色而弄脏的，而且还强调说商店不应当出售使顾客不满意的商品。后来他承认他不知道这套衣服为什么出毛病，并直接对顾客说："你想怎么处理？我一定遵照你说的办。"

几分钟前罗伊还准备把这件可恶的衣服扔给他们，可现在罗伊回答说："我想听听你的意见。我想知道，这套衣服以后还会再染脏领子吗？能否再想点什么办法？"部门负责人于是建议他再穿一星期。"如果还不能使你满意，你把它拿来，我们想办法解决。请原谅，给你添了这些麻烦。"他说。

罗伊满意地离开了商店。7天后，衣服不再掉色了。他完全相信这家商店了。

艾萨克·马科森大概是世界上采访过著名人物最多的人。他说："许多人没能给人留下好印象是由于他们不善于与对方沟通。""他们如此津津有味地讲话，完全不听别人对他讲些什么……许多知名人士对我讲，他们推崇注意听的人，而不推崇只管说的人。由此可见，人们听的能力弱于其他能力。"

会沟通的人能够促进双方的理解，从而达成互相的信任，而不会沟通的人只能使事情越弄越糟。

优秀的人总是有出色的沟通能力。

人造奶油发明之初，尽管人造奶油商确信人造奶油无论品质、味道、营养价值，均可以取代天然奶油，而且广做宣传，鼓吹人造奶油的优点，可是，美国民众还是认为人造奶油的味道较天然奶油差，而不愿意购买。如何消除人们心中的成见？他们委托各种机构，调查产生"人造奶油不及天然奶油"这一成见的原因，然后集思广益，商讨出一个计策：

他们邀请数十位家庭主妇参加午餐会。餐后，询问她们是否能够辨别天然奶油和人造奶油？90％以上的主妇，均极有信心地表示能够分辨，而且异口同声地说，人造奶油较为油腻，吃起来似乎有股臭味，令人不敢领教。

这时，支持实验的人员，分给每位妇女两块奶油，一黄一白，请她们品尝辨别。结果，95％以上的妇女，认为白色奶油味道鲜美、香醇，一定是天然奶油。至于黄色的奶油，色泽不佳，味道也令人不敢恭维，准是人造奶油！事实却正好相反，白色的是人造奶油。主妇们基于传统的习惯，印象中好的奶油应该是洁白而稍带光泽，所谓味觉的分辨，也纯粹是心理作用，其实没有什么根据。在事实和切身体验之前，她们不得不放弃人造奶油不如天然奶油的成见。

人造奶油的业主们在使主妇们初步体验到人造奶油优于天然奶油之后，并没有露骨的挖苦她们的味觉不灵光，也没有正面驳斥她们的成见，而是再三强调人造奶油与天然奶油的"类似性"，并让主妇们多提进一步的改进意见。使她们不但不觉得尴尬，而且对此种宣传手法留下了深刻的印象，也颇为满意。此后，人们即开始购买人造奶油。业主们成功地达到开拓市场的目的，真可谓皆大欢喜。很显然，上面事件的策划者是不可多见的情商高手，他们懂得其目标不是要"打倒"这些家庭主妇，也不是要靠激烈的辩论来赢取上风。他们的最终目标是通过以上的行动使之产生信任的基础——理解，这是沟通的重要目的。

人们通过对话寻求理解，发现内心后面的担忧和恐惧：对开诚布公的恐惧，对诚实的恐惧，对说出心里话的恐惧，对发现他人真实意愿是什么的恐惧。从这个意义上讲，对话是一种有效的工具，它运用情感智力，使消极情绪无法变成有效交流的障碍。

运用对话，第一步是开诚布公地公开你的感觉和需要。那些能够很好地运用自己情感智力的人，经常会对他人开诚布公，公开自己的感觉和需要。只有这样，各自的观点才能进行交换，双方的解决方案才能公开地进行讨论，冲突才能得以解决，因为，他们对存在的差异性拥有足够的认识。

琼斯是一家广告公司经理，她主要负责为客户作市场调查，并制作市场销售文案，发布广告，树立公司品牌。而詹妮在这家公司中负责与客户进行沟通和联络，她似乎没有受过这种文献的职业训练，她常常不能如期完成负责的项目，而且，她最后设计出来的文案总包含着一些不符合顾客要求的特征，结果导致重复设计，加大了项目成本。

为此，琼斯与詹妮面谈了4次，但詹妮仿佛都置若罔闻，琼斯的忍耐到了极限。在一次工作会议快结束时，她专门对詹妮进行了指责，对她提出了非常严厉的警告。尽管如此，琼斯感到这不一定能解决问题，她准备再花半天时间与詹妮进行交谈，讨论如何解决这些问题。

　　那一天，琼斯为这次交谈定下了目标，她想要让詹妮努力做到：1、在规定期限内会见顾客；2、严格遵守预算，不得突破；3、尊重顾客的要求。她们的这次交谈像是一次自由讨论的练习。琼斯问，在她的想像，应该说，以上3个目标都将非常容易实现。

　　然后琼斯再问，在她的想像中，公司其他成员是何种类型的人？

　　詹妮告诉琼斯，她认为琼斯是一个老于世故，喜欢兜圈子的人，而且，她对员工的希望常常不切实际。她甚至宣称，在设计问题上，她不会改变自己的意见去迁就顾客。

　　她们两人开始直率坦诚地交谈，在交谈中，琼斯对詹妮有了更多的认识，她同时也让詹妮对自己有了更多的了解。

　　这次会面成为她们工作关系的转折点。琼斯对詹妮所受到的限定性因素给予了更多的理解，而詹妮也做出了积极的回应，她通过让人感到耳目一新的努力，极大地改善了自己，在预定期限内完成了工作和管理预算。

　　琼斯采取了积极的行动，预防自己产生出徒劳无益的愤怒，并有效地避免使愤怒转化为不断增加的挫折感。她还鼓励了双方的协作性和创造性，这意味着她能够超越个人的立场，去探究他人。这种能力有效地拦截了她的愤怒和挫折感，把有用的能量全都传输进改善业绩中。

　　她还是一个开诚布公和具有移情作用的人，能够虚心地倾听詹妮的意见，并由此找到使自己走出僵局的途径。

　　在现实中，冲突经常会愈演愈烈，双方都固守自己的立场，不肯让步，拒绝站在对方的立场去思考。如果双方能够端正心态，询问第三方对这一问题的立场和看法，或者从大局角度来看问题，那么他们就有可能从各自的立场上退一步，研究其他可选择的解决方法。

　　在协议谈判中，职业谈判专家共同采用的一种方法是，采用客观的标准决定公正的处理方式。这样，双方在进行谈判时，就会有一个起码的标准，就像由第三方来做出决定一样。

　　以上这种方法就是重新构造，它将各种不同的观点转换成另一种观点，它不让人的思想在问题之中打圈圈，它摆脱了因为局限性思维创造出的视野狭隘，从而不会使人产生消极的情绪。

在亚洲的一些偏远专区，为捕捉到猴子，猎人在丛林的地面上绑上一个小柳条笼子，笼子的口很小，仅仅允许猴子空着手伸进去抽出来。猎人在笼子里放上一两根香蕉，当猴子看见时，就会把手伸进去取香蕉，但是，当它手上拿着香蕉时，手就抽不出来了。于是，猴子就很容易补猎人捕获。

人没有什么不同——人们紧紧地抓住其情绪香蕉，不肯松手，感到失去了它们就会有威胁。常见的情绪香蕉包括：对身份地位的渴望，需要得到他人的爱和尊重，控制欲的需要，对得到承认的渴望，对不舒适的逃避等。

我们所攫取的"香蕉"越少，屈从情绪劫持的可能性就越小。当我们告诉自己，我必须拥有某种东西时，就失去了对它的情绪控制力。当我们告诉自己，是的，你给我这些，我愿意收下，但是我并非必须拥有它，这样，我们就重新获得了对"香蕉"的情绪控制力。解决冲突就这么简单。

智慧箴言

古语有云"百忍成金"，孔子也曾说"小不忍则乱大谋"，足见忍让对于我们自身来说是多么重要。解决冲突，都需要相互忍让，这是为人处事的一种必备心态。

5. 在为自己的心灵松绑

善于用表的人不会把发条上得太紧，善驾车的人永不把车开得过快，善操琴的人永不会把琴弦绷得过紧，情商高的人总在为自己的心灵松绑。

世界著名航海家托马斯·库克船长，曾经在他的日记里记录下了这样一次奇遇，这件事一直令他百思不得其解。

当时，他正率领船队航行到大西洋时，浩瀚无垠的海面上空出现了庞大的鸟群。数以万计的海鸟在天空中久久地盘旋，并不断发出震耳欲聋的鸣叫。

更奇怪的是，许多鸟在耗尽力全部体力后，义无反顾地投入茫茫大海，海面上不断激起阵阵水花……

事实上，库克船长并非是这一悲壮场面的惟一见证者。在他之前很多经常在那个海域捕鱼的渔民被同样的景象所震慑。

鸟类学家们对这种现象感到十分奇怪，在长期的研究中他们发现，来自不同方向的候鸟，会在大西洋中的这一地点会合，但他们一直没有搞清楚，那些鸟儿为何会一只接一只，心甘情愿地投身大海。

这个谜团终于在上个世纪中期被解开。

原来，海鸟们葬身的地方，很久以前曾经是个小岛。对于来自世界各地的候鸟们来说，这个小岛是它们迁途中的一个落脚点，一个在浩瀚大海中不可缺少的"安全岛"，一个在它们极度疲倦的时候，可以栖息身心的地方。

然而，在一次地震中，这个无名的小岛沉入大海，永远地消失了。

迁徙中的候鸟们，仍然一如既往地飞到这里，希望稍作休整，摆脱长途跋涉带来的满身疲惫，积蓄一下力量开始新的征程。

但是，在茫茫的大海上，它们却也无法找到它们寄予希望的那个小岛了。早已筋疲力尽的鸟儿们，只能无奈地在"安全岛"上空盘旋、鸣叫，盼望着奇迹的出现。

当它们终于失望的时候，全身最后的一点力气已经耗费殆尽，只能将自己的身躯化为汪洋大海中的点点白浪。

同样，在紧张忙碌的生活中，在人生漫长的"迁徙"旅途中，每个人都有身心疲惫的时候，每个人都需要一个憩息身心的地方。适当的时候你是否让自己的心灵稍作放松？是否拥有一个可让自己喘上一口气、稍作休整的"小岛"？

给心灵松松绑，不要像那些海鸟，等到自己筋疲力尽的时候，只会将自己的生命一头栽进大海。高情商者懂得放松自己，懂得调适自己的心灵，以一种愉快的心态投入到生活和工作中。

一个人情商高低，面对困境时能否坚毅地走出来，甚至他对人生的幸福感，这一切都与他的心态有关，或者也可以说心态是情商的一个重要内容，而乐观的心态是完美人生的关键。悲观者与乐观者看同样的事物，会得出截然不同的观点。

许多时候我们会感到生活的痛苦，只是因为我们习惯于悲观的论调，过多地在意眼下的苦楚，却不知如何去向前看、向上看。生活就像一条线，环境压力给这条线打了不少的死结，越用力，系得越紧，想解开就越难。相反，放松，却能得到事半功倍的效果。

曾经听过一个故事：一个小和尚被吩咐去山下买食用油，火头僧一再吩咐小和尚要小心，别在半路上撒了油，否则，将受到处罚。小和尚下山买了油，用碗盛着，双手托着碗，小心翼翼护在胸前，生怕撒了一丁点，一路上小和尚心事重重，时刻担心油撒出来，回去了会受罚，他眼睛紧盯着碗里的油，丝毫没注意脚下的路，也便没注意到路边的一个小洞。一不小心，小和尚踩到了洞里，虽没有摔倒，但油却撒了三分之一，小和尚急哭了，带着盛下的油，深一脚，浅一脚的回到了庙里，这一路上又撒了三分之一的油。回到寺庙，油只剩下三分之一，火头僧狠狠把小和尚训斥了一顿，还罚他不准吃饭，小和尚哭着跑去找师傅，他不明白为什么自己这般小心，却还是没完成好任务！

师傅听完了小和尚的哭诉，了然一笑，对小和尚说："不要哭了，你不会受罚的，你如此之用心，只是方法不对，等一下我去给你向火头僧求情，让他不要罚你，但你必须再去给我买一碗油，不过，这次你要把在路途中所见的一些事物告诉我，去吧……"

小和尚含泪点头，停止了哭泣，立马下山去买油。这次小和尚听师傅的话，一路上东瞧瞧西望望，闻着花香，听着鸟语，不知不觉就回到了庙里，油却一滴未漏…… 听完这个故事，小的时候可能无法体会故事的精髓，但随着时间的推移，生活的阅历和经验增加，我们都应该有所领悟吧。

许多时候，在直面目标时，由于全神贯注，我们总出现失误，这是心理学家说的"心理颤误"。与其天天在乎自己的成绩和物质利益，不如在每天努力学习、工作或生活中，享受每一次经历的过程，从中学习成长，让自己放松，把握自己的情绪，给心灵松梆，这是赛场上许多获胜者的秘诀。

大多数人，缺乏的不是能力，而是没找到在追寻目标时享受生活，化解心灵压力的方法。

获得心灵平静的首要方法，是洗涤你的心灵，这一点是不可忽视的。如果你想让心灵减负，每一天，你必须尽力去清除困扰你心灵的情绪渣滓，不使它们控制你的心灵。相信你以往也是有过这样的经验，当你把所有烦恼的事情，全部向你要好的朋友倾诉时，是否曾感到心里舒畅无比呢？

有一位心理学家曾在一艘开往檀香山的轮船上，做一次心理改造实验。

他建议一些心烦气躁的人到船尾去，设想已把所有烦恼的事情全部丢进海中，并且想象自己的烦恼事正淹没在白浪滔滔的海里。

后来，有一位乘客来告诉他说："我照着你所建议的方法做后，我发觉我的心里真是舒畅无比，我打算以后每天晚上都要到船尾去，然后把我烦恼的事一件一件地往下丢，直到我全身不再有烦恼为止。"这件事正好契合了一句话：过去的事情，就让它过去。

英国前首相劳合·乔治有一个习惯——随手关上身后的门。有一天，乔治和朋友在院子里散步，他们每经过一扇门，乔治总是随手把门关上。"你有必要把这些门关上吗？"朋友很是纳闷。

"哦，当然有这个必要。"乔治微笑着对朋友说，"我这一生都在关我身后的门。你知道，这是必须做的事。当你关门时，也将过去的一切留在后面，不管是美好的成就，还是让人懊恼的失误，然后，你才可以重新开始。"

从昨天的风雨里走过来，人身上难免沾染一些尘土和霉气，心头多少留下一些消极的情绪，这是不能完全抹掉的。但如果总是背着沉重的情绪包袱，不断地焦躁、愤懑、后悔，只会白白耗费眼前的大好时光，那也就等于放弃了现在和未来。

追悔过去，只能失掉现在；失掉现在，哪有未来！正如俗话所说："为误了头一班火车而懊悔不已的人，肯定还会错过下一班火车。"要想成为一个快乐成功的人，最重要的一点，就是记得随手关上身后的门，学会将过去的不快通通忘记，重新开始，振作精神，不使消极的情绪成为明天的包袱。

一个发条上得十足的表不会走得很久，一辆速度达到极限的车经常会坏，一丝绷得过紧的琴弦往往容易断，一个心情烦躁、紧张、郁闷的人容易生病。

丘吉尔在战时最紧张的时候还去游泳，在选举白热化的时候还去垂钓，刚一下台就去画画。他微微翘起的嘴角边，总是悠闲地叼着一支雪茄，显得轻松自如。这几乎成为那个时代美国青年竞相效仿的经典形象。

放松心灵，快乐至上。做自己最快乐的事情，你就会成为香飘万里的鲜花；做自己最快乐的事情，你就会成为闲适飘逸的云朵；做自己最快乐的事情，你就会成为驰骋大漠的狂风；做自己最快乐的事情，你就会成为普照大地的骄阳！

如果，你并未实现你预期的目标，那么，请为你的心灵松绑，即使你再留恋采摘不到的美丽无比的天山雪莲，也别忘了，优美闲适的山谷里，野百合也会有春天！做自己最快乐的事情，你会发现，生命的花园里，处处花团锦簇。

一头鼻子上穿了绳子的老牛被绑在树上，它想摆脱绳子去吃草，但因为绳子的束缚，它只能绕着树团团转。其实每个人心里都有一根绳子，如果不能摆脱它的束缚，只认为达到原来的目标才算成功，那么也只能在原地转圈圈了。

乐观者面临挫折仍坚信情势必会好转。从情商的角度来看，乐观能使陷入困境的人不会感到冷漠、无力和沮丧。乐观和自信一样，能使人生的旅途更顺畅。

乐观的人认为失败是可改变的，结果反而能转败为胜；悲观的人则把失败归之于个性上无力改变的恒久物质，个人对此无能为力。

无论如何我们都要记得，适时的要给自己的心灵松绑。

智慧箴言

对自己好，珍惜自己，爱自己，是最基本的要求，也是对自己负责的表现。每一个生活在这个世界上的人，无论何时，无论发生什么事情都要善待自己。

6. 让心情愉快的成长

心情在一个人的生活中无比重要，然而，不是每个人都能怀着好心情度过每一天，人们常常会遇到不愉快的事情，从而背负着坏情绪。

加拿大有个著名的医生奥斯勒，他把生活比作具有防水隔舱的现代邮轮，船长可以把隔舱完全封闭。奥斯勒还把这种情形向前引申了一步，"我主张人们要学习控制，生活在一个独立的今天之中，确保航行的安全。"

按一个钮，并且倾听，你确实已经用铁门把过去——逝去的昨天——关在身后；你再按一个钮，用铁门把未来——还没有来临的明天——给隔断掉。关闭掉过去！把死的过去埋葬掉。关闭掉那引导着傻瓜走向死亡的昨天，把未来也像过去一样关闭得紧紧的。

"忧虑未来就是今天精力的浪费，精神的压力，神经的疲累，追随着为未来而忧虑者的步伐跌入深渊。把前面的和后面的大舱门关得紧紧的，准备培养生活在一个独立的今天中的习惯。"

有人说忧郁如一杯酒，越品越爱它；也有人说忧郁之于男女是不同的，一个和忧郁搭边的女人没有人愿意接近她，一旦换作了男人，那将完全是另外一番风景。其实，真正的忧郁没有人喜欢，试想你会愿意经年累月和一个动不动就唉声叹气、长吁短叹的人在一起吗？谁都不会拒绝一个能给自己带来快乐的人，常常忧郁的人只会令我们望而却步。

某机关一个小公务员一直过着安分守己的日子。有一天，他忽然得到通知，一位从未听说过的远房亲戚在国外死去，临终指定他为遗产继承人。

那是一个价值万金的珠宝商店。小公务员欣喜若狂，开始忙碌着为出国做种种准备。待到一切就绪，即将动身时，他又得到通知，一场大火烧毁了那个商店，珠宝也丧失殆尽。

小公务员空欢喜一场，重返机关上班。他似乎变了一个人，整日愁眉不展，逢人便诉说自己的不幸。"那可是一笔很大的财产啊，我一辈子的薪水还不及它的零头呢。"他说。"你不是和从前一样，什么也没有丢失吗？"他的一个同事问道。"这么一大笔财产，竟说什么也没有失去！"小公务员心疼得叫起来。"在一个你从未到过的地方，有一个你从未见过的商店遭了火灾，这与你有什么关系呢？"这个人看得很开。不久以后，小公务员死于忧郁症。

忧郁的来源多种多样，有可能是为已失去的事物或人而忧郁，也有可能是为得不到的东西而懊恼。忧郁的人多半比较情绪化，多愁善感，常常让人捉摸不定。

过度的忧郁会使人丧失对生活的热情，甚至产生轻生的念头。著名演员张国荣，多才多艺但却英年早逝，令我们为之扼腕叹息。他生前的好友、合作过的人员，提到他时都称赞他演技佳、歌也好，人品自不必说，唯一遗憾的是有点忧郁。这种忧郁随着外部环境的刺激而日益加深，直到 2003 年从24楼的纵身一跃，从此让"4 月 1 日"愚人节也染上了一些忧郁的色彩。

由美国医学协会发起的一项对 10 余个国家和地区约 3.8 万人的调查显示，有 5% 的人患有抑郁症，抑郁症发病率最高的年龄段在 25 ～ 30 岁之间，其中女性的比例明显高于男性。来自美国的资料显示，抑郁症病人中有 2 ／

3 的人曾有自杀念头，其中有 10%～15% 的人最终自杀；所有自杀者中有 70% 的人有抑郁症状。

生性敏感、感情细腻的人容易因为患得患失而感染上忧郁症，忧郁症就像一束盛开的罂粟，看着美丽，然而一旦上瘾，危害极大。无数才华横溢的人，就因为患有忧郁症，最后走上了结束自己生命的道路。忧郁症的危害在于它的隐蔽性、潜伏性，因此不为我们所重视。但忧郁如同能导致发霉的细菌一样，日复一日、年复一年地啃噬我们的心灵，将所有的美好、快乐、希望都咬掉，徒留悲伤、灰心、绝望。

告别忧郁吧，何不拥抱美好，将心交给太阳来照耀呢！

马里兰州汤生市的玛格丽特·柯妮女士，一天早上醒来，发现她刚刚装修好的地下室被水淹了，她惊慌得不知所措。"我第一个反应，"她这样说，"是想坐下来大哭一场，为自己的损失号啕。但是我没有这样，我问自己，最坏的情形怎样？答案很简单：家具可能全泡坏了，嵌板可能给泡得弯曲不平，还留下水渍，地毯也报销了，而保险公司可能不会赔偿这些。"

"第二，我问自己，我能做什么来减轻灾情？我先叫孩子把所有可以拿得到的家具搬到没有水的车房里去，我向保险公司经纪人报告，并且用电话请地毯清洁工带吸尘器来，然后我和孩子向邻居借了几台除湿机，使地下室能加速干燥。等到我丈夫下班回家的时候，一切都已经整理就绪了。"

"我考虑了可能发生的最坏情形，想出怎样做些补救，然后动手忙起来，做了我必须做的事。我根本没有时间忧虑。当作完这一切时，我的心里轻松多了。"

常常听到这句话："想想你自己的幸福。"是的，如果数数我们的幸福，大约有 90% 的事还不错，只有 10% 不太好。如果我们要快乐，就要多想想 90% 的好，而不要去理会那 10%。

其实，即使那所谓 10% 的不好，大部分还是由于自己想像的。如果能突破自己心灵的禁锢，又可以收获不少快乐。

德山禅师在尚未得道之前曾跟着龙潭大师学习，日复一日地诵经苦读，让德山有些忍耐不住。一天，他跑来问师父："我就是师父翼下正在孵化的一只小鸡，真希望师父能从外面尽快地啄破蛋壳，让我早一天破壳而出啊！"

龙潭笑着说："被别人剥开蛋壳而出来的小鸡，没有一个能活下来的。鸡的羽翼只能提供让小鸡成熟和有破壳力量的环境，你突破不了自我，最后只能胎死腹中，不要指望师父能给你什么帮助。"

德山撩开门帘走出去时，看到外面非常黑，就说："师父，天太黑了，"龙潭便给了他一枝点燃的蜡烛，他刚接过来，龙潭就把蜡烛吹灭。他对德山说："如果你心头一片黑暗，那么，什么样的蜡烛也无法将其照亮啊！即使我不把蜡烛吹灭，说不定哪阵风也要将其吹灭啊。如果点亮了心灯一盏，天地自然一片光明。"德山听后，如醒醐灌顶，后来果然青出于蓝，成了一代大师。

其实，像德山开悟成佛一样，一个人想拥有快乐的心境，自己要学会清除心理垃圾，下意识地为心灵松绑，点亮自己的心灯，否则，你快乐的梦想只能"胎死腹中"。心灵就是一座炼金的熔炉，快乐就在其中，只要将其熔炼，快乐就会闪闪发光。

智慧箴言

我们最需要的是快乐，一个满怀快乐的人是幸福的。既然我们都喜欢快乐，我们就应该让自己快乐起来，关键在于要有一种快乐的心态，有了快乐的心态，快乐就不会去往别处，它只能留在我们身边。

7. 学会必要的弯曲

人生之路，尤其是通向成功的路上，几乎没有宽阔的大门，所有的门都是需要弯腰侧身才可以进去。

孟买佛学院是印度最著名的佛学院之一，它建院历史悠久，拥有灿烂辉煌的建筑，还培养出了许多著名的学者。还有一个特别是其他佛学院所没有的。这是一个极其微小的细节，但是，所有进入过这里的人，当他再出来的时候，几乎无一例外地承认，正是这个细节使他们顿悟，正是这个细节让他们受益无穷。

这是一个很简单的细节，只是人们都没有在意：孟买佛学院在它的正门一侧，又开了一个小门，这个小门只有一米五高、四十厘米宽，一个成年人要想过去必须学会弯腰侧身，不然就只能碰壁了。

这正是孟买佛学院给它的学生上的第一堂课。所有新来的人，教师都会引导他到这个小门旁，让他进出一次。很显然，所有的人都是弯曲侧身进出的，尽管有失礼仪和风度，但是却达到了目的。

教师说，大门当然出入方便，而且能够让一个人很体面很有风度地出入。但是，有很多时候，人们要出入的地方，并不是都有着壮观的大门，或者，有大门也不是随便可以出入的。

这时候，只有学会了弯腰和侧身的人，只有暂时放下尊贵和体面的人，才能够出入。否则，很多时候你就只能被挡在院墙之外了。

佛学院的教师告诉他们的学生，佛家的哲学就在这道小门里。其实，人生之路何尝不是如此？人们要出入的地方，并不是都有壮观的大门，即使有大门也不是随便可以出入的；尤其是通向成功的路上，几乎所有的门都要弯腰侧身才可以进去。

在人生的旅途中，我们所走的路是一条盘旋曲折的山路，要拐许多的弯，兜许多的圈子，时常我们觉得背向着目标，其实，我们总是越来越接近目标。弯腰走路，你会发现行动的脚步不能过急；弯腰走路，你会穿越人生奋斗历程中的一道一道门槛；弯腰走路，你还可能有运气采摘一朵开在路边的清雅兰花。弯腰是一种处事态度；弯腰是一种交际策略；弯腰是一种迂回生存之道。

一只蝴蝶从敞开的窗户飞进来，在房间里一圈又一圈地飞舞，有些惊慌失措，显然，它迷路了。左冲右突努力了好多次，它都没有飞出房子。

这只蝴蝶之所以无法从原路飞出去，原因是它总在房间顶部的空间寻找出路，总不肯往低处飞——那低一点的位置就有敞开着的窗户。甚至有好几次，它都飞到离窗户至多两三寸的位置了，可就是不肯再飞低一点！

最终，这只不肯低飞一点的蝴蝶耗尽了气力，气息奄奄地落在桌子上死去……成群结队的马嘉鱼要比那只蝴蝶更死板，简直就是一条道跑到黑。渔人捕捉马嘉鱼的方法很简单：用一个孔眼粗疏的竹帘拦截鱼群。马嘉鱼的"个性"很强，不爱转弯，即使闯入罗网之中也不会停止，所以一只只"前赴后继"陷入竹帘孔中，孔愈紧，马嘉鱼愈被激怒，瞪起眼睛，更加拼命往前冲，结果被牢牢卡死，为渔人所获。

常有人一方面抱怨人生的路越走越窄，看不到成功的希望，另一方面又因循守旧、不思改变，习惯在老路上继续走下去。这是不是有些像那只蝴蝶和马嘉鱼？其实，天生我才必有用，东方不亮西方亮。如果我们调整一下目标，改变一下思路，完全会出现柳暗花明又一村的无限风光。

被称为美国人之父的富兰克林，年轻时曾去拜访一位德高望重的老前辈。那时他年轻气盛，挺胸抬头迈着大步。一次进门，他的头狠狠地撞在了门框上，痛得他一边不住地用手揉搓，一边看着比他的身子矮一大截的门。出来迎接他的前辈看到他这副样子，笑笑说："很痛吧！可是，这将是你今天访问我的最大收获。一个人要想平安无事地活在世上，就必须时刻记住：该低头时就低头。这也是我要教你的事情。"

在现实生活中，我们应该试着去学会低头。学会低头并不是妄自菲薄与自卑，它意味的是谦虚、谨慎。其实这并不难。只是知道，当自己摸到一张烂牌时，不要再希望这一盘是赢家。只有傻子才在手气不好的时候，对自己手上的一把烂牌说，我们只要努力就一定会胜利；学会低头，就是在陷入泥潭时，知道及时爬起来，远远地离开那个泥潭。只有笨蛋才会在狼狈不堪的时候，对自己的鞋子说，我们是出淤泥而不染的；学会低头，就是上错了公交汽车时，及时下车，另外坐一辆车子。

雷墨曾说过："低头是需要勇气的。"的确，否则又怎会有明知是输，依然执迷不悟的赌徒呢？有些人常常因光彩的事物迷失了方向，以不屈不挠、百折不回的精神坚持到底，结果输掉了自己。加拿大魁北克一条南北向的山谷，西坡长满松树、女贞、柏树，而东坡只有雪松。为什么会出现这样的现象？

山谷中，大雪纷飞，雪花落满了雪松的枝丫。当积雪达到一定程度时，雪松那富有弹性的枝就会向下慢慢弯曲，直到积雪从枝上一点一点地滑落，这样反复地积，反复地弯，反复地落，风雪过后，雪松完好无损。而其它的树，由于没有这个本领，枝丫早被积雪压断了、摧毁了。一对情侣在决定分手的最后一次旅行中发现了这个秘密，然后他们重归于好了。

一堆巨石被山洪冲到草地上，把一片小草压在下面，小草为了呼吸那清新的空气，享受那温暖的阳光，改变了生长方向，沿着石间的缝隙弯弯曲曲地探出了头，冲出了乱石的阻隔。人固然需要刀片般的锋利，也需要柳条一样的柔韧。在这个世界上，要柔中带刚，刚中带柔，方里见圆，圆中显方，才会活得自由自在。

人生在世，对于外界的压力，要尽可能地去承受，在承受不住的时候，不妨弯曲一下，就像雪松那样暂时让一步，这样就不会被压垮；就像小草那样，灵活地拐个弯，这样就不会被扼杀。

在古代亚洲有"扮羊吃虎"的说法。按照这样的观念，猎人准备狩猎老虎的时候，将自己装扮成老虎的诱饵，披上羊皮，在树林中等候。当老虎走到猎人射程之内时，便遭到射杀。这时，判断英雄的标准不是论其捕杀老虎的本领，而是看其忍受扮羊耻辱的力量和能力。只有高情商者，才具备这样超人的耐心与承受力，也只有这样的高情商者，才能成为成功者。

智慧箴言

学会弯曲不是妥协，而是战胜困难的一种理智的忍让。学会弯曲不是倒下，而是为了更好、更坚定地站立！

8. 需要永不言败的精神

人的一生，遇到的最大敌人往往并不是外来的，而恰恰就是我们自己！因为犹疑、拖延，我们难以把握机会；因为没有更高的理想，我们容易满足现实；因为缺乏信心，我们不敢面对未来；因为没有超越自己，我们没能完全发挥自身的潜力。

两个伙伴一起穿越沙漠，他们走到半路时水喝完了，其中一个人因中暑不能行动，同伴把一支枪递给中暑者，再三嘱咐："枪里有五颗子弹，我走后每隔两小时你就对空中鸣一枪。枪声会指引我前来与你会合。"说完同伴满怀信心找水去了。中暑者却躺在沙漠中心存狐疑：同伴能找到水吗？他听到枪声能找到我吗？他是不是想丢下自己这个累赘的"包袱"而独自离去呢？

一直等到了太阳快要落山的时候，这时枪里只有一颗子弹了，而他的同伴还没有回来。中暑者确信同伴早已离去，自己只能等待死亡，想象着沙漠里秃鹰飞来狠狠地啄瞎他的眼睛，啄食他的身体。中暑者越想越可怕，终于他的心理彻底崩溃了，没有一丝求生的欲望，他把最后一颗子弹送进了自己的太阳穴。遗憾的是，在枪声响过不久，同伴提着满壶清水，领着一队骆驼商旅匆匆赶来，他们找到中暑者时，发现他的尸体仍有体温……

这个让人多少有些遗憾的故事引人深思：真正毁灭中暑者的是他自己的消极心理，而不是中暑的不适和沙漠里恶劣的气候。

著名的成功学大师卡耐基说过："如果我们有着快乐的思想，我们就会快乐；如果我们有着凄惨的思想，我们就会凄惨；如果我们有害怕的思想，我们就会害怕。"在遇到挫折逆境时，强者敢于向命运挑战，战胜自己。

1824年5月7日这一天，贝多芬领导着他的乐队演奏着他自己创作的《第九交响曲》。演奏完时，他们所在的演出地区——维也纳的晚会会场响起了震耳欲聋的掌声，而贝多芬却一点也没有感觉到全场那么热烈的气氛。这是怎么回事？原来现在的贝多芬已经听不见声音了。

在1796年时，贝多芬突然患上了耳疾，可他还不注意，总认为自己的耳疾很快就会好的。可不怕一万，只怕万一，偏偏他的耳疾不仅没有好转，而且更加严重起来。直到1819年，贝多芬彻底丧失了听觉，而他的心也彻底碎了。在面对着命运的严酷打击之下，贝多芬并没有屈服，他再一次从痛苦和折磨中站了起来，他的心又重新倒在了希望和坚强这边。

他还发誓说："我要向命运挑战！我要扼住命运的咽喉，不要让它毁灭！"从此，他便努力编写乐曲，奋发向上。就是这样，在忍受着耳疾的巨大煎熬下，贝多芬坚强地与病痛抗争，并创作出了至今令人赞叹不已的交响乐，并凭借其他很多音乐作品，成为了20世纪最伟大的音乐家和作曲家之一。

逆境对于高情商者来说是一所最好的学校。每一次失败、每一次打击、每一次损失，都孕育着成功的萌芽。这一切都教会他们在下一次的表现中更为出色。他们不会对失败耿耿于怀，不会逃避现实，不会拒绝从以往的错误中获取经验。

在一场盛大的马拉松比赛结束后，三位优胜者都已产生，并且颁奖完毕，会场的观众也即将离席。突然，在运动场的一角响起了阵阵掌声，原来最后一名参赛者，此时正跑进会场。由于中途摔跤多次，他的全身已是伤痕累累，但是他仍坚定地咬着牙跑完全场。当这位步履蹒跚的选手，忍着痛往前冲刺时，全场几乎为之疯狂，大家都起立鼓掌，为他的奋勇不懈加油打气，直至那名选手跑到终点为止。那天，所有在场的人都上了一堂宝贵的课。

人生中的挫折、不顺常常如夏日的暴风雨不期而至。在逆境中，你是否已有了承受能力？不管如何，你应懂得意志力的重要意义。成功永远属于那些锲而不舍的人。

有一个国王被仇敌追杀，落荒而逃，不得已躲在一间破屋中。他在那里独自坐了很长一段时间，万念俱灰，不知所措，他觉得自己已失去力量和勇气。

在这种绝望的关头，他发现一只蚂蚁正背着一颗比它身体大数倍的麦粒，奋勇地往墙上拖，但是却一再地摔下来。那个国王就默默地数它掉下来的次数，一次又一次地，蚂蚁不懈地努力，在第 70 次时，它终于爬上了墙头。国王在旁边看到了这一幕，精神大为振奋，小小的蚂蚁都有坚持到底的决心，更何况人呢？他继续以无比的毅力抗战，终于恢复了往昔的光荣。

无论如何，一个轻易放弃的人总是脆弱的。要永远告诉自己：我没有失败，我只是还没有成功。我们在遇到困境时，要懂得安慰自己，我们其实是在寻找走向成功的方法。

美国著名电台广播员莎莉·拉菲尔在她 30 年的职业生涯中，曾经被辞退 18 次，但是她每次都放眼最高处，确立更远大的目标。最初由于美国大部分的无线电台认为女性不能吸引观众，所以没有一家电台愿意雇佣她。

她好不容易在纽约的一家电台谋求到一份差事，但不久又遭辞退，说她跟不上时代。莎莉并没有因此而灰心丧气、自怨自艾。她总结了失败的教训之后，又向国家广播公司电台推销她的节目构想。电台勉强答应了，但提出要她先在政治台主持节目。

"我对政治所知不多，恐怕很难成功。"她也一度犹豫，但坚定的信心促使她去大胆地尝试了。她对广播早已经轻车熟路了，于是她利用自己的长处和平易近人的作风，大谈将到来的 7 月 4 日国庆节对她自己有何意义，还请观众打电话来畅谈他们的感受。听众立刻对这个节目产生兴趣，她也因此而一举成名了。

如今，莎莉·拉菲尔已经成为自办电视节目的主持人，曾两度获得重要的主持人奖项。她说："我被人辞退了 18 次，本来可能被这些厄运所逼退，做不成我想做的事情。结果相反，我让它们鞭策我勇往直前。"

在所有导致我们失败的因素中，有一点恐怕是最令人沮丧的，那就是来自我们内心的放弃。只有心中有永不言败的念头，才有成功的可能。否则，等待我们的只能是失望与失落。

鲍比有个朋友，他习惯在午餐桌上的餐巾纸上画图，说明他的意思。他说有个人曾面临着很困难的问题，但最后创造了了不起的成绩。餐巾纸上的图是一个人面对一座高山。"他怎样才能到山的那一边去"？鲍比的同伴问他。"绕过去。"鲍比回答说。"山太宽广了。""好吧，从山脚下打个隧道过去。"鲍比提议。"不行，山太深厚了。办法是这样的，他在心智上跨越了那座山。如果人能设计出飞越4万英尺高的大山的机械，他也可以想出一套可以提升他的想法，使他能超越任何巨大如山的困难。"

"比尔，这个想法真是高超，我很久以前就看到过这种想法：无论任何人对这座山说，你挪开此地，投在海里。他若心里不惑，只信他所说的，山必挪开投在海里……""是的，就是这种观念。"同伴热烈地表示同意，"你只要动脑筋，不要动情绪，并且坚持这个原则——轻易言败总是嫌太早。"

如果一个人把眼光拘泥于挫折的痛感，他就很难再抽出身来思考自己下一步该如何努力，如何成功。一个拳击运动员说："当你的左眼被打伤时，右眼还得睁得大大的，这样才能够看清敌人，也才能够有机会还手。如果左眼、右眼同时闭上，那么不但右眼也可能挨拳，恐怕连命都难保！"拳击就是这样，即使面对对手无比强劲的攻击，你还是得睁大眼睛面对受伤的感觉，如果不是这样的话，就会失败得更惨。其实人生又何偿不是这样呢？

大哲学家尼采说过："受苦的人，没有悲观的权利。"已经受苦了，为什么还要被剥夺悲观的权利呢？因为受苦的人，必须克服困境，悲观和哭泣只能加重伤痛，所以不但不能悲观，而且要比其他人更积极。

人生在世，遇到些伤心事、苦恼事总是难免的，没有人能万事顺利，有时挫折与逆境会使人痛苦不堪。面对厄运，低情商者因为往往只看到事情消极的一面，进而夸大了不利的条件，最终被自己悲观的想象所误；而那些高情商者，他能发挥自己丰富的想象力和多角度的思索力，极力从不幸中寻找、挖掘出积极因素来，就能转"忧"为喜，开拓出一片新的天地，从而战胜逆境，战胜自己。

智慧箴言

每个人一生中都会遇到很多或小或大的挫折，这一点谁都无法避免。在挫折面前，我们不要被吓倒，应该直面挫折，把它当做是成功对我们的考验，坚强地继续走下去，挫折就会成为你的垫脚石。

第四章

自我激励以取得成功

在茫茫的人世间，世事如棋，人如棋子，当我们每一个人独自面对这世间的得与失，成与败时，我们每一个人都是孤独的，我们需要自我激励挽救自己，我们需要别人的鼓舞来鼓励自己，振兴自己，从而继续自己的生活和事业。我们也需要通过督促别人来寻找自己人生的目标和理想。

当我们遇到困难时，激励自己：没有翻不过的山，没有趟不过的河。如此，你的生命之剑将锋芒无比；当你心情郁闷时，激励自己：一切阴霾都会成为过去，阳光将重照大地。如此，你的一切将变得无限美好；当你面对重重的压力时，激励自己：用意志和毅力，把它转化为奋斗的动力。如此，重压定将向你俯首臣伏，一切问题将迎刃而解；当你遭受挫折和失败时，激励自己：真正的勇士，敢于直面惨痛淋漓的鲜血，能够化悲痛为力量。如此，必将反败为胜，重塑生命！自我激励的力量是无穷的，它是一缕七色的阳光，为你照亮黑暗；它是一注沁人心脾的清泉，解除你生命旅途的干渴；它是自由之神的手臂，引导你登上人生成功的顶峰！

为了成就自己的人生，我们需要不断的去激励自己、挑战自我、突破自我，建立了自己强大的内心世界，不被任何压力和困难所左右，支持了个人更大的成功。

1. 努力做自己的上帝

有一天，一个男孩子和上帝一同出行。

路过一条河的时候，他看到水里有一个人在挣扎，他指着那个人问：上帝，为什么你不去救那个人，难道他没有向你祈祷吗？

上帝回答：不，他向我祈祷了两次，但我也救了他两次——第一次我让一根圆木从他身边漂过，他没有去抓。第二次我让一个人划着竹筏从他身边经过，他又不肯去抓那个人向他伸出的手。你让我怎样去救他，难道非得我亲手去把他拉上来？

当时的男孩子哑口无言。

他和上帝一起继续向前行走，又路过了一座城市。他就指着城里一个衣衫褴褛的乞丐问：上帝，你为什么不帮那个人脱离贫困，难道他不是你的信徒？

上帝不回答，只是指着一座豪宅里的主人，说：那个人是他的弟弟，他们的父亲死的时候，按我的旨意把他的遗产平分给他们兄弟俩。都是他自己好吃懒做，不肯上进，你让我怎么帮他？我对他不公平吗？

这个男孩子猛然惊醒，我明白了：摆在我们面前的机会很多，只是我们自己从不会去好好把握。生活对我们每个人都是公平的，只是我们自己从不会去好好珍惜，只会一味的抱怨。其实，我们就是我们自己灵魂的上帝，我们就是我们自己人生的上帝！

当我们遇到挫折与失败时，我们要相信自己通过努力可以改变一切，在逆境中奋起，才可能峰回路转，反败为胜，这是一种神奇的精神力量，这来自于心的力量，也是一个人情商的主要内容。

吴士宏从一个未受过正规高等教育，没有任何背景的普通年轻女子，到IBM、微软两个巨型跨国公司的地区负责人。她的成功，除了过人的胆识、聪颖的智慧，还跟她自我激励的情商有着密切的关系。

进入 IBM 之前的面试，吴士宏初生牛犊不怕虎，经理问她："你知道

IBM 是家怎样的公司吗？""很抱歉，我不清楚。"吴士宏实话实说。"那你怎么知道你有资格来 IBM 工作？""你不用我，又怎能知道我没有资格？"吴士宏脱口而出，这话自信十足。

她接着继续用英语说，她以前的同事和领导都相信她有能力做更多的事，她说能通过自学考试就是能力的证明，如果给她机会，她会证实她的能力和资格的，IBM 公司或是别的公司如果用她一定不会后悔的。就这样，她被告知：下周一上班！"天生我材必有用"，吴士宏充满自信的言语给主考官留下的，是一种信任和认同感。

但吴士宏在 IBM 做职员期间，有一次她推着平板车买办公用品回来，被门卫拦在大接门口，故意要检查她的外企工作证。她没有证件，于是僵持在门口，进进出出的人们都向她投来异样的目光，她内心充满屈辱，但却无法宣泄，她暗暗发誓："这种日子不会久的，我绝不允许别人把我拦在任何门外。"

还有一件事重创过她敏感的心。有个香港女职员，资格很老，她动辄就驱使别人替她做事，吴士宏自然成了她驱使的对象。一天，她满脸阴云，冲吴士宏走过来说："如果你想喝咖啡请告诉我！"吴士宏惊诧之余满头雾水，不知所云。那位职员仍劈头盖脸喊道："如果你要喝我的咖啡，麻烦你每次喝完后把盖子盖好！"吴士宏恍然大悟，她把自己当作经常偷喝她咖啡的贼了，这是人格的污辱，气得吴士宏顿时浑身战栗。

吴士宏的前半生是微不足道的，她只是一个小护士。在有幸进入 IBM 做一名最低级的职员后，她扮演的是一个卑微的角色，沏茶倒水，打扫卫生。她曾感到自卑，连触摸心目中高科技象征的传真机都是一种奢望，她仅仅为身处这个安全而又能解决温饱的环境而感到宽慰。但是这种内心的平衡由于这两件事而受到重创，吴士宏下定决心改变自己，有朝一日一定要管理公司里的所有人，无论是外国人还是香港人。

从此，她每天比别人多花 6 个小时用于工作和学习。于是，在同一批聘用者中，她第一个做了 IBM 的业务代表。接着，同样的付出又使她成为第一批 IBM 本土的经理，然后又成为第一批去美国本部作战略研究的人。最后，她又第一个成为 IBM 华南区的总经理。这就是付出多回报多的最好事例。

在以后的岁月里，吴士宏更以惊人的毅力向自己的命运发起了挑战。1998 年 2 月，她到了微软，成为了微软中国公司总经理。1999 年 10 月，

TCL 聘她为 TCL 集团常务董事、副总裁、TCL 信息产业集团公司总裁。

许多不成功的人不是没有成功的能力与潜质，而是在思想上就不想成功。因为他们在受到羞辱时除了暗自神伤，嗟叹命运不济，从不给自己打气，他们会习惯"劣势"，久而久之真的只有失败与之为伍。

也有一些人并不是不给自己一点激励，而是很快就把对自己的承诺抛在脑后，没有认真地执行过既定的目标。一个有成功意识的人，都是允许自己失败，却不会倒下的人。因为失败是一时的，可以激励自己往上走，但倒下去就是永久的失败。

说到这里我还想起了一段故事：

有一天，上帝来到了人间。遇到一个智者，正在钻研人生的问题。上帝敲了敲门，走到智者的跟前说：我也为人生感到困惑，我们能一起探讨探讨吗？智者毕竟是智者，他虽然没有猜到面前这个老者就是上帝，但也能猜到绝不是一般的人物。他正要问上帝您是谁，上帝说：我们只是探讨探讨一些相关的问题，完了我就走了，没有必要说一些其他的问题。

智者说：我越是研究，就越觉得人类是一个奇怪的动物。他们有时候非常善用理智，有时候却非常的不明智，而且往往在大的方面迷失了理智。

上帝感慨地说：这个我也有同感。他们厌倦童年的美好时光，急着成熟，但长大了，又渴望返老还童；他们健康的时候，不知道珍惜健康，往往牺牲健康来换取财富，然后又牺牲财富来换取健康；他们对未来充满焦虑，但却往往忽略现在，结果既没有生活在现在，又没有生活在未来之中；他们活着的时候好像永远不会死去，但死去以后又好像从没活过，还说人生如梦……

智者对上帝的论述感到非常的精辟，他说：研究人生的问题，很是耗费时间。您怎么利用时间呢？

上帝说："是吗？我的时间是永恒的。对了，我觉得人一旦对时间，有了真正透彻的理解，也就真正弄懂了人生。因为时间包含着机遇，包含着规律，包含着人间的一切，比如新生的生命、没落的尘埃、经验和智慧等等人生至关重要的东西。"

这位智者静静地听上帝说着，然后，他要求上帝对人生提出自己的忠告。上帝从衣袖中拿出一本厚厚的书，上边却只有这么几行字：

人啊！你应该知道，你不可能取悦于所有的人；最重要的不是去拥有什么东西，而是去做什么样的人，和拥有什么样的朋友；富有并不在于拥有最多，而在于贪欲最少；在自己所爱的人身上造成深度创伤只要几秒钟，但是治疗它却要很长很长的时光。有的人会深深地爱着你，但却不知道如何表达。

金钱唯一不能买到的，却是最宝贵的，那就是幸福；宽恕别人和得到别人的宽恕还是不够的，你也应当宽恕自己。

而且你所爱的，往往是一朵玫瑰，并不是非要极力地把它的刺根除掉，你能做得最好的，就是不要被它的刺刺伤，自己也不要伤害到心爱的人；尤其重要的是：很多事情错过了就没有了，错过了就是会变的。

智者看完了这些文字，激动地说：只有上帝，才能……

抬头一看，上帝已经走得无影无踪了，只是周围还飘着一句话：对每个生命来说，最重要的便是——只有自己才是自己的上帝。

智慧箴言

滴水足以穿石，每一天的努力，即使只是一个小小的动作，持之以恒都将是明日成功的基础。每个人都是无可替代的，所以我们都要做命运的主宰者。

2. 做就要做最好的自己

他是北京人，生于 1987 年，10 岁时因触电意外失去双臂，伤愈后他为了今后的生计加入北京市残疾人游泳队。

2002 年，通过努力，他在武汉举行的全国残疾人游泳锦标赛上获得了两金一银；2005 年、2006 年连续两年获得了全国残疾人游泳锦标赛百米蛙泳项目的冠军。他还对母亲许下承诺：在 2008 年的残奥会上拿一枚金牌回来。并且在此期间，他还学习了高中的课程，成绩十分优异，考上大学不成问题。

然而命运对这位年轻人的残酷之处在于：总是先给了他一个美妙的开局，然后迅速地吹响终场哨。在为奥运会努力做准备时，高强度的体能消耗导致了免疫力的下降，并且高压电对于他的身体细胞有过严重的伤害，不排除以后患上白血病的可能，所以他无奈放弃了体育。此时一个从小藏在他心里的梦改变了他的人身轨迹，从小就梦想着能成为钢琴家的他，放弃体育，并且不顾家人劝阻，选择了放弃高考，学习钢琴。

但他的学琴路绝不是一番风顺。当他报名参加音乐学校后，遭到音乐学校拒绝和学校校长的侮辱与歧视，校长说他的加入只会影响校容，但坚强的他没有因此沉沦，他对音乐学校校长说："谢谢你能这么歧视我，迟早有一天我会让你看，我没有手也能弹钢琴！"于是，他开始自学钢琴。

用脚弹琴是艰难的，这需要勇气和想象力，许多人用手弹都需要很多年才有起色，何况是脚。他每天练琴时间超过 7 小时。"那时真是精神和体力的双重考验。"终于在脚趾头一次次被磨破之后，他逐渐摸索出了如何用脚来和琴键相处。和他在学习游泳上的表现一样，他对音乐的悟性同样惊人。奥运会时，只学了一年钢琴的他就上了北京电视台的《唱响奥运》节目，当着刘德华的面，弹了一曲《梦中的婚礼》。接着，他弹着钢琴，与刘德华合唱了一首《天意》。

2010 年 8 月，在《中国达人秀》的现场，他带着空袖管走了上来，坐到钢琴前。那首《梦中的婚礼》响了起来。曲子结束，全场起立鼓掌。当评委高晓松问他这一切是怎么做到的时候，他说了一句："我觉得我的人生中只有两条路，要么赶紧死，要么精彩地活着。"

他就是第一位中国达人，2010 年中国达人秀总冠军刘伟。所以，生命应该是一种永不言弃的追求，我们每个人都应该做最好的自己。

人生是短暂而又孤独的，人必须独立坚强的战斗下去，走自己认为正确的道路，不能有丝毫的犹豫与放松。否则就会被时代所淘汰。

人生带给我们的酸甜苦辣，对我们来说都是一种很好的经验，会使我们逐渐成长，正是人类社会有了这种思想，我们的社会才得以一代代延续下来，我们的生活才一天比一天好，人生才有了价值。

相信自己，不断向前看齐，坚定黎明后会是阳光，为人生上色，走出一条自己绘画的人生彩图，使它绚丽起来，做最好的自己，不断向前迈进，去走向黎明后的彼岸，铺设辉煌的人生。

一个小男孩，从小父母离异，随着母亲生活，生活拮据。这男孩子长相一般，寡言孤僻。小伙伴们都觉得他又脏又不好看，都不愿跟他在一起玩。上学后，更是倍受同学的奚落和羞辱，大家称他为"没有父亲的野孩子"，他曾经自认为是这个世界上最不幸的人。

读书时，他非常顽皮，成绩不好，可他对拳击和武术有着狂热的兴趣，每场比赛必看。从小他练得最多的就是咏春拳和铁砂掌，后来还偷偷练过泰拳，他最喜欢李小龙自创的"截拳道"。

几乎每天勤练功夫，甚至还与其他小孩打架比试，用以切磋武艺。为此，没少受到母亲的责骂。他曾经渴望做一名像李小龙那样的功夫高手，但却因体质较弱，最终没能被体校选中。

他的第一份工作是在一个公司做助理，但因种种原因，他没能继续在那家公司任职。

他在茶楼当过跑堂，在电子厂当过工人。但结果都未能长久。

1983 年，他结业成为香港无线艺员。同年被选派到儿童节目"430 穿梭机"当主持人，这样，一做就是 4 年。当时有记者写过这样一篇报道，说他只适合做儿童节目的主持人。他把这篇报道贴在床头最为醒目的位置，时时提醒和勉励自己：握紧拳头，一定要创出一番像样的事业，让人们对自己刮目相看！

从此，他充分发挥自己的潜能，痴迷上了演艺事业。从早期的跑龙套开始，他一步一步地迈进了影视圈。但是，在繁星璀璨的香港影视圈，最初，他只能扮演一些名不见经传的小配角，勉强混个盒饭。对待失败，他从没有选择放弃，也没有去和别人攀比。像他在日记中所写到的：一步一个脚印，努力地做好自己！

有一个真实的个人经历：在片场，他曾扮演一具死尸，大火烧身，在导演没有喊停时，他一直强忍剧痛。这种近乎残酷的坚毅表演，使他在圈内逐渐有了名气。

继而，他独辟蹊径，赋予自己扮演的角色以幽默俏皮的风格。正是看似荒诞不经的"无厘头"表演，以及那种小人物的市侩和富有正义的矛盾对立，开创了喜剧表演的先河。

虽然，他最终没有成为李小龙那样的功夫高手，但他却用另一种观众所喜闻乐见的艺术形式，成了一个最出名的喜剧演员，他的名字叫周星驰。20年前，他是被人呼来唤去的"星仔"，20 年后，他的名字叫做"星爷"，仅《功夫》一剧，他的全球票房就超过了 6 亿港元，开创了香港电影的票房神话。

成功的定义，有时候就是这么简单。像周星驰那样，无论身处什么岗位，不要在乎别人如何评价，更没有必要去和别人攀比。成功没有复制，关键是，如何在平凡的岗位中，演绎好自己的角色。很多时候，成功，就是做最好的自己！

做最好的自己就是要不甘于眼前的状态，力求通过奋斗、努力来达到更加卓越的成功，改写我们人生的历史。

智慧箴言

人生带给我们的酸甜苦辣，对我们来说都是一种很好的经验，正是这样人生才有了价值。相信自己，不断向前看齐，坚定黎明后会是阳光，为人生上色，走出一条自己绘画的人生彩图，使它绚丽起来，做最好的自己。

3. 为我们自己喝彩

生活中我们总习惯于为别人喝彩，羡慕别人的完美，而对自己一些点点滴滴的成绩视而不见，不以为然。于是喝彩也因耐于寂寞，而悄然离去，只剩下低头丧气的自己……其实，那个不应该被遗忘的、最该受到鼓励的人正是自己。

既然，我们每个人自己是生活的主体，光靠别人的赞扬还不够，因为更多的梦，靠的是自己的思想去明鉴、选择和开放，更多的路，靠自己的双脚去开拓，而且，生活不光是赞扬，你碰到的可能是责难、讥讽，甚至是嘲笑……在这个时候，你一定要沉着冷静，看到自己的前途，学会从自我"赞美"中激发自信心。在前行中，要不断的梳理思路，调整节奏，锲而不舍地追求下去，况且，你为理想探求的过程是美丽的。追求中，不要在意路旁的风吹草动，山间的冷雨斜阳，也不要畏惧征途的层峦叠嶂，坚信，走过去前面是个艳阳天。

美国一位心理学家曾说过："不会赞美自己的追求，人就激发不起向上的愿望"。是的，别小看自己的"赞美"，它往往是成功的激奋点，抑或是追求不灭的火花。总有一些人爱挑自己的毛病，也专拣自己的短处来放大，这样的人不是严于律己，而是不够爱自己，在人生的跑道上不懂得自己给自己加油。不会欣赏自己的人，也得不到命运的垂青。

有一则英国寓言说：有一天，一个国王独自到花园里散步，使他万分诧异的是，花园里所有的花草树木都枯萎了，园中一片荒凉。后来国王了解到，橡树由于没有松树那么高大挺拔，因此轻生厌世死了；松树又因自己不能像葡萄那样结许多果子，也死了；葡萄哀叹自己终日匍匐在架上，不能直立，不能像桃树那样开出美丽可爱的花朵，于是也死了；牵牛花也病倒了，因为它叹息自己没有紫丁香那样的芬芳。其余的植物也都垂头丧气，没精打采，只有最细小的心安草在茂盛地生长。

国王问道"小小的心安草啊，别的植物全都枯萎了，为什么你这小草这么勇敢乐观，毫不沮丧呢？"小草回答说："国王啊，我一点也不灰心失望。因为我知道，如果国王您想要一棵橡树，或者一棵松树、一丛葡萄、一株桃树、一株牵牛花、一棵紫丁香等等，您就会叫园丁把它们种上，而我知道您希望于我的就是要我安心做小小的心安草。"

无论我们是一棵无人知道的小草，还是一株参天大树，何时何地都别忘了为我们自己喝彩。人生来就需要得到鼓励和赞扬。许多人做出了成绩，往往期待着别人来赞许。其实光靠别人的赞许还是不够的，何况别人的赞许会受到各种外在条件的制约，难以符合你的实际情况或满足你真正的期盼。要保护自己的自信心和成功信念，不妨花些时间，恰当地给自己一些奖励。

有一位美国作家，他是靠为报社写稿维持生活的。他给自己定了一个目标，每周必须完成两万字。达到了这一目标，就去附近的餐馆饱餐一顿作为奖赏；超过了这一目标，还可以安排自己去海滨度周末。于是，在海滨的沙滩上，常常可以见到他自得其乐的身影。

作家劳伦斯·彼德曾经这样评价一些著名歌手：为什么许多名噪一时的歌手最后以悲剧结束一生？究其原因，就是因为在舞台上他们永远需要观众的掌声来肯定自己。但是由于他们从来不曾听到过来自自己的掌声，所以一旦下台，进入自己的卧室时，便会备觉凄凉，觉得听众把自己抛弃了。他的这一剖析，确实非常深刻，也值得深省。

与之相反的是，一些名垂千古的人都不持自我否定的态度，他们对自己只有打气而拒绝泄气。英国诗人华兹华斯毫不怀疑自己在历史上的地位，他预见到自己将来的名声。凯撒一次在船上遭遇暴风雨，艄公非常担心，凯撒说："担心什么？你是和凯撒在一起。"

命运给我们在社会上安排了一个位置，为了不让我们在到达这个位置之前就跌倒。他让我们要对未来充满希望。正是由于这个原因，那些雄心勃勃的人都带有强烈的自信色彩，甚至到了让人难以容忍的地步，但这却是让他继续向前的动力。一个人的自信正预示着他将来的大有作为。

　　德国著名哲学家谢林曾经说过："一个人如果能意识到自己是什么样的人，那么，他很快就会知道自己应该成为什么样的人。但他首先得在思想上相信自己的重要，很快，在现实生活中，他也会觉得自己很重要。"对一个人来说，重要的是相信自己的能力，如果做到这一点，那么他很快就会拥有巨大的力量。

　　人生之路的匆匆行者，我们每个人选择了人生，就要好好的善待自己，精彩人生，不妄自菲薄，要戒骄戒躁，不浅尝辄止，要锲而不舍，追求卓越。要善于通过赞美自己的一次次那怕微小的成功，来增强你展现美丽的勇气和信念，这样，我们每个拼搏的人才会走向彼岸、走向辉煌！

智慧箴言

　　为自己喝彩，它是奋斗者耕耘人生的心路短笛，是纤夫赶海的号子；为自己喝彩，可以让自己百尺竿头更进一步，也是一个高情商者的必备素质。

4. 乐观就能见到曙光

　　一个人的情商高低，面对困境时能否坚毅的走出来，甚至他对人生的幸福感，这一切都与他的心态有关，或者也可以说心态是情商的一个重要内容，而乐观的心态是完美人生的关键。悲观者与乐观者看同样的事物，会得出截然不同的观点。

　　同是一个甜美圈，悲观者只看见一个空洞，乐观者却能品味到它的甜美。

　　同是交战赤壁，苏轼高歌雄姿英发，羽扇纶巾，谈笑间樯橹灰飞烟灭，杜牧却低吟东风不与周郎便，铜雀春深锁二乔。

同是谁解其中味的《红楼梦》，有人只听到了封建制度的丧钟，有人却看见了宝黛的情深，悟到了雪芹的良苦用心。

迷茫、失望的悲观者对世界充满了怨言，在他眼中，生活永远是一个令人消沉的符号，永远是一个无底的深洞，永远是一个黑乎乎的陷阱，永远是一条无法渡过的大河，生活对他们似乎永远都是不公平的，这个世界似乎永远充溢着罪恶与陷害，活着对他们来说永远都是无奈而痛苦的，在他们眼中，永远都含着防卫与不信任，心态注定，他们只能成为历史的尘埃。

乐观、开朗的乐观者，对世界充满了希望。在他们眼中，生活永远是一轮闪光的太阳，永远是他们为之奋斗的动力，永远是行使在大风大浪中的巨船，生活对他们似乎永远都是美好的，这个世界似乎永远充溢着笑意和希望。他们似乎永远都不会向命运低头，永远都在抗争、学习、奋斗。在他们眼中，永远都含着坚毅和勇力。心态注定，他们将成为历史的主宰。

美国有两家鞋厂为了开发市场，分别派业务员前往非洲考察当地的需求量。甲厂的业务员考察回来，立刻晋升为主管；乙厂的业务员考察回来，却从此被冷落在一旁。同样去非洲考察，为什么会受到不同的待遇呢？

原来，乙厂的业务员，到了非洲，当天就发了一封电报回厂报告。电报的内容是：「完了！一点希望也没有，因为这里的人都不穿鞋子。」

而甲厂的业务员到了非洲，当天也发了一封电报回厂报告，电报的内容则是：「太好了！希望无穷，因为这里的人都没有鞋子穿。」

同样的事，不同的态度，不同的看待，不同的结果，为什么？『用心』的不同。 乐观之于人生，是浮荡在地平线那袅袅升起的热望与希冀，是寻得一份旷达与美好的铺垫与勇气。

成大事者要选择乐观的生活态度，因为生活充满了选择，选择是量力而行的睿智和远见，学会了选择就学会了审时度势，扬长避短，把握时机，而且明智地选择乐观的生活态度，那么快乐一定会围绕在你的身边。

杰瑞是个不同寻常的人。他的心情总是很好，而且对事物总是有乐观的看法。当有人问他近况如何时，他会答："我快乐无比。"

他是个饭店经理，却是个独特的经理。因为他换过几个饭店，许多服务生都跟着他从这家餐厅换到另一家。他天生是个激励者，如果哪个雇员心情不好，杰瑞就会告诉他怎样乐观地去看待事物。

这样的生活态度实在让人好奇，终于有一天一个名叫杰克逊的人对杰瑞说，这很难办到！一个人不可能总是乐观地对待生活。"你是怎样做到的？"
杰克逊问到。

杰瑞答道："每天早上我一醒来就对自己说，杰瑞，你今天有两种选择，
你可以选择心情愉快，也可以选择心情不好。我选择心情愉快。""每次有
坏事发生时，我可以选择成为一个受害者，也可以选择从中学东西。我选择
从中学习。""每次有人跑到我面前诉苦或抱怨，我可以选择接受他们的抱
怨，也可以选择从中学些东西。我选择从中学习。"

"是，对！可是没有那么容易吧。"杰克逊立刻反问。"就是这么容易，"
杰瑞答道，"人生有时就是一种选择。当你把无聊的东西都删除后，每一种
处境就是面临一种选择。你选择如何去面对各种处境。你选择别人的态度如
何影响你的情绪。你选择心情舒服，还是糟糕透顶。归根结低，你自己选择
面对生活。"

杰瑞一番肺腑之言使杰克逊深受影响。

没过多久，杰克逊就离开了饭店去开创自己的事业，两人之间也就失
去了联系，但杰克逊却经常会想到他。几年后，杰克逊听说杰瑞出事了：有
一天早上，他忘记了关后门，被三个持枪的强盗拦住了。强盗因为紧张而受
了惊吓，对他开了枪。辛运的是，杰瑞被发现较早，被送进了急诊室。经过
18个小时的抢救和几个星期的精心照料，杰瑞出院了，可是仍有小部分的
弹片留在他的休内。事情发生6个月后，杰克逊见到了杰瑞。他问杰瑞近况
如何，他答道："我快乐无比。想不想看我的伤疤？"

杰克逊起身去看了看他的伤疤，又能问他当强盗来时，他想了些什么？

"第一件在我脑海中浮现的事是，我应该关后门。"杰瑞答道，"当我
躺在地上时，我对自己说有两个选择：一是死，一是活。我选择了活。"

"你不害怕吗？你有没有失去知觉？"杰克逊问道。杰瑞继续说："医
护人员都很好。他们不断告诉我，我会好的。但当他们把我推进急诊室后，
我看到他们脸上的表情，从他们的眼中，我读到了'他是个死人'。我知道
我需要采取一些行动了。""你采取了什么行动？"杰克逊赶紧问。

"有个身强力壮的护士大声问我问题，她问我有没有对什么东西过敏。
我马上答，有的。这时，所有的医生护士都停下来等着我说下去。我深深地
吸了一口气，然后大声吼道：'子弹！'在一片大笑声中，我又说道：'我
选择活了下来，请把我当活人来医，而不是死人。'"

杰瑞活了下来，一方面要感谢医术高明的医生，另一方面得感谢他那惊人的生活态度。只要善用乐观的心态，力量就会源源不断，在面对人生的难题时，还有什么比生死更严峻的？

乐观者面临挫折仍坚信情势必会好转。从情商的角度来看，乐观能使陷入困境中的人不会感到冷漠、无力和沮丧。乐观和自信一样，能使人生的旅途更加顺畅。乐观的人认为失败是可以改变的，结果反而能转败为胜；悲观的人则把失败归之于个性上无力改变的恒久物质，个人对此无能为力。

无论如何我们都要记得：乐观就能看到曙光！

智慧箴言

乐观的人看什么都乐观，无论到哪里，都会受到别人的欢迎，而且，成功和健康也会伴随他。悲观的人则恰恰相反。我们要保持着一种乐观的心态，做一个乐观者，我们的人生才会散发光彩。

5. 自信心是成功的基石

信心使人充满前进的动力，它可以改变险恶的现状，达到令人满意的结果。充满信心的人永远站立不倒，他们是真正的强者。

透过百万富豪成功的经历，我们可以感受到：信念的力量在成功者的足迹中起着决定性的作用，要想事业有成，无坚不摧的理想和信心是不可或缺的。

军队的战斗力在很大的程度上取决于士兵们对统帅的敬仰和信心，如果士兵的士气和信心不足，那么势必会影响整个战局，所以，几乎所有卓有成就的军事家都无一例外地特别注重军队的士气。想方设法会提高军队的信心与势气。

有一位将军要领兵到前方作战，将军胸有成竹充满信心，认为此战一定能够胜利，可是他的部下却不乐观，毫无必胜的把握。将军眼见大军士气低落，心想怎么作战呢？于是有一天，将军集合所有将士，在一座寺庙前面，告诉他们："各位部将，我们今天就要出阵了，打胜仗还是败仗？我们请求神明帮我们作决定。我这里有一枚铜钱，把它丢到地下，如果正面朝上，表示神明指示此战必定胜利；如果反面朝上，就表示这场战争将会失败。"听了这番话，部将与士兵虔诚祈祷，求神明指示。将军将铜钱朝空中丢掷，结果，铜钱正面朝上，大家一看非常欢喜振奋，认为神明指示这场战争必定胜利。

后来，部队来到前方，士气高昂，士兵们个个都信心十足，奋勇作战，果真打了胜仗。班师回朝后，有部将就对将军说，真感谢神明指示我们今天打了胜仗。那个将军才据实以告："不必感谢神明，其实应该感谢这一枚铜钱。"他把铜钱掏出来给部将看，原来铜钱的两面都是正面。

自信非常重要，所谓自助人助，自助天助。自信是一个有志于缔造影响力的人最基本的素质，是获得成功的基石。

一位心理学家想知道人的心态对行为到底会产生什么样的影响。于是他做了一个实验。

首先，他让七个人穿过一间黑暗的房子，在他的引导下，这七个人都成功地穿了过去。然后，心理学家打开房内的一盏灯。在昏黄的灯光下，这些人看清了房子内的一切，都惊出一身冷汗。这间房子的地面是一个大水池，水池里有几条大鳄鱼，水池上方搭着一座窄窄的小木桥，刚才他们就是从小木桥上走过来的。

心理学家问："现在，你们当中还有谁愿意再次穿过这间房子呢？"没有人回答。过了很久，有三个胆大的站了出来。其中一个小心翼翼地走了过来，速度比第一次慢了许多；另一个颤巍巍地踏上小木桥，走到一半时，竟趴在小桥上爬了过去；第三个刚走几步就一下子趴下了，再也不敢向前移动半步。心理学家又打开房内的另外几盏灯，灯光把房里照得如同白昼。

这时，人们看见小木桥下方装有一张安全网，只是由于网线颜色极浅，他们刚才根本没有看见。"现在，谁愿意通过这座小木桥呢？"心理学家问道。这次又有五个人站了出来。"你们为何不愿意呢？"心理学家问剩下的两个人。"这张安全网牢固吗？"这两个人异口同声地反问。

积极乐观的心态能够让你战胜恐惧。失败的原因往往不是能力低下，而是信心不足，还没有上场，精神上先败下阵来。乐观的心态能够让你战胜恐惧，成功地通过一座座险桥。一个女孩长相很丑，因此对自己缺乏自信心，不爱打扮自己，整天邋邋遢遢的，做事也不求上进。心理学家为了改变她的心理状态，让大家每天都对丑女孩说"你真漂亮"、"你真能干"、"今天表现不错"等赞扬性的话语。经过一段时间的努力，人们惊奇地发现，女孩真的变漂亮了。

其实，她的长相并没有变，而是精神状态发生了变化。她不再邋遢了，变得爱打扮、做事积极、爱表现自己了。怎么会发生这么大的变化？其根源正在于自信心。因为她对自己有了自信，所以使大家觉得她比以前漂亮了许多。

在许多成功者身上，我们都可以看到超凡的自信心所起到的巨大作用。这些事业取得成功的人，在自信心的驱动下，敢于对自己提出更高的要求，并在失败的时候看到希望，最终获得成功。美国第40届总统——罗纳德·里根的成功就是一个典型的例子。

从22岁到54岁，里根从电台体育播音员到好莱坞电影明星，整个青年到中年的岁月都陷在文艺圈内，对于从政完全是陌生的，更没有什么经验可谈。

这一现实，几乎成为里根涉足政坛的一大拦路虎。然面，当机会来临，共和党内保守派和一些富豪竭力怂恿他竞选加州州长，里根毅然决定放弃大半辈子赖以为生的影视职业，决心开辟人生的新领域。

有两件事对里根的竞选影响很大。

一是他受聘担任通用电器公司的电视节目主持人。为办好这个遍布全美各地的大型联合企业的电视节目，通过电视宣传、改变普遍存在的生产情绪低落的状况，里根不得不用心良苦，花大量的时间蹲守在各个分厂，同工人和管理人员广泛接触。

这使得他有大量机会认识社会各界人士，全面了解社会的政治、经济情况。人们什么话都对他说，从工厂生产、职工收入、社会福利到政府与企业的关系、税收政策等等。

里根把这些话吸收消化后，并通过节目主持人身份反映出来，立刻引起了强烈的共鸣。为此，该公司一位董事长曾意味深长地对里根说："认真总结一下这方面的经验体会，然后身体力行地去做，将来必有收获。"这番话无疑为里根产生弃影从政的信心埋下了种子。

另一件事发生在他加入共和党之后，为帮助保守派头目竞选议员募集资金，他利用演员身份在电视上发表了一篇题为《可供选择的时代》的演讲。因其出色的表演才能，大获成功，演说后立即募集了100万美元，以后又陆续收到了约60万美元。

《纽约时报》称之为美国竞选史上筹款最多的一篇演说。里根一夜之间成为共和党保守派心目中的代言人，引起了操纵政坛的幕后人物的注意。

这时候传来令里根更为振奋的消息，里根在好莱坞的好友乔治·墨菲，这个地道的电影明星与担任过肯尼迪和约翰逊总统新闻秘书的老牌政治家塞林格竞选加州议员。

在政治实力悬殊巨大的情况下，乔治·墨菲凭着38年的舞台经验，唤起了早已熟悉他形象的老观众的巨大热情，意外地大获全胜……

里根演员出身的背景，无疑为他的竞选形象与极富感染力的演讲增添了无穷的魅力。

然而，这一切在里根对手、多年来一直连任加州州长的老政治家布朗的眼中，却只不过是"二流戏子"的滑稽表演。他认为无论里根的外部形象怎样光辉，其政治形象毕竟还只是一个稚嫩的婴儿。

于是他抓住这点，以毫无政坛工作经验为由进行攻击。殊不知里根却顺水推舟，干脆扮演一个淳朴无华、诚实热心的"平民政治家"。里根固然没有从政的经历，但有从政经历的布朗恰恰有更多的失误，给人留下了把柄，让里根得以成就辉煌。

二者形象对照是如此鲜明，里根再一次超越了障碍。帮助他越过障碍的正是障碍本身——没有政治资本就是一笔最好的大资本。

自信是可以跨越自卑的，是战胜自卑的有力武器。它不是无望、无助、无奈，以及对生命的伤感、悲愤和苍凉，而是满怀进取心，体现着生命中主动、积极、明亮的旋律，是生命的亮点。

智慧箴言

有了充足的自信就有了向前冲的力量，那么本来充满着不可能的事情也可能因此俯首称臣。但是这种自信的力量是不会主动送上门的，要得到它，就要靠自己去发现。

6. 生命因为梦想而精彩

在人生的旅途中，梦想是最好的伙伴，如果说梦想是一棵常青树，那么，浇灌它的必定是出自心田的清泉；如果说梦想是一朵常开不败的鲜花，那么，照耀它的必定是从心中升起的太阳。太阳与清泉，交相呼应，而我们的生命，也会因为有了梦想而变得更加精彩。

有梦想才能成功，梦想是人生的指路标，梦想是成功的催化剂，梦想是每一个人所必须拥有、眷恋、执着坚信的目标，但是梦想就如同一颗小小的种子，只有深深根植在心灵的沃土上，用心灵的雨露滋润，才能结出心灵的果实。梦想越高，人生就越丰富，达到的成就也就越卓越；梦想越低，人生奋斗力便越差。这就是习惯常说的："期望值越高，达成期望的动力越大。"

有一个住在贫民区的一所破房子的男孩。7个兄弟姐妹中，他特别瘦弱，时常感冒发烧。他似乎缺乏学习的天赋，学习成绩是7个孩子中最差的一个。有一天，他看到介绍有史以来最伟大的高尔夫运动员尼克劳斯的电视节目，他的心一下子被打动了："我也要像尼克劳斯一样，当一个伟大的职业高尔夫运动员！"

他要求父亲给他买高尔夫球和球杆。父亲说："孩子，我们家玩不起高尔夫球，那是富人们玩的。"他不依，吵着要。母亲抱着他，朝父亲说："我相信他，他一定会成为优秀的高尔夫球手。"说完，母亲转过头来，柔声说："儿子，等你成为职业高尔夫球手后，就给妈妈买栋别墅，好吗？"他睁大眼睛，朝母亲重重的点了点头。父亲给他做了一个球杆，然后在家门口的空地上挖了几个洞。他每天都用捡来的球玩上一会儿。

升入中学后，他遇到了后来改变他一生的体育老师里奇·费尔曼。费尔曼发现了这个黑人少年的天赋，于是建议他到高尔夫球俱乐部去练球，并帮他支付了1/3的费用。仅仅3个月，他就成了奥兰多市少年高尔夫球的冠军。

高中毕业后，他幸运地被斯坦福大学录取了。暑假期间，他的一个要好的同学来他家玩，说他有个哥哥所在的旅游公司有一艘豪华游轮正在招服务生，薪水很高，每周有500美元，问他是否有意去应聘。他动心了：家里仍然贫穷，自己应像个男人一样养家了。

过了几天，里奇·费尔曼来到他家，他已经帮人他联系到了一家高尔夫球俱乐部，准备带他去扬名。小伙子不好意思地告诉老师，他打算去工作了。里奇·费尔曼沉吟半响，然后问他："我的孩子，你的梦想是什么？"

他愣了一下，似乎有些措手不及。过了好一会，他才红着脸说："当一个像尼克劳斯一样的高尔夫球运动员，挣很多钱，给母亲买一栋漂亮的别墅。"

里奇·费尔曼听完，对他说："你现在就去工作，那么，你的梦想呢？不错，你马上就可以每周挣到500美元，很了不起，但是，你的梦想就只值每周500美元吗？"18岁的他被老师的话震惊了，他呆呆地坐在屋子里，心里反复默念着老师的话。那个假期，他自觉地投入到了训练中。在当年的全美业余高尔夫球大奖赛上，他成为该项赛事最年轻的冠军。

3年后，他成了一名职业高尔夫球手。他是迄今为止最伟大的高尔夫球运动员，他正创造着高尔夫球的神话：1999年，他成为世界排名第一的高尔夫球手；2002年，他成为自1972年尼克劳斯之后连续获得美国大量赛事和美国分开赛冠军的首位选手。从1996年出道至今，他总共获得了39个冠军。

如今，他以1亿美元的年收入成为世界上年收入最高的体育明星之一。

他前后给母亲买了6栋别墅，位于不同的地点。他就是"老虎"伍兹。

一个人应该尽自己最大的努力，挖掘自己所有的潜力来实现自己的梦想。努力可能会失败，但放弃则意味着永远不可能成功。请试着像伍兹一样为了梦想奔跑，也许有一天，你也能为自己的母亲买6栋别墅。

生命是什么？生命是一棵大树，只因有梦想的灌溉，才枝繁叶茂；生命是一朵鲜花，只因有梦想的衬托，才娇艳无比；生命是一片绿茵茵的草地，只因有梦想的照耀，才辽阔无垠，生命，因梦想而精彩！

他，早年在故乡过着贫苦的生活，10岁开始读古书，学习十分认真刻苦，遇到疑难问题，总是反复思考，直到弄明白为止。20岁那年，他到各地游历。后来回到长安，作了郎中。35岁那年，汉武帝派他出使云南、四川、贵州等地。他了解到那里的一些少数民族的风土人情。在他父亲逝世后，接替做了太史令。公元前99年（天汉二年），李陵出击匈奴，兵败投降，他因为李陵辩护，得罪了汉武帝，获罪被捕。为了完成父亲遗愿，他含恨忍辱忍受宫刑。写就了"史家之绝唱，无韵之离骚"的《史记》。他就是司马迁，他的生命因为有了梦想而精彩。

他，小学三年级便被迫退学，因为他文采不好，连最简单的作文都不会写。但是，他却为心中那个梦想——写书给孩子们看，坚持不懈，每天往返于家和图书馆之间。面对一封封退稿信，他并没有气馁，只是不停地写作。十三年后，他笔下的贝克与舒塔给了无数孩子童年的快乐。他就是著名的童话大王郑渊洁。他的梦想成就了他的人生，他的梦想，给予了孩子们无数美妙的幻想。郑渊洁的生命因为有了梦想而精彩。

他，出生在一个清贫的家庭，自小就十分好强，成年后，多次参加参议员竞选，却每每失败。那段时间他几乎崩溃，但又重新燃起新的希望与梦想。成为一位造福人民的总统是他一生的梦想，这条路很艰辛，当他面对挫折的时候，他没有放弃。正是梦想激励着他，在一次次失败后再次崛起。他所做的一切，只为了心中那个总统梦。他成功了。在他的领导下，美国人民走向了更加自由，更加幸福的生活。他就是林肯，他的生命因为有了梦想而精彩。

她，两岁那年，因高烧而失去了听力，难以想象她当时的寂寞与痛苦，在她婀娜的舞姿背后，她付出了比常人多好几倍的辛苦。台上一分钟，台下十年功。她说她爱舞蹈，虽然没有音乐，但是她用自己的心去伴奏。她是舞台上一株美丽的奇葩。她从不叫苦叫累，只是默默坚持着。她所做的一切，只为了心中那个舞蹈梦。她成功了。《千手观音》给了观众艺术的美感，她们优美的舞姿震慑了所有人的眼睛。她就是舞蹈家邰丽华。邰丽华的生命因为有了梦想而精彩。

司马迁的梦想，使他有了活下来的信念，他的《史记》影响了整个中国；郑渊洁的梦想，给了自己人生一个成功的诠释，给了孩子们快乐美好的童年；林肯的梦想，肯定了自己的能力，给了美国人民自由幸福的生活；邰丽华的梦想，让自己的人生因为舞蹈而充实，以自己的舞姿感动了千千万万的人。

为了梦想而努力吧，因为只有这样，我们的人生才会更加精彩！

智慧箴言

一个心中没有希望的人，就如同一具行尸走肉，毫无生机可言。我们应该在心中保存一份希望，活在希望中，我们才会在困境中保持斗志，才会活得潇洒，取得成功！

7. 以达观的态度面对挫败

当我们的事业发展遇到不顺利的时候，如果能够放下心中的包袱，改变一下生活环境，适时地放下心情，当你再次投入到工作中的时候，也许一切都会迎刃而解了。

我们需要以积极健康的态度主动来疏导自己的情绪，激励自己，调整对现实的那种期待感和心理预期之间的差距，用一种比较适当的态度，来适应所处的环境、处理遇到的问题，从而增强自己的承受能力。而其中起重要作用的是每个人不同程度的情商。

情商反映的是一个人认识、控制、调节自身情感的能力，从中可以发现每个人情感品质的差异。所以，情商在很大程度上决定了一个人的工作、学习、爱情、婚姻、人际关系以及整个事业。

情商水平的高低不是与生俱来的，只要经过后天不断的努力锻炼，情商水平都会有所提高。情商水平高的人之所以会更受欢迎，就是因为他们能够对自己和他人的情绪作出正确的判断，并且在这个基础上见机行事，及时调整自己的言行。而情商低的人则因为不能准确判断自己和他人的情绪，从而在现实生活中经常碰壁。情商能让人学会了解和审视自己，知道怎样激励自己，而不会很无助地去听任情绪的摆布。它还能够让人更加从容地面对忧虑、愤怒、恐惧、痛苦等不良的情绪，从而轻轻松松地驾驭自己的人生。

一天，卡特福兴奋地打电话通知他的爸爸："嗨！老爸，你知道吗？你儿子终于被一家全球化的大公司发现并录用了！""哦，恭喜你，儿子！我就知道你一定是最棒的！"爸爸衷心地为儿子感到高兴。卡特福接着对爸爸说："老爸，你知道吗？我被录用的原因就是因为我多干了一个小时。所以，我要感谢你曾经给予我遇事要冷静，控制好自身的情绪之后再做决定的教诲！"原来不久前，一家国际化大企业到卡特福所在的学校去进行人才招聘，卡特福获得一个宝贵的实习生名额。公司一开始就告诉他，实习期为一个月，实习期结束后，如果双方对彼此都十分满意，就可以正式签订合同。

很明显，这一个月的试用期就是将来能否进入这家公司的考验。所以，渴望得到这个工作机会的卡特福，在实习期间对工作勤勤恳恳，不敢有一丝一毫的怠慢。试用期的工作，实际上就是整理一些作用不太大的资料。但是，卡特福还是安慰自己："没关系，很多成功人士最初的工作环境比我现在还要差劲呢！不管做什么工作，是金子就一定会发光！"

时间过得很快，一个月的实习期马上就要结束了。一天，卡特福被部门主管叫到办公室。主管不容置疑地对他说："卡特福，虽然你工作得很卖力，但是我觉得你好像并不太适合这份工作。从明天开始，你就可以不用再来上班了。"说完后，就给了卡特福这个月的薪酬，并且让他现在就可以下班了。

卡特福的内心立刻被不满和气愤的情绪占据了，他不明白自己一直以来都是尽心尽力地对待工作，究竟是哪里做得有问题竟然被公司辞退。他想和主管理论一番，但话到嘴边的时候，卡特福突然想起了爸爸曾经告诉自己的话，凡事都要给自己留点余地。所以，他觉得自己就算离开也应该是以最好的形象离开，自己只要尽力了就足够了，失去自己是他们的损失！

由于卡特福前一段时间一直都在整理公司客户的资料，而他手上还有最后一小部分资料没有整理完。虽然很想立刻就离开这个没人情味的地方，但卡特福还是强忍下心中的怒火，对主管说："谢谢您的体谅，让我提前下班。但是，我还是决定把自己手中剩余的一些客户资料整理完再离开公司。虽然你们公司已经决定不录用我，但我目前所整理的资料从开始就是由我一个人整理的，再让其他人接着整理会很麻烦，而且这也是我应该完成的工作。"主管微笑着对他点点头，表示同意。

卡特福为了把客户资料全部整理好，下班以后又主动加了一个小时班，直到完成工作才回了学校。室友们听说了卡特福的经历，都嘲笑他："别人都决定辞退你了，你何必还多干一个小时呢！你难道期望他们会回心转意吗？别傻了！除非上帝听到你的祷告！"卡特福听了大家的话，只是耸耸肩，什么也没有解释。

但卡特福却认为，自己的做法并不是为了挽回什么，只是做好自己分内的事。至于辞退了自己，公司以后一定会为错失人才而惋惜和后悔的！

但是，让卡特福没有想到的是，上帝真的听到他的祷告了！因为就在离开公司后的第二天下午，他竟然接到了辞退他的部门主管通知他已被公司正式录用的电话。

卡特福听后激动不已，但他还是尽量用平淡的语气问："您确定您在说什么吗？您之前不是说我不适合吗？"主管笑着告诉他："是的，恭喜你！之前所说的辞退只是公司试用的考验之一，很高兴你通过了所有的考验！而且我认为你非常符合我们需要的人才标准。因为你不仅没有因为我否定并抹杀你努力工作的事实，坚持辞退你的事情而愤怒地和我理论，还能够坚持完成所有的工作才离开公司。这种高度负责并能够时刻保持冷静情绪的特质，正是我们公司所需要的！"

懂得自我激励的人，总会在暂时失败后很快反省，找出问题背后的原因，然后告诉自己，轻易放弃是弱者的行为，一定要不断努力，因为成功已在前面向你招手。

智慧箴言

生活中我们常常能听到一些抱怨声。生活中许多事情告诉我们：只会抱怨的人是无法把事情做好的。也有一些人，尽管生活对待他们很不公平，但他们不去抱怨这抱怨那，而是把别人用来抱怨的时间用在勤奋做事上，结果，他们就会取得令人刮目相看的成绩。

8. 强者在逆境中奋起

人活着，总是处在一定的社会环境和自然环境中，当这样的环境为我们的方方面面都设置了很好的条件时，我们说这样的环境就是顺境；当我们生活的环境总感到困难重重、处处受阻时，我们说这样的环境就是逆境。

顺境与逆境是相对的，也是可以互相转化的。顺境并非肯定出人才，逆境也并非一定出庸才，关键是你怎么看待它。逆境，似横在我们面前的一道鸿沟，懦夫哭哭啼啼地哀叹，骂骂咧咧地埋怨，结果加速了生命的衰老；勇者则把它视作练就自己奋飞的翅膀的最好器物，当他们贮满力量之后，纵身向彼岸跃去，最终战胜逆境，取得成功，丰富了生命的意义。

但是，现实生活中，逆境出人才和"从来纨绔少伟男"的现象又似乎是普遍的，看来，战胜逆境对人的意志、品质方面提出了很高的要求，起码要有强烈的生存欲望，有强烈的事业心，有远大的目标。

翻开历史不难发现，历史上的一些传世佳作、千古名篇，似乎无一不是作者历经艰难险阻在逆境中完成的。历史上的一些伟大人物无一不是经过逆境的考验和磨炼，才逐渐成长、成熟的。

中国汉代伟大的历史学家和文学家司马迁，在逆境中奋发努力，终于完成了《史记》这部巨著，给中华民族留下了一份珍贵的文化遗产。

司马迁38岁苦心准备正式开始《史记》的编写工作。不幸的是，公元前99年，司马迁被汉武帝处以宫刑。这使司马迁在身心上遭到极大的痛苦，对此司马迁痛不欲生，几次想要自杀，但古人逆境中奋发拼搏的事迹激励着他。

他想到：孔子周游列国被困在陈蔡，编写了《春秋》；屈原遭放逐，写了《离骚》；左丘明眼睛瞎了，写了《国语》；孙膑的膝盖骨被剜掉，写了《兵法》。于是，司马迁忍受着精神和肉体的双重痛苦，经过几十年的努力，终于完成了历史名篇《史记》。

高情商的人当遇到了暂时的困难和挫折，或者说处于逆境之中，不是悲观失望，一蹶不振，而是：勇敢地面对逆境，正确地认识环境、认识自我，坚定信念。根据实际情况制定出切实可行的方案，理智地分析导致挫折的原因，确立目标，奋发学习，努力打开局面，最终实现自己的目标。

一个求富心切的年轻人去问一位非常有名的魔术师，向他讨教成功的秘诀。于是他带着年轻人，来到他平日演出的宏大剧场门口。年轻人以为他会走进富丽堂皇的大门，没想到他领着年轻人来到了马路对面的一个下水道口。

你躺在这里，假设自己在冬天的夜晚饥寒交迫，试试你能看到些什么？魔术师很和气地说。

年轻人屈身躺在地上，他闻到了下水道发出的恶息，他看到了香喷喷的饭店和华美的商场，还看到无数的人腿在向着剧场走动，另外，有一截突出的窗台就在头顶侧方悬着，如同丑陋的屋檐。

他边看边报告着。魔术师说，很好你看得很全面。只是，在窗台的水泥上，请你看得仔细一点。你还可以有所发现。在魔术师的一再提示下，年轻人看到了窗台的下方，有一行模糊的字迹。他拼命地瞪大眼睛，才辨认出那是魔术师的名字。

魔术师说，很多年前，我是一个乡下来的孩子。冬天，我蜷着身子躺在这里。你知道下水道口尽管恶臭，但比较暖和，从来不会结冰的。我看到了满天的星斗，知道明天更冷。我看到了食品和衣物，但我身无分文。我还看到了无数的人到对面的剧场去看演出。我萌生了一个梦想，有一天，我也要到这座辉煌的剧院里去，不是去看演出，是让别人看我的演出。

这样想了之后，我就从地上捡起一根铁钉，用冻僵的手指，把自己的名字刻在水泥窗台上……你问我为什么会成功，就这么简单。我用一根生锈的铁钉，把我的梦想刻在这里，每当我没有信心的时候，我就来到这里。当我离开的时候，勇气就重新灌满了胸腔。

分手的时候，年轻人对魔术师说，能否让我看看您那神奇的铁钉？魔术师说，可以。说完，他随手从地上捡起一根铁钉，说，喏，就是它了。铁钉并不重要，重要的是亲手刻下你的名字。

刻下的你名字就是提醒自己，鞭策自己，不要气馁，不能松懈。激励是我们战胜困难的法宝。它会使人产生勇气和前进的力量，同时，它又能警示你不能放松前进的步伐，因为前面的路不会是平坦的，不会是一帆风顺的。

逆境是人生所不希望的，而成功却是人人都渴望的。由于种种原因，很多人不得不经历逆境，怎么办？你就要学会用逆境来激励自己。

第一，正确认识逆境。

逆境恰似一把双刃剑，它既有害于我们，又有利手我们，就看你怎么认识它。对于一个胸无大志的懦夫而言，逆境是万丈深渊，但对于一个有目标、有理想、渴望成功的人来说，它又能刺激人奋起。

英国物理学家布拉格，小时侯家里很穷，凭借着自己对梦想的不懈追求，通过顽强的努力，终于取得了很大的成就。而他曾经历的那段贫穷的岁月，成为了日后激励他前进的动力。

他在学校读书时，因为家里经济条件太差，父母无法给他买好看的衣服，舒适的鞋子，他常常是衣衫褴褛，拖着一双与他的脚很不相称的破旧皮鞋。但年幼的布拉格从不曾因为贫穷而感觉自己低人一等，他更没有埋怨过家里人不能给他提供优越的生活条件。那一双过大的皮鞋穿在他的脚上看起来十分可笑，但他却并不因此自卑。相反，他无比珍视这双鞋，因为它可以带给他无限的动力。

原来这双鞋是他父亲寄给他的。家里穷，不能给他添置一双舒服、结实的鞋子，即便这一双旧皮鞋，还是父亲的。尽管父亲对此也充满愧疚之情，但他仍给儿子以殷切的希望、无与伦比的鼓励和强大的情感支持。

父亲在给他的信中这样写道："……儿呀，真抱歉，但愿再过一二年，我的那双皮鞋，你穿在脚上不再大。……我抱着这样的希望，你一旦有了成就，我将引以为荣，因为我的儿子是穿着我的破皮鞋努力奋斗成功的。……"这封寓意深刻、充满期望的信，一直像一股无形的力量，推着布拉格在科学的崎岖山路上，踏着荆棘前进。

第二，永保热情。

充满热情和希望的人，生命力旺盛。他们虽累遭挫折，可热情不减。他们有自己的目标，并奋斗不息。

体坛新秀桑兰在一次比赛中意外失手，摔成重伤，导致颈椎神经完全受损，几乎全身瘫痪。

但姑娘并没有因此抱怨命运的残酷，坚信自己总有一天会站起来，顽强地在病榻、轮椅上练写字、学英文、进行肢体锻炼，还利用一切机会广交朋友，兴高采烈地陪同李肇星大使参加了新年舞会。在她的身上折射出中国运动员不屈不挠的风采。在她的心灵天空里依然阳光灿烂。

我们为小桑兰短暂的体操生涯惋惜，更为小桑兰那蓬勃的生命热情彩！正是这种生命的热情给了她坚强的生存意志和重新面对生活的勇气，使她在厄运临头时没有迷失自我；也正是这种生命的热情和积极的心态使她在异国他乡赢得了关爱、赢得了人心，被视为"世纪之交跨文化的精神偶像"。

第三，人为地设置挫折环境，很多人生活在顺境中，但顺境中的人并不是人人都会成功的。

因此，你可以人为地设置一个挫折逆境，以此来激励自己。这是最好的成功方法之一。

明朝大臣张居正从小勤奋好学，五岁就开始读书了。

13岁那年，张居正从荆州赶往武昌参加乡试，又以出色的成绩赢得了湖广按察佥事陈束的赏识。

陈束是个出类拔萃的人才，当场决定录取他为举人。正在这时，湖广巡抚顾磷来武昌巡游，陈束久闻顾磷是当时著名的大才子，便让监试的冯御史把张居正的考卷交给顾磷看。

顾磷看后，连说是奇才。随后考虑了一下，对冯说："让他落第。"

冯御史茫然不知所措。原来顾磷认为"少年得志，成功者少"。13岁的孩子中举人，以后会自满，反而会耽误他上进。顾磷对冯御史说："居正少年有志，才智超群，将来必是国家有用之才，过早地提拔他，会断送他的进取心，倒不如叫他落第三年，等到他老练些再提拔他、重用他。"

冯御史把顾磷的意见报告了陈束，陈束很赞成顾磷的远见，便让居正落第。张居正落弟，周身的傲气被打了下去。回家乡一连数日垂头丧气，尝到了一点人生坎坷的滋味。

然而，张居正的沮丧情绪很快就消失了。他矢志不移，发愤读书，勤学不辍。三年后，也就是嘉靖十九年，张居正16岁时，再度乡试，又以优秀成绩夺得魁首，被录取为举人。

这时，张居正知道了上次考试的事情。正巧，这时顾磷在安陆督工，他很感激顾磷对自己的栽培，特意赶到顾磷的住处去拜见他。顾磷见张居正大有长进，正如自己当年所料的，非常高兴地说：

"我与你素昧平生，却白白地耽误了你三年，这是我的过错，但是我希望你有远大抱负，成为国家的栋梁之材。"

张居正没有辜负顾磷的培养的希望，后官至宰相。他在相位20余年，革除弊政，惩治贪官污史，办了不少有利于人民的好事。

您也许会发现，真正使你成功，让你坚持到底的，真正激励你，让你昂首阔步的，不是顺境和优裕，不是朋友和亲人，而是那些常常可以置人于死地的打击、挫折，甚至是死神。

现实就是这样，处处一帆风顺、事事顺心如意，没有困难、没有厄运、甚至连愤怒和烦恼都没有的人，很难成为强者、成为栋梁、成为伟大人物。

智慧箴言

逆境造就英才，所以，千万不要为别人暂时处于困境而幸灾乐祸，不要讥笑别人生理上的缺陷或不足，那些做出惊天业绩的人，往往都是历尽坎坷而最终没有向命运低下头颅的人。

第五章

迈向成功的人脉金矿

"一个人是否成功，不在于你知道什么，而在于你认识谁。"人脉是一个人通往财富和成功的入门票。我们每个人来到这个世界上都希望成功，而成功对于我们每个人而言又都意味着不同的含义，但不管是什么，成功都离不开人脉，成功与人脉息息相关。

其实，成功的过程本身就是一个不断积累人脉资源的过程，人脉资源的多少决定了成功的程度。斯坦福研究中心曾发表过一份报告：一个人赚的钱，12.5%来自知识，87.5%来自关系。成功学之父戴尔·卡耐基也曾说过："一个人事业上的成功，有15%是由于他的专业技术，另外的85%主要靠人际关系、处世技巧。"可见，人脉对于成功是何等重要，无论我们干哪一行，或从事何种职业或专业，如果我们有良好的人脉关系，实现成功就很容易；如果我们不知如何与他人相处，那么要实现成功就很困难。

人脉是你一生中最大的财富，有人脉就有力量，有人脉就有竞争力，人脉即是你的财脉，你的成功人生就赢在人脉中！构建良好的人脉关系，广结人缘，拥有一个丰富有效的人脉关系。掌握了这些奇计良谋，可以使你在人脉关系中如鱼得水，在身陷困境中出奇制胜，在事业上心想事成。

1. 成功离不开强大的人脉关系

在世界范围内，除了高科技企业拥有自己的技术和设备外，其余的想成功做好每一件，都离不开人脉的支持。可以这样说，人脉无处不在。人类历史自有记载以来，我们经常看到的一个词就是"升官发财"，这是人类的共性，也是人类的特性，谁也无法避开。

只是，真正能升官发财的人毕竟是少数。人类进入二十一世纪，各种赚钱的行业很多。但不管何种行业，每个行业都有主管部门，部门也是由人组成的，这自然就形成了人际关系。由于人际关系极其复杂，我们如何在合适的条件下做自己能做的事，这就需要我们具备一定的条件并创造相应的条件，这也需要我们必须找到合适的人愿意帮我们做合适的事，这就需要我们对人脉有充分的认识并很好地建立起人脉资源。尤其在我们中国，人际关系在社会中显得更加重要。一个具有良好人脉的人，成功时，有人为你呐喊喝彩；失败时，有人帮你铺路加油。一个无法与他人建立良好关系的人，一定很难成功。而营销员更需要与人建立广泛的人际关系。

哪一位成功的企业家不了解人脉资源的重要性、不注重人际关系的使用？又有哪一位成功的企业家不知道人脉就是他们实现成功、创造财富的最好武器？人脉等于资源，资源创造财富！世界顶尖激励大师安东尼·罗宾说："人生最大的财富便是人脉关系，因为它能为你开启所需能力的每一道门，让你不断地成长，不断地获得财富，不断地为社会做贡献。"

美国一次问卷调查结果显示：2/3 的雇佣单位认为，大多雇员被开除是因为他们糟糕的人际关系。难怪美国成功学大师戴尔·卡耐基经过研究得出这样的结论："专业知识在一个人成功中的作用只占 15%，而其余的 85% 则取决于人际关系。"美国石油大王洛克菲勒也说过："我愿意付出比天底下得到其他本领更大的代价来获取与人相处的本领。"可见，人脉对一个人的成功是多么重要。没有良好人际关系的人，即使知识再渊博，技能再强，也很难成功。

人生二诀：▶▶▶▶

每个人都离不开社会、离不开他所在的群体，只有广交朋友，积攒人脉，才能为成功助跑！世界有 95% 的人知道比尔·盖茨是世界首富，70% 的人知道比尔·盖茨的成功是因为他创立了微软，掌握了电脑发展的趋势。但是，很少有人知道比尔·盖茨成功的一个关键因素——他的人脉很广。

创业之初，比尔·盖茨也只不过是庞大创业群中的一个无名小卒。但是，他善于利用人脉，很快就和当时世界最强的电脑公司——IBM 签了一份大单。他在工作中也结交了很多好朋友，其中保罗·艾伦和史蒂芬就是他重要的合作伙伴，他们为微软作出了巨大的贡献，包括他们的才能、智慧和人脉。另外，比尔·盖茨还在日本朋友彦西的帮助下找到了第一个日本个人电脑项目，并获得了极大的成功。试问，如果没有朋友，他能有今天这样的成功吗？

"No one isanisland！" 没有人是一个孤岛！人都是需要帮助的，而互相帮助就是人脉的来源。人们常说"要做事，一定要先做人"，做营销也是如此，要想把产品销售出去，首先要把自己销售出去，销售自己就是要搞好人际关系，拥有广阔的人脉，因为"人"才是决定你营销成功的关键。

通过"人"，我们可以更好地了解自己，正确地审视自己；可以获得竞争对手的各种信息，进而采取应对措施，提高自己的能力；可以抓住更多的机遇，增加成功的几率；可以学到更多的知识，丰富我们的人生；可以更加了解社会，扩大我们的视野。

汽车推销大王乔·吉拉德在一次演讲会上只说了一句话，做了一件事，他向台下撒了几千张名片，然后说："这就是我成功的秘诀！"是的，乔·吉拉德很成功，他把自己对人际关系的理解变成行动，他的行动还告诉我们：人脉是可以开发的。只要你善于开发，你身边的所有人都是你的资源。

很多人说里根能够成为美国总统是运气好。其实，与其说他靠运气，倒不如说是他幸运地结识了很多朋友，拥有了广阔的人际关系。里根在涉足政坛之前，做过电视主持人、演员、报社作家等工作，这为他在以后的总统大选中脱颖而出奠定了基础。

里根在担任电视节目主持人期间，因为工作需要，经常和工人们广泛接触，时间久了，就与工人们相处得非常融洽、无话不谈。后来里根通过电视把这些问题反映了出来，迅速引起了大家的共鸣，好评如潮，工人们都很感激他。

之后，里根由主持人转行做了一名演员，他凭借俊朗的外形，出色的演技，迅速跻身好莱坞一线演员的行列，人气大增，受到很多观众的追捧，与此同时，他还结交了很多歌星、影星、艺术家等各界名流。

里根加入共和党后，发表了一篇题为"可供选择的时代"的演讲，这篇演说为共和党募集了六百多万美元的资金，使他一夜之间成了共和党保守派公认的代言人，为他随后的竞选成功又增加了一个很有分量的筹码。

终于，在1980年的总统大选中，里根凭借他多年积累的人脉，获得了比竞争对手多10%的选票，轻而易举地荣登美国总统的宝座。里根在选举中获得成功，是因为他拥有强大的人脉资源。可以说，人际关系在他的政治生涯中起到了不可替代的作用。

你想几年后在职场上如何定位？成为什么样类型的人，取得什么样的成绩？现在就应该开始进行开拓人脉的布局，早一点规划自己的人脉网络，累积自己的"人脉存折"，经营自己的人脉资源吧！几年后，将会发现身边到处是可随时协助自己的专业人士，一通电话、一个邮件即可解决烦恼的棘手问题，进而达成自己梦想的目标。

对于个人来说，专业是利刃，人脉是秘密武器，如果光有专业，没有人脉，个人竞争力就是一分耕耘，一分收获。但若加上人脉，个人竞争力将是一分耕耘，数倍收获。人脉是一个人通往财富、成功的入门票，人脉竞争力在一个人的成就里扮演着重要的角色。一个人能否成功，不在于自己知道什么，而是在于认识谁。

人脉是一种资源和资本，很多成功的商界人士都深深意识到了人脉资源对自己事业成功的重要性。无论你从事什么职业，学会处理人际关系，掌握并拥有丰厚的人脉资源，你就在成功路上走了85%的路程，在个人幸福的路上走了99%的路程了。因为人脉是你终身受用的无形资产和潜在财富！谁拥有最大的人脉，谁就拥有最大的成功。

智慧箴言

人生中最大的财富便是人脉关系，因为他能开启所需能力的每一道门，让你不断的获得财富！打通你的人脉环节，是未来财富创造的基础。因此，现代人只有把维护和拓展人际关系当成日常功课，才能够无往不利，左右逢源，最终敲响财富之门。

2. 善于交际——人脉就是财脉

美国好莱坞流行一句话："一个人能否成功，不在于你知道什么，而是在于你认识谁。"这句话告诉我们：人脉是一个人通往财富、走向成功的入门票，它体现了一个铁血定律：人脉就是钱脉！所以，用心经营人脉是变成钱脉的最大关键。

做人不要过于迷信自己，靠一个人的力量能做多少事情呢？如今早已不是靠一个人单枪匹马闯天下的时代了，一个人再有能耐，其力量也是渺小的，如同一滴水之于大海。所以，只有善于借助别人的力量，就像顺风行船，才能最快地到达目的地。有人脉就等于有财脉！

世界首富比尔·盖茨经常说："因为我请了一群比我聪明的人来帮我工作，所以成为了世界首富。"一个人的成功并不取决于他自己的才华，而是取决于他能够借助别人的力量有多强。借朋友之力，圆财富之梦。善于借助朋友的力量并与之合作，是纵情商海赚大钱的最佳方案，也是帮你实现"黄土变黄金"财富美梦的保证。华人首富李嘉诚认为：良好的人脉为你带来众多的人际关系，众多的人际关系为你带来无限的财富商机。"传统的人际关系是最便捷、最经济，也是最可靠的资源。温州人就是这样依靠亲戚朋友，亲帮亲，戚帮戚，积少成多，逐渐富裕起来。"温州人为什么会成为富人，就是因为他们之间的相互带动，才使温州人这个群体成为最为富有的一群人。

在高度发达的现代商业环境中，对于经商做生意而言，最重要、最核心的资源不是别的，而是人脉关系资源。有了人脉，产品、资金、技术、市场以及附着于人的信息等经商资源都能够组织到。没有了人脉，等于两眼一抹黑，寸步难行。

改革开放早期，温州可以说是穷山恶水，要啥没啥，没什么资源。当时，温州人的文化程度也不高，有不少人还是文盲和半文盲。他们靠什么发家致富？仅仅靠胆大、敢闯、肯吃苦肯定不够，巨大的人脉关系支持，是很多温州人快速发财的重要原因。

有一句话，说得很绝，但很有道理：你身边最好的 6 个朋友的总年收入的平均值就是你的收入。温州人有钱，跟温州人互相影响是分不开的。榜样的力量是无穷的，看到身边的亲戚、朋友都发财，温州人就会有强烈的创富欲望。这使得创业致富就成为每一个温州人的重要选择。

一人出国刚立足，马上会带动一群老乡漂洋过海，巴黎 5 万温州商人大多是这样移民海外的。靠着温州人的关系网，初来乍到的人不用怎么费劲便可以谋生，加工皮包、皮鞋或在亲戚朋友的餐馆里做工。温州人在巴黎能买到一种中文电话卡，把信息源源不断地从巴黎传递到温州。

温州人王剑 11 岁随母亲到法国，长大后，经营皮包进出口贸易。他的两个姐姐也都移民法国。如今，他在巴黎，两个姐姐长期驻扎温州和深圳，联手做外贸。王剑调查巴黎的时尚流行皮包市场，在第一时间把信息传递过去；姐姐们在温州和深圳迅速加工生产，形成跨国商业网络。这样的跨国生意，温州人驾轻就熟。

温州人一直以来对人脉关系资源都是极度重视的。温州商人不管到哪儿都会抱团打天下。温州人不仅通过家庭、家族、亲戚朋友、邻里乡亲等进行民间借贷、相互救助，还通过人脉关系展开快速的生产销售。如今，温州人遍布全球，这种人脉关系网更是有着惊人的价值，这也是温州人能在全球市场左右逢源、如鱼得水的原因。温州人的关系网是温州人的最大优势之一，而这张关系网是有钱也难以买到的。

正是这种金钱买不来的人脉关系资源，让温州人在全世界的市场上把生意做得风生水起。人脉是通往财富、幸福、成功大门的钥匙。所有温州人都有一个共同点，那就是拥有大量的人脉，并且善于保持良好的人脉关系。

人脉圈可以带给你巨大的财富。美国斯坦福研究中心曾经调查指出："一个人赚的钱，12.5% 来自知识，87.5% 来自关系。"关系只是面对个别人的，而圈子却是关系的扩大化。一个人成功机遇的多少与其交际能力和交际活动范围的大小几乎是成正比的。

因此，我们应把运用圈子与捕捉成功机遇联系起来，充分发挥自己的交际能力，不断建立和扩大自己的圈子，发现和抓住难得的发展机遇，进而拥抱成功！人脉档次越高，钱来得越快。当你关心朋友的程度超出了朋友对你的期待时，你的人脉财富就会实现几何级数的大幅度增长。交际圈的质量和朋友的数量，是你能否成功的关键之一，一旦你把交际圈扩得很大，拥有足够丰富的人脉资源，那么资金、技术等其他环节便可迎刃而解。

这是发生在美国的一个真实故事：

一个风雨交加的夜晚，一对老夫妇走进一间旅馆的大厅，想要住宿一晚。无奈饭店的夜班服务生说："十分抱歉，今天的房间已经被早上来开会的团体订满了。若是在平常，我会送二位到没有空房的情况下，用来支持的旅馆，可是我无法想象你们要再一次的置身于风雨中，你们何不待在我的房间呢？它虽然不是豪华的套房，但是还是蛮干净的，因为我必需值班，我可以待在办公室休息。"这位年轻人很诚恳的提出这个建议。

老夫妇大方的接受了他的建议，并对造成服务生的不便致歉。

隔天雨过天晴，老先生要前去结帐时，柜台仍是昨晚的这位服务生，这位服务生依然亲切的表示："昨天您住的房间并不是饭店的客房，所以我们不会收您的钱，也希望您与夫人昨晚睡得安稳！"

老先生点头称赞："你是每个旅馆老板梦寐以求的员工，或许改天我可以帮你盖栋旅馆。"几年后，他收到一位先生寄来的挂号信，信中说了那个风雨夜晚所发生的事，另外还附一张邀请函和一张纽约的来回机票，邀请他到纽约一游。

在抵达曼哈顿几天后，服务生在第5街及34街的路口遇到了这位当年的旅客，这个路口正矗立着一栋华丽的新大楼，老先生说："这是我为你盖的旅馆，希望你来为我经营，记得吗？"这位服务生惊奇莫名，说话突然变得结结巴巴："你是不是有什么条件？你为什么选择我呢？你到底是谁？"我叫做威廉·阿斯特（William. WAstor），我没有任何条件，我说过，你正是我梦寐以求的员工。这旅馆就是纽约最知名的Waldorf华尔道夫饭店，这家饭店在1931年启用，是纽约极致尊荣的地位象征，也是各国的高层政要造访纽约下榻的首选。

当时接下这份工作的服务生就是乔治·波特（George. Boldt），一位奠定华尔道夫世纪地位的推手。

是什么样的态度让这位服务生改变了他生涯的命运？毋庸置疑的是他遇到了"贵人"，可是如果当天晚上是另外一位服务生当班，会有一样的结果吗？

人间充满着许许多多的因缘，每一个因缘都可能将自己推向另一个高峰，不要疏忽任何一个人，也不要疏忽任何一个可以助人的机会。贵人帮助，"钱途"无量。做生意的人都讲究人缘、客缘，但是如果一个贵人的帮助都没有，那将比没有人缘、没有客缘还要可怕。

人们常说求人难开口，这是因为求人之前你几乎把别人忘了，即使没忘也很少与别人联系。所以，当你需要对方帮忙的时候，你会觉得难以开口，对方也会感到十分突然。如果你很有意识地与周围的人保持联系，当你需要对方的时候，你会很自然地得到别人的帮助。对于能在生意上提携我们的贵人，我们一定要加强联系。

人是最大的资源，不管做什么事情，都有人的因素。"赚钱之神"邱永汉说："失去财产，仍有从头再做生意的机会；失去朋友，就没有第二次机会了。"人脉的重要性怎么强调都不过分，有人说，人脉是一张通往成功的门票。人脉的作用已经被人们提升到了一个无以复加的高度。当今社会是一个人脉的社会，一个人要想成功，不只是在于他有多高深的学问，懂多大的道理，更重要的是他认识多少对自己有帮助的人。

智慧箴言

成功的道路上，人脉比知识更重要。发展人际关系应当是我们最高的事。人脉是通往财富、幸福、成功大门的钥匙。良好的人脉为你带来众多的人际关系，众多的人际关系为你带来无限的财富商机。

3. 管理好你的人脉存折

有人讲 30 岁以前靠专业赚钱，30 岁以后靠人脉赚钱，可见人脉的重要。

在关于哪类因素对职业生涯影响最大的调查问题中，"个人能力"被公认为第一要素；其次是"机遇"，2004 年中国百富榜上 60％的企业家最看重的十大财富品质中，"机遇"排在第二位。而"机遇"的潜台词是"关系"，因为人际关系越好，机遇相对就越多。

与人建立关系、联络感情，就好像往银行里存款，存的越多，存的时间越久，你可以获取的红利就越多。与存钱不同的是，建立人脉存折就是把银行开在朋友或是顾客的心里。你为了维系你们之间的关系，而存入真诚关怀、超值服务。你的人脉存折中存入的人情越多，你与朋友的感情就越深厚。

你愈是想维持持久的人脉关系，愈需要不断地增加你的人情储蓄。由于彼此都有所期待，原有的信赖很容易枯竭。你是否有过这种经验，偶尔与老同学相遇，即使多年未见，仍可立刻重拾往日友谊，毫无生疏之感，那是因为过去累积的感情仍在。但经常接触的人就必须时时投资，否则突然间发生透支，会令人措手不及。

俗话说："平时不烧香，临时抱佛脚。"那样的菩萨虽灵，也不会帮助你。因为你平常心中就没有佛祖，有事才来恳求，佛祖怎会当你的工具呢？所以我们求神，自应在平时烧香。而平时烧香，也表明自己别无希求，完全出于敬意，而绝不是买卖；一旦有事，你去求它，它念在每日你的烧香热忱，也不致拒绝。

不管什么样的人脉，都需要长期的付出和关怀，如此才能在看似不经意间逐步建立起自己的人脉网。对此，那些超级大富翁们提出，人与人之间的竞争，进行到最后也将发展成为人脉的竞争。在你的人脉网络中，只要你善于开发，每一个人都会成为你的金矿。

世界一流人脉资源专家哈维·麦凯就很懂得进行人脉竞争。

哈维·麦凯从大学毕业那天就开始找工作。当时的大学毕业生很少，他自以为可以找到最好的工作，结果却徒劳无功。而哈维·麦凯的父亲是一名记者，人脉很广，认识很多政商两界的重要人物。多年前，哈维·麦凯的父亲曾对一名叫查理·沃德的人进行过帮助，对此查理·沃德一直心存感激，一直想找机会报答他。直到有一天，他们又见面了，查理·沃德问哈维·麦凯的父亲是否有儿子。父亲如实回答了哈维·麦凯，并指出他刚大学毕业，正需要一份工作。查理·沃德立即提出，给哈维·麦凯工作。

第二天，哈维·麦凯打电话到沃德办公室，开始秘书不让见。后来提到他父亲的名字三次，才得到跟沃德通话的机会。沃德说："你明天上午10点钟直接到我办公室面谈吧！"第二天，哈维·麦凯如约而至。不想招聘会变成了聊天，沃德兴致勃勃地聊哈维·麦凯的父亲的那一段狱中采访。整个过程非常轻松愉快。

之后，查理·沃德决定派哈维·麦凯到他们公司上班，闲晃了一个月的哈维·麦凯，现在站在铺着地毯、装饰得客客气气的办公室内，不但顷刻间有了一份工作，而且还是薪水和福利最好的单位。

这对哈维·麦凯来讲不仅仅是一份工作，还是一份事业。42年后，哈维·麦凯成为全美著名的信封公司——麦凯信封公司的老板。哈维·麦凯在品园信封公司工作当中，熟悉了经营信封业的流程，懂得了操作模式，学会了推销的技巧，积累了大量的人脉资源。这些人脉成了哈维·麦凯成就事业的关键。

事后，哈维·麦凯说："感谢沃德，是他给我的工作，是他创造了我的事业。"

或许你觉得很离奇，或许你还是很坚定地想着不靠任何人成就自己的事业。但是人毕竟是一个群体，你所认识的每个人都有可能成为你生命中的贵人，成为你通向财富之路的重要顾客。

俗话说："在家靠父母，出外靠朋友。"每个人生活在社会上，都要靠朋友的帮助。但平时礼尚往来，相见甚欢，甚至婚丧喜庆、应酬饮宴，几乎所有的朋友都是相同。而一朝势弱，门可罗雀，能不落井下石、趁火打劫就不错了，还敢期望雪中送炭、仗义相助吗？

"人情冷暖，世态炎凉"，趁自己有能力时，多结纳些潦倒英雄，使之能为己而用，这样的发展才会无穷。

平时不屑往冷庙上香，临到头再来抱佛脚也来不及了。一般人总以为冷庙的菩萨不灵，所以才成为冷庙。其实英雄落难，壮士潦倒，都是常见的事。只要一朝交泰，风云际会，仍是会一飞冲天、一鸣惊人的。

友谊之花，须经年累月培养；做人做事，不可急功近利。善于放长线、钓大鱼的人，看到大鱼上钩之后，总是不急着收线扬竿，把鱼甩到岸上。因为这样做，到头来不仅可能抓不到鱼，还可能把钓竿折断。

他会按捺下心头的喜悦，不慌不忙地收几下线，慢慢把鱼拉近岸边；一旦大鱼挣扎，便又放松钓线，让鱼游窜几下，再又慢慢收钓。如此一收一驰，待到大鱼精疲力尽，无力挣扎，才将它拉近岸边，用提网兜拽上岸。求人也是一样，如果逼得太紧，别人反而会一口回绝你的请求。只有耐心等待，才会有成功的喜讯来临。

某中小企业的董事长长期承包那些大电器公司的工程，对这些公司的重要人物常施以小恩小惠，这位董事长的交际方式与一般企业家的交际方式的不同之处是：不仅奉承公司要人，对年轻的职员也殷勤款待。谁都知道，这位董事长并非无的放矢。事前，他总是想方设法将电器公司中各员工的学历、人际关系、工作能力和业绩，作一次全面的调查和了解，认为这个人大有可为，以后会成为该公司的要员时，不管他有多年轻，都尽心款待。

这位董事长这样做的目的是为日后获得更多的利益作准备。这位董事长明白，十个欠他人情债的人当中，有九个会给他带来意想不到的收益。他现在做的"亏本"生意，日后会利滚利地收回。所以，当自己所看中的某位年轻职员晋升为科长时，他会立即跑去庆祝，赠送礼物，同时还邀请他到高级餐馆用餐。

年轻的科长很少去过这类场所，因此对他的这种盛情款待自然倍加感动，心想：我从前从未给过这位董事长任何好处，并且现在也没有掌握重大交易决策权，这位董事长真是位大好人！无形之中，这位年轻科长自然产生了感恩图报的意识。正在受宠若惊之际，这董事长却说："我们企业公司能有今日，完全是靠贵公司的抬举，因此，我向你这位优秀的职员表示谢意，也是应该的。"

这样说的用意，是不想让这位职员有太大的心理负担。这样，当有朝一日这些职员晋升至处长、经理等要职时，还记着这位董事长的恩惠。因此在生意竞争十分激烈的时期，许多承包商倒闭的倒闭，破产的破产，而这位董事长的公司却仍旧生意兴隆，其原因是由于他平常关系投资多的结果。

总观这位董事长的"放长线"手腕，确有他"老姜"的"辣味"。这也揭示求人交友要有长远眼光，尽量少做临时抱佛脚的买卖，而要注意有目标的长期感情投资。同时，放长线钓大鱼，必须慧眼识英雄，才不至于将心血枉费在那些中看不中用的庸才身上。

从现在起，累积你的"人脉存折"，经营你的人脉资源吧！特别是在当前十倍速知识经济时代，人脉已成为专业的支持体系。对内，可以服众；对外，则可以取得客户的信任。正如社会所言，一个人能否成功，不在于你知道什么（what you know），而是在于你认识谁（whom you know）。

智慧箴言

多个朋友多条路，这个道理被无数的经验和教训所验证。一个优秀的人往往能影响他身边的人，能接受他们，使自己与他们之间的关系更好。好人脉是成大事者最重要的因素，也是必备的条件。因为人脉越好，事情就越好办。

4. 记住并能叫出对方的名字

日常生活中，很多人都会遇到同一个问题，当一个面熟的人和你打招呼，你却记不起他的名字，这样会让你感到很尴尬，不利于你们之间的沟通。

换角度考虑当别人记不起你自己的名字时，你会不会感到有些失落呢？总之，记住别人的名字在日常交往中比赞美更重要。

卡耐基强调记住别人名字的重要性。记住对方的名字，并把它叫出来，等于给对方一个很巧妙的赞美。

卡耐基被称为钢铁大王，但他自己对钢铁的制造懂得很少。他手下有好几百个人，都比他了解钢铁。但是他知道怎样为人处世，这就是他发大财的原因。

他小时候，就表现出了组织才华。当他 10 岁的时候，发现人们把自己的姓名看得很重要。而他利用这项发现，去赢得别人的合作。例如，他孩提时代在苏格兰的时候，有一次抓到一只兔子，那是一只母兔。他很快发现多了一窝小兔子，但没有东西喂它们，可是他有一个很妙的想法。他对附近的孩子们说，如果他们找到足够的苜蓿和蒲公英，喂饱那些兔子，他就以他们的名字来给那些兔子命名。这个方法太灵验了，卡耐基一直忘不了。

好几年之后，他在商业界利用类似的方法，赚了好几百万元。例如，他希望把钢铁轨道卖给宾西法尼亚铁路公司，而艾格·汤姆森正担任该公司的董事长。因此，安德鲁·卡耐基就在匹兹堡建立了一座巨大的钢铁工厂，取名为"艾格·汤姆森钢铁工厂"。当卡耐基和乔治·普尔门为卧车生意而互相竞争的时候，这位钢铁大王又想起了那个关于兔子的经验。

卡耐基控制的中央交通公司，正在跟普尔门所控制的那家公司争生意。双方都拼命想得到联合太平洋铁路公司的生意，你争我夺，大杀其价，以致毫无利润可言。卡耐基和普尔门都到纽约去参加联合太平洋的董事会。有一天晚上，他们在圣尼可斯饭店碰头了，卡耐基说："晚安，普尔门先生，我们岂不是在出自己的洋相吗？""你这句话怎么讲？"普尔门问道。于是卡耐基把他心中的话说出来——把他们两家公司合并起来。他把合作而不互相竞争的好处说得天花乱坠。普尔门倾听着，但是他并没有完全接受。最后他问："这个新公司叫什么呢？"卡耐基立即说："普尔门皇宫卧车公司。"

普尔门眼前一亮。"到我房间来，"他说，"我们来讨论一番。"这次讨论改写了美国工业史。

卡耐基这种记住及重视他朋友和商业人士名字的方式，是他领导才能的秘密之一，他以能够叫出他许多员工的名字为傲。他很得意地说，当他亲任主管的时候，他的钢铁厂未曾发生过罢工事件。

其实，不论在什么时候，记住别人的名字并能在见面的场合轻易地说出来都是对别人的一种尊重，它不仅是一种社交礼仪，这也是扩大自己的关系网促进自己成功的良方。

所以，记住别人的名字就是关系和财富的积累，当你在困难时它常常带给你意想不到的惊喜和帮助。

杨玉芬是一名普通的家庭妇女，丈夫常年在外打拼，女儿也在另一个城市上中学，不经常回家。她性格内向，不善交际，自从搬了新家之后，杨玉芬甚至连个说话的人都没有了。

一天中午，杨玉芬买菜回到家才发现忘记带钥匙了，只好顶着寒风在楼下站了几个小时，她甚至想到要打 110 求救，可是一想到 110 应该不会去管这样的小事，于是又在寒风中等了半个小时之后，终于鼓起勇气敲开了邻居的家门，她依稀记得听过隔壁家孩子姓马，于是便问："小马您好，能借一下你家的阳台么？"没想到小马听后非常高兴，立马帮杨玉芬翻过阳台取来了钥匙。

从那以后，杨玉芬开始认真记忆每一个人的名字，小区管理员老陈，送水工小王，楼下卖早点的张大妈，还有每天在小区晨练的人们……杨玉芬记住了他们的名字，并且每一次见面的时候都亲切地称呼他们的名字，所有认识的人基本上都成了杨玉芬的好朋友。

女儿回家的时候，她也会拉着她叫人。女儿看着这些都不认识的人，非常不解，于是问道："您平时又没有什么事情，干吗认识那么多人？"杨玉芬只是笑笑，直到有一次女儿要赶回学校去，可是小区里的大门却被锁上了，因为害怕迟到，又没有钥匙，急得哭了起来，隔壁的杨阿姨听到之后立马给她开了门。后来女儿告诉了杨玉芬这件事。杨玉芬说："这就是记人名字的好处！"杨玉芬因为记住了人们的名字，因此不再孤单，有了好朋友，遇到困难的时候也有人愿意帮助；而邻居们因为杨玉芬对他们的重视与尊重而与她打破隔阂，拉近了距离。

佛兰克林·罗斯福说：一个最单纯、最明显、最重要的得到好感的方法，就是记住别人的姓名，使别人觉得重要。但我们有多少人这么做呢？

当我们被介绍给一个陌生人，聊上几分钟，说再见的时候，我们大半都已不记得对方的名字。

记住他人的姓名，在商业界和社交上的重要性，几乎跟在政治上一样。法国皇帝，也是拿破仑的侄儿——拿破仑三世得意地说，即使他日理万机，仍然能够记得每一个他所认识的人。他的技巧非常地简单。如果他没有清楚地听到对方的名字，就说，"抱歉，我没有听清楚。"如果碰到一个不寻常的名字，他就说，"怎么写法？"

在谈话的当中，他会把那个人名字重复说几次，试着在心中把它跟那个人的特征、表情和容貌联想在一起。如果对方是个重要的人物，拿破仑就要更进一步。一等到他旁边没有人，他就把那个人的名字写在一张纸上，仔细看看，聚精会神地深深记在他心里，然后把那张纸撕掉。这样做，他对那个名字就不只是有眼睛的印象，还有耳朵的印象。

这一切都要花时间，但"礼貌"，爱默生说，"是由一些小小的牺牲组成的。"记住别人的名字并运用它的重要，并不是国王或公司经理的特权，它对我们每一个人都是如此。肯恩·诺丁罕，是印度通用汽车厂的一位雇员，他通常在公司的餐厅吃午餐。他发觉在柜台后工作的那位女士总是愁眉苦脸。她做三明治已经做了快两个小时了，他对她而言，又是另一个三明治。他说了所要的东西，她在小秤上称了片火腿，然后给了几片莴苣，几片马铃薯片。

隔一天，他又去排队了。同样的人，同样的脸；不同的是，他看到了她的名牌。他笑着叫她：尤尼丝，然后告诉她要什么。她真的忘了什么秤不秤的，她给了他一堆火腿，三片莴苣，和一大堆马铃薯片，多得快要掉出盘子来了。

我们应该注意一个名字里所能包含的奇迹，并且要了解名字是完全属于与我们交往的这个人，没有人能够取代。名字能使人出众，它能使他在许多人中显得独立。我们所做的要求和我们要传递的信息，只要我们从名字这里着手，就会显得特别的重要。不管是女侍或总经理，在我们与别人交往时，名字会显示它神奇的作用。

因此，如果你要别人喜欢你，请记住这条规则："一个人的名字，对他来说，是任何语言中最甜蜜、最重要的声音。"

戴尔·卡耐基说："一种既简单又最重要的获取好感的方法，就是牢记别人的姓名。"作为业务员要与许多的人打交道，善于记住别人的姓名是一种礼貌，也是一种感情投资，在人际交往中会起到意想不到的效果。

智慧箴言

一个人的名字，需要的不是忘却而记忆，见过面就能喊出别人的名字，无论是在商业合作，还是在日常交际、人情往来都是非常重要的。所以，要想成功，你首先就要记住别人的名字。

5. 信守诺言 言而有信

为人处世，信守诺言是非常重要的。那些受欢迎的人，常用各种不同的方式把他们的特点展现在人们面前，其中最显著特点便是任何时候都有守信、遵约的美德。

在现在生活中讲信用，守信义，是立身处世之道，是一种高尚的品质和情商的表现，它既体现了对人的尊敬，也表现了对自己的尊重。而轻率许诺或只爱说大话的人，不但得不到友谊和信任，反而会失去朋友。

杰弗逊有个好朋友，他们从小时候就认识了，也一直来往密切。他时常为杰弗逊推荐书籍，或者尽力为杰弗逊做事，被呼来唤去的，从无怨言。杰弗逊在他面前很随便，他则说杰弗逊穿成人衣服，却是个小孩。

那一年他搬家了，新年时他邀杰弗逊到他家做客，杰弗逊答应了。但是新年那天轮到杰弗逊在学校值班，上午杰弗逊打电话给他，他知道杰弗逊值班的事后，问杰弗逊还能不能去，杰弗逊回答说下午过去。

下午，一个同事到学校时看见杰弗逊要走，就说："我们打会儿网球再走吧！"杰弗逊有事，他说只玩一会儿，经不住他说，杰弗逊技痒，就玩了起来。光顾玩把时间忘了。杰弗逊从学校出来时，天快黑了，他只好回家了。

后来，杰弗逊一直想找机会向朋友解释，但是不知怎么搞的，拖了很长时间，时间长了就懒得再提这件事了。觉得反正不是外人，何必计较礼节呢。后来，就慢慢地忘记了。

一天，杰弗逊有事求于朋友时想起了他，他在电话里对杰弗逊很冷淡，杰弗逊问原因，他说："问你自己吧！"

杰弗逊试着重提新年的事情，他说："像那样轻慢别人的话，你还能有救吗？"他气呼呼地说那天他和妻子推掉了所有的事情，仅仅为了杰弗逊的到来，就从早到晚地竖着耳朵听每一阵上楼的声音，但杰弗逊到底没去，而且之后连一个电话都没打。

他说的杰弗逊脸上不住发热。杰弗逊解释说，他从来没有把他当外人，他以为他们的距离很近，就把这件事很随便的处理了。那个朋友说杰弗逊是一个没有信用的人。为了让杰弗逊知道诺言这个很平常的词，他决定不再理杰弗逊。因为失去朋友，杰弗逊才知道诺言的重要性。

守信，也是中华民族的优秀文化传统之一，自古以来，中国人人都十分注重讲信用，守信义。清代顾炎武曾赋诗言志："生来一诺比黄金，那肯风尘负此心。"表达了自己坚守信用的处世态度和内在的品格。因此，中国人历来把守信作为为人处世，齐家治国的基本品质，言必行，行必果。

晋文公重耳即位之后，有些诸侯小国却不愿臣服于他。原国虽小，可是得知始封之君是周文王的儿子，怎么甘愿承认从国外逃亡归来的重耳作为他们的霸主呢？于是不断挑衅，制造事端。晋文公为平息动乱，完成霸业，决定讨伐原国。

战前，晋文公亲自部署作战方案，到士兵中作战前动员，他与士兵约定："根据我们的军事力量和原国的战头实力，我们能够速战速决。以七天为期，降服原国。"

战争的进程出乎意料。原国的将士在强大的晋国面前，英勇顽强，沉着应战，尽管他们伤亡惨重，给养困难，但仍有拼死决战的势头。

七天限期已到，原国仍然十分顽强。晋文公为遵守诺言，便坚定地下达了撤离的命令。眼见原国已近绝路，军官们纷纷向晋文公进谏，请求再坚持一下，大家一致表示："只要再坚持三天，原国军队就会完全崩溃，只有投降臣服的路了。"

面对原国陷入绝境，军官们纷纷请战的局面，晋文公坚定地说："君主言而有信，遵守诺言是国家得以昌盛的珍宝，也是军队能真正立于不败之地的珍宝，为了降服原国而失掉如此贵重的东西，我们犯得起吗？我们合算吗？"这一仗晋文公虽然没有用武力征服，可是他言而有信，遵守诺言的名声却传到了周围许多国家。

第二年，晋文公又发兵攻打原国。这一次他与士兵约定并向外发布："我们必须坚持到底，达到彻底征服和得到原国的目的后再返回。"

原国人听到这个约定，知道晋文公不达目的不会罢休，于是战幕尚未拉开就投降了。另外一个一直不肯臣服的卫国，也归顺了文公。

诚信是做人的根本原则，也是一个人品行的反映，遵守诺言的人处处受到人们的敬重。我国古代俞伯牙和钟子期被奉为"知己"，关于他们的故事更是信守承诺的典范。

俞伯牙从小就酷爱音乐，他的老师成连曾带着他到东海的蓬莱山，领略大自然的壮美神奇，使他从中悟出了音乐的真谛。他弹起琴来，琴声优美动听，犹如高山流水一般。虽然，有许多人赞美他的琴艺，但他却认为一直没有遇到真正能听懂他琴声的人。他一直在寻觅自己的知音。

有一年，俞伯牙奉晋王之命出使楚国。八月十五那天，他乘船来到了汉阳江口。遇风浪，停泊在一座小山下。晚上，风浪渐渐平息了下来，云开月出，景色十分迷人。望着空中的一轮明月，俞伯牙琴兴大发，拿出随身带来的琴，专心致志地弹了起来。他弹了一曲又一曲，正当他完全沉醉在优美的琴声之中的时候，猛然看到一个人在岸边一动不动地站着。俞伯牙吃了一惊，手下用力，"啪"的一声，琴弦被拨断了一根。俞伯牙正在猜测岸边的人为何而来，就听到那个人大声地对他说："先生，您不要疑心，我是个打柴的，回家晚了，走到这里听到您在弹琴，觉得琴声绝妙，不由得站在这里听了起来。"

俞伯牙借着月光仔细一看，那个人身旁放着一担干柴，果然是个打柴的人。俞伯牙心想：一个打柴的樵夫，怎么会听懂我的琴呢？于是他就问："你既然懂得琴声，那就请你说说看，我弹的是一首什么曲子？"

听了俞伯牙的问话，那打柴的人笑着回答："先生，您刚才弹的是孔子赞叹弟子颜回的曲谱，只可惜，您弹到第四句的时候，琴弦断了。"

打柴人的回答一点不错，俞伯牙不禁大喜，忙邀请他上船来细谈。那打柴人看到俞伯牙弹的琴，便说："这是瑶琴，相传是伏羲氏造的。"接着他又把这瑶琴的来历说了出来。听了打柴人的这番讲述，俞伯牙心中不由得暗暗佩服。接着俞伯牙又为打柴人弹了几曲，请他辨识其中之意。当他弹奏的琴声雄壮高亢的时候，打柴人说："这琴声，表达了高山的雄伟气势。"当琴声变得清新流畅时，打柴人说："这后弹的琴声，表达的是无尽的流水。"

俞伯牙听了不禁惊喜万分，自己用琴声表达的心意，过去没人能听得懂，而眼前的这个樵夫，竟然听得明明白白。没想到，在这野岭之下，竟遇到自己久久寻觅不到的知音，于是他问明打柴人名叫钟子期，和他喝起酒来。俩人越谈越投机，相见恨晚，结拜为兄弟。约定来年的中秋再到这里相会。

和钟子期洒泪而别后第二年中秋，俞伯牙如约来到了汉阳江口，可是他等啊等啊，怎么也不见钟子期来赴约，于是他便弹起琴来召唤这位知音，可是又过了好久，还是不见人来。第二天，俞伯牙向一位老人打听钟子期的下落，老人告诉他，钟子期已不幸染病去世了。临终前，他留下遗言，要把坟墓修在江边，到八月十五相会时，好听俞伯牙的琴声。

听了老人的话，俞伯牙万分悲痛，他来到钟子期的坟前，凄楚地弹起了古曲《高山流水》。弹罢，他挑断了琴弦，长叹了一声，把心爱的瑶琴在青石上摔了个粉碎。他悲伤地说："我唯一的知音已不在人世了，这琴还弹给谁听呢？"

像钟子期这样临终不忘自己的许诺，死后还要"守约"，确实难得；也确实难能可贵。后世传说他们可贵的故事，这也是一个重要的原因吧！

遵守承诺为君子，诚信待人显人品。一个信守承诺的人，才是一个有人格魅力的人；而一个视承诺为儿戏的人，自然不会得到别人的信赖。孙子说："言而无信，不知其可也。"言而有信，是做人最基本的道德要求。向别人许下诺言，就必须用行动去履行，因为诺言是一种不变的誓言，值得我们用心去捍卫。

智慧箴言

言而无信，就没有人相信他的话。有言有信，别人都会相信他。在现代社会，信用成为衡量一个人的基础。只有那些"有言有信"的人才能够得到别人信任，才取得获得成功的基石。相反，那些"言而无信"之徒是怎么也不会得到别人信任的。

6. 亲和力是一种难得的魅力

有这样一个故事：一位老人走在路上，风要和太阳比本领，看谁能把老人的衣服脱掉，风刮了起来，老人把衣服扣住了，风不服气，就越刮越猛烈，但他把衣服裹得越来越紧，最终风没能把老人的衣服脱掉。

轮到太阳出招了，太阳把温暖的阳光洒在老人身上，老人感觉到了温暖，渐渐地觉得有点热，于是老人主动把衣服脱了下来。这个故事说明，对人只有像太阳一样亲和，才能达到你所期望的目的。为人处事也一样，你具有亲和力，你就会积聚旺盛的人气。

具有良好的人际沟通和亲和能力是我们每个人都梦寐以求的，良好的人际亲和力给我们带来的种种好处，不仅使我们获得更多的友情，感受到人与人之间的关爱与温暖，还使我们获得更多的人际资源，让我们获得意想不到的好前途和机会。

劳伦是位来自洛杉矶、经验丰富的女商人。她有着时髦的行头，讲究品味。劳伦因为想放慢生活节奏，得到更多的归属感，而搬到西南部的一个小城镇。尽管她喜欢这个城市和那里的居民，但是她感到她不受欢迎。最终，她的同事给她指出，她的穿着和交谈方式让当地人觉得她在装腔作势，高人一等。

从那以后，劳伦特意穿得很随意，与人谈论当地的事情，多参加社交活动，试着让自己更加容易接近。虽然一开始她很不舒服，不习惯穿卡其布，不习惯谈论经营牧场。但是她发现，她与新邻居和同事更加容易交流了。

人人怕被拒绝，这是人的天性。如果你具有亲和力，不摆架子，也不高人一等，那么别人就会感觉你很"安全"，也就减小了对你的戒备之心，开始接受并欢迎你。一个浑身上下透出亲和力的人，与一个整天板着脸的严肃之人相比，相信绝大多数的人都会希望自己的交往对象是前者。

亲和力是一种难得的个人魅力，它能唤起人们的爱心，并使人愿意与之交往。

林肯，这位美国历史上伟大的总统之一，他的品行已成为后世的楷模，他是一位以亲切、宽容、悲天悯人著称的杰出领袖。

在林肯的故居里，挂着他的两张画像，一张有胡子，一张没有胡子。在画像旁边的墙上贴着一张纸，上面歪歪扭扭地写着：

亲爱的先生：

　　我是一个 11 岁的小女孩，非常希望您能当选美国总统，因此请您不要见怪我给你这样一位伟人写这封信。

　　如果您有一个和我一样的女儿，就请您代我向她问好。要是您不能给我回信，就请她给我写吧。我有四个哥哥，他们中有两人已决定投您的票。如果您把胡子留起来，我就能让另外两个哥哥也选您。您的脸太瘦了，如果留起胡子就会更好看。所有女人都喜欢胡子，那时她们也会让她的丈夫投您的票。这样，您一定会当选总统。

格雷西
1860 年 10 月 15 日

在收到小姑娘格雷西的信后，林肯立即回了一封信。

我亲爱的小妹妹：

　　收到你 15 日前的来信，非常高兴。我很难过，因为我没有女儿。我有三个儿子，一个 17 岁，一个 9 岁，一个 7 岁。我的家庭就是由他们和他们的妈妈组成的。关于胡子，我从来没有留过，如果我从现在起留胡子，你认为人们会不会觉得有点可笑？

忠实地祝愿你的亚·林肯

次年二月，当选的林肯在前往白宫就职途中，特地在小女孩的小城韦斯特菲尔德车站停了下来。他对欢迎的人群说："这里有我一个小朋友，我的胡子就是为她留的。如果她在这儿，我要和她谈谈。她叫格雷西。"

这时，小格雷西跑到林肯面前，林肯把她抱了起来，亲吻她的面颊。小格雷西高兴地抚摸他又浓又密的胡子。林肯对她笑着说："你看，我让它为你长出来了。"

亲和力让人萌发亲近的愿望，亲和力使得即使是陌生人也会"一见如故"。人们总是喜欢与谦和、善良的人交往，而不会心甘情愿地将自己置于一个威严与喜爱卖弄"权威"的人之下。

两位管理学专家，哈佛商学院的蒂齐亚纳·卡夏罗和杜克大学的索萨·

洛沃分析了多种职场关系，得出结论是：大多数人宁愿与讨人喜欢的傻瓜一起工作，也不想和有本事的讨厌鬼共事。卡夏罗强调说："员工有问题总愿意找他们觉得可亲的人帮忙，即使这个人的水平不高。"

1964年，68岁高龄的土光敏夫就任东芝董事长，他经常不带秘书，独自一人巡视工厂，遍访东芝散设在日本各地的30多家企业。

身为一家公司的董事长，亲自步行到工厂已经非同小可，更妙的是他常常提着一瓶一升的日本清酒去慰劳员工，跟他们共饮。这让员工们大吃一惊，有点不知所措，又有点受宠若惊的感觉。

没有人会想到一位身为大公司董事长的人，会亲自提着笨重的清酒来跟他们一起喝。因此工人们称赞他为"提着酒瓶子的大老板"。

土光敏夫平易近人的低姿态使他和职工建立了深厚的感情。即使是星期天，他也会到工厂转转，与保卫人员和值班人员亲切交谈。他曾经说过："我非常喜欢和我的职工交往，无论哪种人，我都喜欢和他交谈，因为从中我可能听到许多创造性的语言，获得巨大收益。"

的确，通过对基层群众的直接调查，不仅获得了宝贵的第一手资料，而且弄清了企业亏损的种种原因，还获得了许多有价值的建议，更重要的是赢得了员工的好感和信任。

良好的人际亲和力，是每一个人都应该具备的。我们生活在这个世界上，每天都要与人打交道，无论是作为一名销售人员，还是作为一名科研工作者，还是一名行政管理人员，良好的人际沟通能力都是通向我们事业成功的桥梁。一个具有良好人际亲和能力的人在工作中会有很好的人缘，也容易得到同事的支持和鼓励。

由此可见，亲和力也是一种不容忽视的能力，是赢得成功的无形资本。那么，如何让自己看起来更有亲和力呢？

首先，要正确认识自我。

人贵自知，一个人只有深入地了解自我，才能有了解他人的基础。人最好的朋友是自己，最大的敌人也是自己，我们一生一世其实都在与自己相处。只有正确、全面地认识自己，我们才能有所进步，生活也才有意义。所以，只有深刻地认识自己，才能真正具备良好的人际亲和力。

其次，多和别人交流。

想和做永远是两回事，亲和力不是从想象中得来的，而是在和别人交流的实践中得来的。在与他人的交流和实践中，可以不断强化自己的实战能力，随时修正自己。所以，实践是增强人际亲和力的必经课程。

第三，不迷信自己的个人魅力。

过于相信自己就是迷信自己，他们不仅回避和抵制批评，甚至不能容忍任何不同意见的存在。他们内心世界的大门永远是封闭的，与任何人都保持情感上的距离。其实，没有人永远是对的，不如敞开心扉去接纳别人的观点，同时也接纳别人，这样别人才会接纳你。

第四，保持轻松愉快的心情。

当人们处在高度的压力下，就会出现焦虑的情绪，变得烦躁不安，即便内心懂得与人交往的亲和原则，可还是会不由自主地发脾气，让人不敢靠近。所以在压力较大的今天，要懂得劳逸结合，有一份好心情，才能有良好的人际亲和力。

智慧箴言

具有良好的亲和能力是我们每个人都梦寐以求的，不仅使我们获得更多的友情，感受到人与人之间的关爱与温暖，还使我们获得更多的人际资源，让我们获得意想不到的好前途和机会。亲和力，亲如一家人，和为一体，才有力量去战胜一切困难！

下 篇：
做事讲财商

　　财商是一个人判断财富的敏锐性，以及对怎样才能形成财富的了解程度，是衡量一个人创造财富的智慧和行动能力和指标。财商是一种智慧，是一种综合力量，财商的构成不是简单的1+1，财商是一个人多种综合能力的汇总体现。

　　"给我一个支点，我能够撬动地球。"这是古希腊数学家、力学家阿基米德的醒世恒言，一语道破了借助神奇支点、依赖杠杆原理、以小博大的科学原理。这种以小博大的杠杆原理被人们广泛应用于各个领域。同样，在资本投资市场，杠杆原理也一样能发挥出以小博大的作用，这种杠杆力的个人应用，大大提高了个人财商力，充分利用这个力量，可以使财富以几何级速度增长。杠杆力的合理应用，可以使人"白手创业"。这种应用不是投机取巧，而是一种大智慧、大财商。可以说，一个人在投资创业上，如果不会利用杠杆力，不善于找到这个支点，财富很难以倍增的速度增长，不能缩短成功奋斗的时间，自然无法获得倍增的人生。

　　财商被越来越多的人认为是实现成功人生的关键，它和智商、情商一起被教育学家们列为了青少年的"三商"教育。财商作为一种创造财富的能力，是可以后天挖掘和培养的。只要具备较高的财商，就能在今后的事业中游刃有余，人脉旺盛，机会自然也就接踵而来，对财富的渴望就有可能变成希望，变成现实。

第六章

激活你的财商潜意识

20世纪最伟大的心灵导师和成功学大师、美国现代成人教育之父戴尔·卡耐基曾说："人类百分之七十的烦恼都跟金钱有关，而人们在处理金钱时，却往往意外地盲目。"人之所以为金钱而烦恼，究其根本是因为财商不高，不知道如何与金钱打交道。拥有财商，我们的一生才能创造更多财富，并驾驭财富，成为财富的主人。

财商是一个人对于财富的认知、获取及运用的能力，是衡量一个人创造财富的智慧和行动能力的指标。财商被越来越多的人认为是实现成功人生的关键，它和智商、情商一起被教育学家们列入青少年的"三商"教育。财商直接关系到一个人的成长、发展以及一生的幸福，而好的理财意识、高水平的财商定要不断激发，作为一种创造财富的能力，是可以后天挖掘和培养的。只要具备了较高的财商，就能在今后的事业中游刃有余，人脉兴盛，机会自然也就接踵而来，对财富的渴望就有可能变成希望，变成现实。

1．思路决定出路

俗话说："思路决定出路。"一旦我开始真正像一位亿万富翁那样思考，我必然会享受到亿万富翁的生活。

你今天所处的位置，完全是你昨日思考的结果；而你明天所能到达的位置，也正是你今天思考的总和。如果你能够像世界上 5% 的富人那样思考，过了一段时间之后，你就会成为那 5% 。而如果你一直像那 95% 的穷人那样思考，你就只能是庸碌之辈。你将继续过着平庸的生活－－攒点钱退休，可能会有一辆不错的汽车，你还可以靠退休金和社保了此残生。但如果你能开始像亿万富翁那样思考，你的生活从此就会发生彻底的变化。

即便你抢走地产大亨唐纳德·特朗普的一切，只要给他一点时间，他又会恢复到今日的身价，原因就在于他的思考方式。可以说，正是特朗普的思路决定了他的出路。

爱思考的人不一定是一个富人，但富人一定是一个善于思考的人。因为思考是让一切做出改变的开始，也只有通过思考，才可以让一切改变。

真正的穷人是不会思考的，他不会去思考别人为什么能变成富人，更不会去思考自己为什么会是一个穷人。他会把自己穷的原因简单地归结为社会和他人，从不会觉得与自己有任何关系。

穷人的穷，不仅仅是因为他们没有钱，而在于他们根本就缺乏一个赚钱的头脑。富人的富有，也不仅仅因为他们手里拥有大量的现金，而是他们拥有一个赚钱的头脑。有这样一个故事，说的就是财富和头脑的关系：

有一个百万富翁和一个穷人在一起，那个穷人见富人生活是那么的舒适和惬意，于是穷人对富人说："我愿意在您府上为您干活 3 年，我不要一分钱，但是你要让我吃饱饭，并且有地方让我睡觉。"

富人觉得这真是少有的好事，立即答应了这个穷人的请求。3 年期满后，穷人离开了富人的家，从此不知去向。10 年又过去了，昔日的那个穷人，竟然已变得非常富有，以前的那个富人和他相比之下，反而显得很寒酸。于是富人向昔日的穷人提出：愿意出 10 万块钱，买下他变得这么富有的秘诀。

昔日的那个穷人听了哈哈大笑说："过去我是用从你那儿学到的经验赚钱，而今天你又用钱买我的经验，真是好玩啊！"

原来那个穷人用了 3 年时间，学到了如何致富的秘诀。于是他赚到了很多钱，变得比那个富人还有钱，那个富人也明白了这个穷人比他富有的原因，这是因为穷人的经验已经比他多了。为了让自己拥有更多的财富，他只好掏钱购买原来的那个穷人的经验。

要想富有，就必须学着像亿万富翁一样思考。只要去学着像他们一样思考，你就会得到他们拥有财富的秘诀。

香港领带大王曾宪梓是学习像富人一样思考的典型。

在商业竞争十分激烈的香港，曾宪梓正是因为独辟蹊径，抓住生产高档领带这个商机，才取得了事业上的成功。曾宪梓出生于广东梅县的一个农民家庭，从小生活极其艰苦，家中经济困难，无钱支付学费，从中学到大学的学费全靠国家发给的助学金。他 1961 年毕业于广州中山大学生物系，1963 年 5 月去泰国，1968 年又回到香港。

在这段时间中，他的处境甚为艰难，甚至给人当过保姆看孩子挣钱。空余时间他抓紧时间阅读有关经营方面的书籍，向一些内行人请教经营的基本常识和技巧，他还注意研究香港的工商业及市场情况。

经过长期的琢磨思考，有一天终于从市场的"缝隙"中找到了发展的机遇：香港服装业很发达，400 多万香港人中，有不少人有好几套西装。香港比较流行的话，叫做"着西装，捡烟头"，捡烟头的人都穿西装，可见西装之普遍。可曾宪梓发现，在香港没有一家像样的生产高档领带的工厂，于是他决定开设领带厂。

曾宪梓在决定办领带厂后，遇到了一系列想象不到的困难。

最初，他从人们的价格承受能力考虑，准备生产大众化的、低档次领带，试图以便宜的价格来吸引顾客，领带的批发价低至 58 元一打，减除成本 38 元，还可以赚 20 元。可惜，现实却偏偏开他的玩笑，买主拼命压价，利润所剩无几，尽管这样，领带还是不容易销出，一度经营不顺。

他吸取了产品"受阻"的教训，决定尝试生产高档领带。他用剩下的钱，到名牌商场买了 4 条受顾客欢迎的高级领带。买回后逐一"解剖"，研究它的制造过程。他根据样品，另外制作了 4 条领带，并将"复制品"与原装货一起交给行家鉴别，结果以假乱真，行家也无法识别。这样一来，进一步坚定了他生产高级领带的想法。

他立即借了一笔钱，购买了一批高级布料，赶做了许多领带。岂料，领带商因怀疑产品质量而不从他这里进货，一度造成了产品的积压，曾宪梓想，别人不买我的货，主要是不认识这些货，如果将它放在高档商店的显著位置，就会引起别人的注意，可能会打开销路。

他把自己缝制的4条领带寄存在当时位于旺角的瑞星百货公司内，要求陈列在最显眼的位置，供顾客选择。功夫不负有心人，他的领带受到广泛好评，随之而来的是销量大增。曾宪梓也因此而一举成功。

人的一生之中，大部分成就都会受制于各种各样的问题，因此，在解决这些问题的时候，你首先要改变思维，像一个富人那样去思考，问题才能够得到解决，事业才能够得到发展。

约翰的母亲不幸辞世，给他和哥哥约瑟留下的是一个可怜的杂货店。微薄的资金，简陋的小店，靠着出售一些罐头和汽水之类的食品，一年节俭经营下来，收入微乎其微。他们不甘心这种穷困的状况，一直探索发财的机会，有一天约瑟问弟弟："为什么同样的商店，有的人赚钱，有的人赔钱呢？"弟弟回答说："我觉得是经营有问题，如果经营得好，小本生意也可以赚钱的。"可是经营的诀窍在哪里呢？

于是他们决定到处看看。有一天他们来到一家便利商店，奇怪的是，这家店铺顾客盈门，生意非常好。这引起了兄弟二人的注意，他们走到商店的旁边，看到门外有一张醒目的红色告示写道："凡来本店购物的顾客，请把发票保存起来，年终可凭发票，免费换领发票金额5%的商品。"他们把这份告示看了几遍后，终于明白这家店铺生意兴隆的原因了：原来顾客就是贪图那年终5%的免费购物。他们一下子兴奋了起来。

他们回到自己的店铺，立即贴上了醒目的告示："本店从即日起，全都商品降价5%，并保证我们的商品是全市最低价，如有卖贵的，可到本店找回差价，并有奖励。"

就这样，他们的商店出现了购物狂潮，他们乘胜追击，在这座城市连开了十几家门市，占据了几条主要的街道。从此，凭借这"偷"来的经营秘诀，他们兄弟的店迅速扩充，财富也迅速增长，成为远近闻名的富豪。

一个人成功与否掌握在自己手中。思维既可以作为武器，摧毁自己，也能作为利器，开创一片属于自己的未来。你是一名穷人，如果你改变了自己的思维方式，像亿万富翁一样思考，你的视野就会无比开阔，最终成为一名富人；如果你一味坚持穷思维而不思改变，那么你只能继续穷下去了。

智慧箴言

　　我们不能改变他人，但我们可以改变环境。不管是在学习中还是在生活中，甚至是以后走进社会的工作中，苦难是不可避免的，问题的关键是我们能不能换一种思路，换一种方法。多一个思路，也许改变的就是你的一生！

2. 你要有足够的财富野心

　　穷人和富人如果在说出同样一句话的时候，他们的感叹会截然相反，例如穷人在说，没办法啦，我就是这样的一个人。

　　而这句话对于穷人来说，就意味着要奋斗就不能过以前的清闲日子了，不能再睡懒觉了，要起早贪黑，要劳心劳力，一切都得自己负责，于是他们放弃了，只有一句话：我这人，没别人那么有追求，就这样了。

　　但如果换成是富人，说这句话的时候，环境就完全不同了，正如世界第一个亿万富豪石油大王洛克菲勒曾经说过这样一句话：假如我突然倾家荡产了，把我身无分文地扔在沙漠里，只要有一支骆驼商队经过，我加入进去，用不了几年，我又是一个百万富翁。没办法，我就是这样的人。

　　从上面对比看出，穷和富就隔着一道门，想要离开贫困就要找到开门的钥匙，打开这扇贫穷的门，在寻找钥匙之前，我们有必要仔细看看这个门。穷人应该认清楚自己的位置，随时知道自己现在还是穷人，知道耻辱才能爆发出无尽的力量。千万不要满足于现状，那只是一种你自认为的好日子而已，不要沉迷其中了。

　　穷人总是觉得这样就很好了，安安稳稳的，有吃有喝，他们总是用这样的想法来安慰自己，不思进取，因为他们知道要想挣钱就得付出劳动，就得很幸苦地劳作，人生苦短何必把自己搞得那么辛苦呢？穷人总是有这样的想法。不是他们不想挣钱，不想发大财，穷人内心深处也想过富足的生活，但他们懒得去努力，只好以知足常乐来宽慰自己了。

富人就不一样了，他们不甘于一辈子贫穷，他们毫不掩饰自己对金钱的追求，他们想尽一切办法去挣更多的钱。如果仅仅满足于现状，是不会有所成就的，只有不断地突破现状，向更高、更远的目标迈进，才会成为一个富人。

对于这一点，一位成功的企业家在他的日记里写过这样一段经历：一天，我开车去拜访一位图书销售代理商，谈完生意后，我决定故地重游，去拜访我曾经工作过的地方——一家船舶公司。令我感到意外的是，我遇见了多年前与我一起劳作的同事，他仍旧在船舶公司工作，这位同事和我回忆以前的时光，他问我这些年都在做什么，我告诉他我做过不同的生意，我还写了几本书，并且打算把我写的几本书送给他。

如果你打算送我什么，还不如送给我一箱啤酒或饮料，我天生就是干体力活的命，哪有闲心读什么书，其他的同事也随声附和，还有的大笑起来，很明显，在他们的眼里，一箱啤酒的魅力要远胜于一本书，而且他们对目前的处境感到满意，没有一丝改变现状的想法。

那么命运到底给了他们怎样的安排呢。10年前，我的那位同事每天需要工作8小时的体力活，一年大约能赚1万多元，10年后的今天，他一年也赚不到2万元。而我已经从10年前的1万元发展到现在有时一天都能赚到这个数字。回想起来，我和那位同事并没有什么差别，唯一的不同恐怕就是我们的信念不同，我不愿意相信我天生就是卖苦力的命，而我的那位同事则信了他所认为的命运。如果相信自己能够创造自己的生活，他肯定也可以像我一样进入有钱人的行列。

仔细想想，这位成功者其实是一位不安于现状的人，这是他走向成功的关键，相反，穷人却很容易满足，只要一点点安慰就会很幸福，越容易满足也就有了更多的快乐，财富的起点本来是相同的，机会给富人和穷人同样是一个希望，但富人不论发生什么都小心翼翼地守护着它，而穷人一不小心就把它打碎了，并且没有继续寻找另一个希望，反而欣喜于一身轻松。如果你至今还没有意识到我为什么贫穷，那就注定是穷人。

好多老一辈的人在劝年轻人的时候都说，只要安稳地过一辈子就好，只要过得去就行了，不必赚太多的钱。听了这些话，你很可能就消灭了这些话，你很可能就消灭了自己的斗志，一辈子不打算去赚大钱，但是，要想成为富人就不能听信这些话，你要有一种心态，愿意去改变现状，改变现在无聊的生活，过着更有意义的生活。

有了这样的想法就能引导你去赚钱，这就是你自己最好的赚钱动机。有志之人都不会满足于现在的位置，他们为了到达对岸，都不会畏惧狂风暴雨的艰辛，换句话说，只要你有了这种思想你就有了动力，这就是野心的力量。

缺乏野心是一种可怕的缺点，没有了野心，追求就很容易满足，很多穷人所追求的只是一种平常、闲适的生活，有的甚至只要温饱就行，即有饭吃、有床睡，这些就注定了他们一辈子成不了富人，因为他们的目标就是穷人，他们就想做一个穷人，不想做富人的人怎么会成为富人呢？当他们拥有了最基本的物质生活保障时，就会停滞不前，不思进取，得过且过，没有野心让他们自己富有。拿破仑有一句被很多人引用的名言：不想做将军的士兵不是好士兵。拿破仑在军事院校读书的时候就有很大的抱负，他当时的理想就是要统率军队吞并整个欧洲，为了这个野心，他在学校的时候就很严格要求自己，最终以最高成绩做了名炮兵。开始了他的霸业之旅。

很多企业家、明星之类的成功人士都毫不掩饰地告诉大家，野心是向上的良药，是奇迹产生的根本动力。那些穷人之所以穷，是因为他们根本就没有向前的野心。这个道理曾被一个人揭示过，这个人就是法国富豪巴拉昂。他以推销肖像画起家，在不到十年的时间里迅速跻身于法国富豪50强之列，后因前列腺癌去世。临终前，他留下遗嘱，把他4.6亿法郎的股份捐献出来用于前列腺癌的研究，另外还有100万作为奖金，奖给揭示出穷人为什么是穷人之谜的人。在他逝世一周年，揭开答案谜底：穷人最缺少的是野心，是成为富人的野心。

我们相信每个人都或多或少的有一些赚钱的生意，这些主意可能是不好的，也可能是很有前途的。但是为什么大部分有主见的人到最后依旧是穷人呢？因为有主见的人，不一定有野心，野心能最大限度地激发人们的进取心，野心更是能让人们充满激情地行动起来，变主意为现实。

有钱人对自己的想法充满热情，并且能够迅速行动起来，从某个地方做起，把自己的想法付诸实践，他们很明白自己作为有钱人，需要做什么，应当怎样去做，在这个过程中，他们始终充满热情，坚定不移地朝着既定目标前进。与有钱人截然不同的是穷人总是想的太多，准备的太多，做的太少。

我们常常听到有人说：我要做这个，我要做那个，我要在一年内赚一百万元。这当然很好。但只有一个好的想法是不够的，他应该做的第一件事就是去实现它，穷人不仅仅是想赚钱，却没有考虑怎样去赚钱，没有把想法落实到行动中去。

那么，你打算什么时候开始去做那些你梦寐以求的事情呢？难道你还在等待好事从天而降，等待有人来帮助你，等待好机会来临吗？如果你想成为一个有钱人，就不要像穷人那样，仅仅做个止步于打算的人。你要努力前进，坚定地去实现你的想法。全力以赴，你会看到，自己离有钱人已经越来越近。

智慧箴言

在当今这个世界里，充满着各种机会，但是机会都是稍纵即逝的，一旦有了机会，就应该及时把握，就要果断决策，勇敢地去行动，而不能犹豫不决，否则的话，你就只能永远站在那里看着别人成功。

3. 学习是成功的基础

有一个卖气球的老人，拿着把五颜六色的气球，每当生意不好的时候，他就放出一只艳丽的气球，于是就招来一大批踊跃的购买者。老人在一阵忙碌之后，又放出一只黑色的气球。突然一个小男孩好奇地问："老爷爷，怎么黑色气球也能飞上天呀？"老人慈爱地摸着小男孩的头说："孩子，气球飞上天，跟颜色是红还是黑没有关系，要紧的是它肚子里有一口气呀！"

气球要想飞，必须要有口气；人爱做事，肚子里也不能空空如也。

这个世界是个竞争的世界，有人的地方就有竞争。你要问人："竞争靠什么？"十个人有九个会告诉你："靠实力。"但实力可不是凭空而来的，也不会自己生长，它就像是一棵树、一盆花；需要你不断地给它浇水，给它施肥，不断地为它补充成长所需要的养分。这个过程对于我们而言，就是学习。

古往今来，成功的人无不重视学习，也大都勤于学习、善于学习。

晋平公是春秋末期晋国的君主。他晚年的时候想学一些知识，可是总觉得自己已经老了。有一天，他向乐师师旷求教说："我现在已经七十多岁了，很想学些知识，恐怕太晚了吧？"师旷回答："晚了，为什么不点蜡烛呢？"晋平公没有听懂他的话。生气地说："哪有为臣的这样戏弄君王的！"师旷说："我怎么敢跟您开玩笑！我记得古人说过：少年时爱好学习，就像日出的光芒；壮年时爱好学习，就像太阳升到天空时那样明亮；到老年还能爱好学习，就像点燃蜡烛发出的亮点。蜡烛的亮光虽然微弱，但同没有烛光在昏暗中愚昧的行动相比较，哪一个更好一些呢？"晋平公点了点头说："你说得真好！我已经明白了。"

李嘉诚在香港十大财团的排行中位居榜首，是一位名扬四海的超级富豪，在香港经济界占有举足轻重的地位。有一位外商曾经问他："李先生，您成功靠什么呢？"李嘉诚答道："靠学习，不断地学习。"

李嘉诚是一个终生学习的典型人物。少年时，因战乱他没有完成学业，这成了他最大的遗憾。因此，他决定做生意能赚够 100 万后，就重新回学校念书。但当他赚到 100 万后，由于他已经拥有了一个企业，要对员工负责，所以没办法回学校念书了。他只好业余时间自修，这让他养成了每天晚上都要看书的习惯。他说为了避免晚上看书入迷忘了时间，而影响第二天的正常工作，每次看书时，他都要设定闹钟。

正是这种热爱学习的态度，使李嘉诚成为别人眼中的超人。在经营塑料工厂时，他订阅了很多世界著名的塑料工业杂志，从中了解世界市场和新产品技术。有一次，他在杂志中发现美国研制出一种新的制造塑料产品的机器，但价钱要 2 万美元。他买不起，于是就决定自行研制。

李嘉诚勤奋学习有关知识，连续 36 个小时不眠不休，最后成功地研制出了同样性能的机器，但成本却只有美国机器的 1/10。这部机器制造出来的塑料产品为工厂赚了不少钱。此后，李嘉诚工厂的资产每年以至少 10 倍的速度增加。这就是热爱学习给李嘉诚带来的好处。

我们不可能比晋平公还老，也不可能比李嘉诚的实力还强，他们都如此热爱学习，我们为什么不趁年轻赶快学习呢？这个世界上没有天才。别人比你更有能力、更加成功，只是因为别人比你更爱学习、更会学习。有一位著名的企业家陈茂榜，他的讲演经常能令所有听众折服。他记数字的本事尤其超人一等，凡中国和世界各国的面积、人口、国民贸易收入等等，他都能如数家珍。事实上，陈茂榜只有小学学历，但他却荣获了美国圣诺望大学颁发的名誉商学博士学位。

一个只有小学文化的人能够荣获名誉博士学位，主要是凭他的实力，这个实力就是一辈子坚持每天晚上不间断的自修。15岁时，陈茂榜就辍学到一家书店当店员，他每天工作12个小时。下班以后，读书就成了他的享受，书店变成了他的书房，或坐或卧，任他遨游。

日子一久，他养成了每晚至少看两小时书的习惯。他在书店工作了8年，也持续读了8年的书。陈茂榜说："学历固然有用，但更有用的是真才实学。"

任何一个成功者，都是通过学习走向成功的。终生学习才会终身进步。社会在不断地发展变化，学习就像逆水行舟，不进则退，如果一个人的知识不进步，就会后退；知识就像机器一样也会折旧，特别是现代的科学知识，间断学习，就会面临淘汰。一个人要成长得快，就一定要喜欢学习，善于学习。

美国职业专家指出，职业半衰期越来越短，所有高薪者，若不学习，无需5年就会变成低薪。人才处于不断折旧中，而学习是防止人才折旧的最好方法。人才市场也随之出现了新的概念，由原来的高学历、高职称就是人才，转向"有需要才是人才"。科技发展一日千里，市场经济千变万化，人才的需求也随之不断改变。

因此，未来社会只有两种人：一种是忙得要死的人，因为工作和学习；另外一种是找不到工作的人。来自人才市场的信息已表明，现在的人才市场对英语人才的需要已经由原先的纯英语人才转向更青睐法律英语、金融英语等复合型人才；IT行业更是如此，由原来的单一IT人才转向更看重IT＋管理、IT＋产品研发等复合型IT人才，单一型人才的地位眼看难保。

随着市场进入了后学习时代，学历之外的"素质训练"将被用来证明你比别人更优秀。

智慧箴言

任何一个成功者，都是通过学习走向成功的。学习就像逆水行舟，不进则退，知识就像机器一样也会折旧，特别是现代的科学知识，间断学习，就会面临淘汰。一个人要成长得快，就一定要喜欢学习，善于学习。

4. 扬长避短擅用个人优势

古语有"尺有所短，寸有所长"，人生的诀窍之一就是挖掘自己的潜力、经营自己的长处，成功必须"扬长避短"。

在人生的坐标系里，一个人如果站错了位置，用他的短处去谋求生活，他就可能会在永久的卑微和失意中沉沦。如果他选择用自己的长处来发展，经营自己的优势，则会发挥无限潜能而取得成功。

认清自己的优势和长处并发挥好自己的优势和长处，对一个人一生的发展至关重要，有时还会改变一个人的命运。

在《庄子》一书中，有两个技艺超群的人。一个是厨房伙计，一个是匠人。厨房伙计即那位宰牛的庖丁，匠人即那位楚国郢人的朋友，叫匠石，两人共同之处，就是技艺超群，简直到了出神入化的境界。

先看庖丁，他为梁惠王宰牛。他刷刷几下，一个庞然大物，便骨是骨、肉是肉、皮是皮地解剖得清清爽爽。他杀牛时，手触、肩依、脚踏、进刀，就像是和着音乐的节拍在表演一样。更加惊奇的是，庖丁的刀已经用了19年，所宰杀的牛已经有几千头了，而那把刀仍然像刚在磨刀石上磨过一样的锋利。此时，你看他提刀而立，悠然自得，又仔细地把刀擦净、收好。整个过程一气呵成。

再看匠石，也是石匠，也是木匠，也许他木头、石头活儿都做，他的技艺十分了得。郢人把白灰抹在鼻尖，让匠人削掉。那白灰薄如蝉翼，匠人挥斧生风，削灰而不伤人的鼻子。古人讲，凡是掌握了一门技艺，无论是做什么都可以成名。只要有一技之长，就可以自立。的确是如此。"纵有家财万贯，不如薄技在身。"就是其中的道理。

有一个男孩儿，多年来一直是班里的差等生。他非常刻苦，但成绩就是上不去。他的父亲心里清楚，儿子一点儿不笨，只是天生对文字类的东西很迟钝，导致患有学习障碍。后来父亲发现儿子在绘画方面有天生的才华，便鼓励他发挥自己的长处，还举了一个猫和老虎的例子："老虎强壮，善于奔跑，猫则温顺、灵敏，猫虽然不能像老虎那样威风和霸气，但也具备老虎不具备的天赋与本能，它能上树、能抓老鼠。人们都希望成为老虎，而这其中有很多是猫，久而久之，变成了一批烂老虎。"

他对男孩儿说："儿子，你天生对文字迟钝，但对图形却非常敏感，为什么放着优秀的猫不当，而偏要当很烂的老虎呢？我不希望你成为一只烂老虎，我相信你一定能成为一只好猫！"

男孩儿从此专心致志地把漫画当做一生的追求。25 岁那年，他成为漫画界炙手可热的人物，《双响炮》、《涩女郎》等作品红遍东南亚。他就是朱德庸。当今社会无论我们做任何事，在辛勤付出的同时，更需要对客观事实的了解，扬长避短，发挥自己的优势，这样才能更好地发展自我，实现人生的价值。

的确，纵古观今，扬长避短成就人生的人和事比比皆是。春秋时期，田忌通过用下等马对上等马，中等马对下等马，上等马对中等马的方式来弥补自身马匹的不足，从而赢得胜利；我国著名的文学家钱仲书，虽然年轻的时候数学不及格，但是清华大学还是破格录取之，终在文学方面成为一代大师。

由此可见，扬长避短是成功的一项重要因素。

一位名人曾经说过："人必须悦纳自己，扬长避短，不断前进"。一个成功的人，他一定懂得发扬自己的长处，来弥补自身的不足。他能够发掘自身才能的最佳生长点，扬长避短，脚踏实地朝着人生的最高目标迈进。

瑞士银行中国区主席兼总裁李一，在 1988 年最初去美国迈阿密大学留学时，学的是体育管理专业。他发现那是"属于富人玩的游戏"，于是在离毕业还有半年时，毅然报考沃顿商学院。

美国沃顿商学院是世界首屈一指的商学院，李一考得并不轻松，前后面试了三次，仍没结果。最后一次面试，他干脆在考场上直截了当地问主考官："如果我没有被录取，最可能的原因是什么？"

"很可能是因为你没有工作经验。在美国，商学院录取的前提条件是要有商务工作经验。"

李一作出的反应不是承认自己的不足，或者说"我会如何改变自己的缺点"，而是立刻反驳："按你们的招生材料所说，沃顿作为世界最优秀的商学院，肩负着培养未来商务领袖的重任。但世界各国发展很不平衡，如果按你们现在的做法，商务成熟的国家会招生特别多，像中国这样的发展中国家可能一个也不招，这跟沃顿商学院的办学宗旨是自相矛盾的。"

出人意料的是，李一的反驳还得到了主考官的欣赏。面试出来后，招生办主席秘书给李一打了一个电话："主席对你的印象特别好，说你很自信，与众不同。"后来，在当年 52 个申请该校的中国学生当中，李一成为唯一被沃顿商学院录取的中国学生。

古人云："梅须逊雪三分白，雪却输梅一段香。"每个人或多或少总会在某方面存在一定的缺陷，就算是伟人也毫不例外：拿破仑矮小、林肯丑陋、罗斯福小儿麻痹。有些甚至是先天性缺陷，后天如何努力也无法改变。这都足以成为令人痛苦自卑的源头，但他们拥有的却是极其辉煌自信的一生。

美国著名的"优势理论之父"、盖洛普公司已故的前董事长唐纳德·克利夫顿博士认为："在成功心理学看来，判断一个人是不是成功，最主要是看他能否最大限度发挥自己的优势……每个人都有天生的优势，教育的优势就在于发现优势，并发挥优势……当人们把精力和时间用于弥补缺点时，就会无暇顾及发挥自己的优势，同时可惜的是，任何人的缺点总要比才干多得多，而且许多缺陷是后天难以弥补的。"

人生成功的战术万变不离其宗，其实只有两个基本点：其一，面对对手，以长击短；其二，面对自身，扬长避短。

每个人都有自己的特质和特长，就算你的长项不够顶尖，不够权威，你总会有胜过竞争对手的地方，只要你善于利用，就能形成制胜的优势。譬如武器不够先进，指挥官不够专业，军队不够庞大，训练不够有素，依赖正确的战略战术，"小米加步枪"一样可以打败"飞机加大炮"。

我们需要的只是一些改变：第一，正视自己的不足，忘记那些缺陷，不让那些弱点影响你的成功；第二，也是最重要的一点，认识和定位好自己，把握和信任自己的特长，扬长避短，形成优势，由此开展你人生的奋斗和策划。

智慧箴言

经营自己的长处，能使你人生增值，经营你的短处，能使你人生贬值。而现实生活中大凡那些成功人士，都是懂得扬长避短之人。他们能充分利用现有的有利条件和自身的优势资源，规避生活风险，规划好人生方向，脚踏实地地朝着自己既定的目标前进。

5．财商可以决定你的贫富

现实生活，人和人之间没有多大的差别，为什么有的人富有，有的人贫穷呢？生活也往往天壤之别。问题出在哪里呢？人们最开始认为"智商"决定了一个能否富有；后来发现仅仅因为有了智商也并不一定富有，于是人们开始研究"情商"；可是在经济主导型社会，又发现即使智商高、情商高但仍然有人辛苦过一生，于是我们又把目光对准了人创造财富智慧能力的不同，那就是——财商。

可以说，对于个人，智商、情商、财商都很重要，可是影响一个人财富的，最重要的还是财商。能给我们一生幸福生活提供物质保障的，那就是财富，人人都需要很好的财商，更需要用财商利用好智商、情商，创造更多的财富。

那么财商到底是什么呢？如果说智商是衡量一个人思考问题的能力，情商是衡量一个人控制感情的能力，那么财商就是衡量一个人控制金钱的能力。财商并不在于你能赚多少钱，而在于你有多少钱，你有多少控制这些钱并使它们为你带来更多的钱的能力，以及你能使这些钱维持多久。这就是财商。财商高的人，他们自己并不需要付出多大的动力，钱会为他们努力工作，所以他们可以花很多的时间去干自己喜欢的事情。

简单的说：财商就是人作为经济人，在现在这个经济社会里的生存能力，是一个人判断怎样能挣钱的敏锐性，是会计、投资、市场营销和法律等各方面能力的综合。在我们的现实生活中，不乏智力水平超群的人。他们的智力条件比一般人的平均智力好得多，通常在大学里属优等生，能轻松拿到硕士、博士学位，且能够成为某一学科或专业中的专家、学者、高级人才。应当承认，这些学有专长的天才们与富翁站在一起比较智力时，前者远远地超出了后者。

然而，我们又不能不承认，在某取财富方面，智力超群的"天才"的确不及智力水平一般的"富翁"们。富翁并非智力超群者，他们中的绝大多数人在智力条件上与普通人相比是差不多的。他们所想到的创富点子，说穿了一点都不稀奇，毫无半点高深莫测的意味，似乎任何人都能够想到。可是，一般人往往对近在眼前的财富视而不见，而富翁们的财富头脑却偏偏能在稍纵即逝的瞬间灵光闪现，并把那些机遇抓住。

财商不是钱，但财商可以创造钱，财商是因、钱是果；财商是种子，钱是果实。童话故事《小白兔和小灰兔》似乎更能说明这个问题。故事中描述了两只可爱的小兔接受了老山羊不同的礼物——白菜和白菜种子，两个小兔子回家后却有不同的表现——白兔辛勤耕种，灰兔贪图享受。结果也不同——白兔种的菜丰收了，灰兔却把菜吃完了。一笔钱可能让你立刻有钱，但不可能让你一生富有，财商不可能让你立刻有钱，但可能让你一生富有。

美国教育基金会会长夏保罗哇先生，这位为世界各国培养出 1000 多名 CEO 的教育家说：美国许多家长在如何对孩子进行教育的问题上有一个共同的认识：在孩子 IQ（智商）、FQ（财商）、EQ（情商）的教育培养中，FQ（财商）的教育培养最重要，要想子女成材，就一定要从他们小的时候开始进行理财教育。夏保罗先生说：一个人进入社会后，综合素质是最重要的。综合素质虽然包括很多内容，但首先表现为自信心，因此提高孩子的综合素质，关键在于帮他建立自信心。美国人有一个共识：在诸多成功中，赚钱最能培养人的成就感和自信心，所以必须从小教孩子理财，培养他们的财商。

或许正是这种财商的教育培养，他 5 个孩子的综合能力都非常高。他们分别进入了美国著名的大学，并全部拿到了 MBA 学位。步入社会后，他们的年收入高的达到 400 万美元，最少的也超过 200 万美元。

财商高的人会让财富从 0 变为 1，从 1 变为 2，增长下去。这点毫无异议。财商的提高会让你成为一个会赚钱的人，会用智生钱，会用钱赢钱的人。这就是因为财商的不同，财商的运用。

财商高的人是如何赚钱的呢？有一个真实的事例：

他破产了，所有的东西都被拍卖的一干二净。现在口袋里的一元钱及回家的一张车票是他所有的资产。从深圳开出的 143 次列车开始检票了他百感交集。"再见了！深圳。"一句告别的话还没有说出，就已泪流满面。

"我不能就这样走。"在跨上车门的那一瞬，他又退了回来。火车开走了，他留在月台上，在口袋里悄悄的撕碎了那张火车票。深圳的车站是这样繁忙，你的耳朵里可以同时听到七八种不同的方言。他在口袋里握着那一元硬币，来到一家商店的门口。五毛钱买了一只儿童彩笔，五毛钱买了 4 只"红塔山"的包装盒。

在火车站的出口。他举起一张牌子，上书"出租接站牌（一元）"几个字。当晚他吃了一碗加州牛肉面，口袋里还剩18元钱。5个月后，"接站牌"由4只包装盒发展为40只用锰钢做成的可调式"迎宾牌"。火车站附近有了他的一间房子，手下有了一个帮手。

三月的深圳，春光明媚，此时各地的草莓蜂拥而至。10元一斤的草莓第一天卖不掉，第二天只能卖5元，第三天就没人要了。此时他到近郊的一个农场，用出租迎宾牌挣来的1万元购买了3万只花盆，第二年春天当别人的摘下的草莓运进城里时他的栽着草莓的花盆也进了城。不到半个月三万盆草莓销售一空，深圳人第一次吃上真正新鲜的草莓。他也第一次领略了1万元变成30万元的滋味。要吃即摘，这种花盆式草莓，使他拥有了自己的公司。他开始做贸易生意。他异想天开地把谈判地点定在五星级饭店的大厅里。那里环境幽雅且不收费。两杯咖啡，一段音乐，还有彬彬有礼的小姐，他为没人知道这个秘密而兴奋，他为和美国耐克鞋业公司成功签订贸易合同而欢欣鼓舞，总之，他的事业开始复苏了，他有一种重新找回自己的感觉。

1995年，深圳海关拍卖一批无主货物，有1万只全是左脚的耐克皮鞋，无人竞标，他作为唯一的竞标人以奇低的拍卖价买下了它。1996年，在蛇口海关已存放了一年的无主货物——1万只全是右脚的耐克皮鞋急着处理，他得知消息以残次旧货的价格拉出了海关。这次无关税贸易，使他作为商业奇才上了香港《商业周刊》的封面。现在他作为欧美13家服饰公司的亚洲总代理，正在力主把深圳的一条街变成步行街，因为在这条街有他的12个店铺。

财商是一个人成功必备的一种能力，财商的高低在一定程度上决定了一个人是贫穷还是富有。一个拥有高财商的人，即使一时是贫穷的，但那只是暂时的，他必将成为富人。

1974年，美国政府为了清理给自由女神像翻新扔下的废料，向社会广泛招标。但几个月过去了，仍无人问津。远在法国旅行的一位犹太商人听到消息后，立即飞往纽约。看过自由女神像下堆积如山的废旧铜块、螺丝和木料后，他没有提任何条件，当即签下合同。这位犹太商人的举动令纽约商人纷纷嘲笑。因为在纽约，当地政府对垃圾处理有十分苛刻的规定，并且弄不好还会受到当地众多环保组织的法律起诉。

然而，就在大家等着看他"吃不了兜着走"的笑话时，犹太商人开始了他的清理工程——他组织工人将废料进行分类，然后把废铜熔化之后铸成小自由女神像，并用水泥块和废木料做底座；把废铅、废铝加工成纽约广场图案的钥匙型饰物；最后，他甚至还把从自由女神像身上扫下的灰尘都包了起来，准备出售给花店。结果不到3个月的时间，犹太商人把那些"100%自由女神像纪念品"销往纽约之外，有的甚至畅销世界各地，让一堆废料变成了350万美元的现金。

从以上创造财富的故事中我们可以看出，锻炼自己的财商思维，掌握财商的致富方法，就是为了使自己在创造财富的过程中，少走弯路，少碰钉子，尽快成为富人。一旦拥有了财商的头脑，想不富都难。

现在，在市场经济大潮的冲击下，许多人纷纷下海淘金，都想圆富翁梦想，却又囿于旧思想、旧传统，找不到致富的之门。财商理念就犹如开启财富之门的金钥匙，用财商为自己创富，就可以实现自己的理想。

智慧箴言

财商是一个人成功必备的一种能力，财商的高低在一定程度上决定了一个人是贫穷还是富有。 一个拥有高财商的人，即使一时是贫穷的，但那只是暂时的，他必将成为富人。

6. 起跑领先人生不输

中国有句俗语：一步赶不上，步步赶不上。起跑领先一小步，人生领先一大步。在竞争激烈的时代，要如何在同辈之间冒出头？其方法就是要比别人多学一点点功夫，这一点点功夫常常就会在关键时刻，让你比别人多一些机会。在任何行业只要能够想到比别人领先一步，就能够抢占先机，在你的行业处于竞争优势。

在国内几乎无人不知的一代华商霍英东，在香港的富豪中，他不是最有钱的，但他一直无私地支持国内的公益事业，所以他也是最富盛名的。

在香港华商中，霍英东的起点可能是最低的。他本是船民之子，当许多人已腰缠万贯时，他每天还在为吃饭问题苦苦挣扎。同李嘉诚一样，他没有祖业可以继承，也没有靠山可资荫庇护，完全凭借自己的远大胸襟和永不气馁的创业精神，赤手空拳打天下，创建了自己的商业帝国，大胆、勇敢、冒险、有远见再加上坚忍不拔，成就了香港商业界的传奇。

霍英东的真正突飞猛进，是在从20世纪60年代初他经营房地产的同时兼"淘沙生意"开始的。上世纪60年代初，香港房地产业有了很大的发展，楼宇、码头建设兴盛，河沙的需求量猛增，霍英东本人也在经营房地产的过程中为建筑材料的紧缺伤透了脑筋。也许正是因为他出身于水上人家，有着与其他房地产商不一样的想法，他非常有远见地想到了另一条财路：海底淘沙。

海底淘沙是一种费工多、收获少的行当，商人们不仅不愿轻易问津，甚至视之为畏途。但霍英东却有自己的如意算盘：从海底淘沙，不仅可以获得大量建筑用沙，而且可以挖深海床，植海造地，是一个很有前途的事业。只不过要想在海底淘沙赚大钱，靠一般方式可不行，需要加以改革，运用现代化的装备。

为了实现海底淘沙的设想，霍英东派人到欧洲订购了一批先进的淘沙机船，用现代化手段取代落后的人力方式。凭着为人所不敢为的果敢精神，霍英东从香港商界的视野盲点找到并挖到了宝，创出了奇迹。

他做生意的基本战略讲究的是"超前"意识，在思考上要有超前眼光，先人一步，在落实上要有超前行动，因而他一旦思考成熟，便迅速动手。"填海造地"设想的实现过程也是如此：主意既定，便开始抓紧落实，大手笔地从美国、荷兰等国购进先进机具，放开手脚地承造了当时香港最大的国际工程——海底水库淡水湖工程的第一期。此举打破了外资垄断香港产业的旧局面，并使霍英东"房地产工业化"的格局又增加了一项"填海造地"。及至后来，这一壮举不断地为香港房地产业商人所沿用，成为香港地产业发展的一大趋势。霍英东的成功，不能不说他具有远大的目光与超前的行动。

现在流行的"迷你裙"就是起跑时领先了一小步，却造就了玛丽·奎恩特"迷你裙之母"的地位，也为她带来了滚滚的财富。

20世纪50年代，正当英国街头的时髦青年，身穿奇特的黑色服装，骑着摩托横冲直撞时，一位来自威尔士的年轻女子玛丽·奎恩特的服装设计使时髦青年的时髦衣着变得微不足道了。

1934年玛丽·奎恩特出生在英国威尔士的阿伯腊斯特威思，她是一个教师的女儿。16岁她到了伦敦，就读于伦敦金饰学院绘画系，毕业以后在女帽商埃里克的工作室里开始她的设计生涯。她的设计对象，恰是针对当时还未引起人们注意的少女时装。当时女孩们衣着毫无特色，通常是穿着母辈的老式衣服。玛丽说："我时常希望年轻人穿上她们自己所喜欢的衣服，它不是古板过时的，而应是真正二十世纪的年轻女装。但是，我知道这一工作尚未引起人们足够的关注。"

1955年，年轻的玛丽·奎恩特和丈夫亚历山大·普伦凯特·格林在伦敦著名的英王大道开设了第一家"巴萨"百货店。他们的服务对象就是面向青年，玛丽·奎恩特推出的第一件服装，就是后来名闻遐迩的"迷你裙"。虽然当时他们俩的产业极小，更属时装界的无名之辈，但这种微弱的震动，恰预示着服装界未来的强烈地震，这是具有划时代意义的一步。

50年代的裙子徘徊在小腿肚上下，迪奥在1953年只不过将裙下摆剪短了若干英寸，在新闻界里就爆出一大冷门。而当时鲜为人知的玛丽·奎恩特，却以其激烈的观点，开始了新时期的服装革命。她当时的战斗口号是："剪短你的裙子！"

1965年，迷你裙和宇宙时代的青年女装风靡全球，玛丽·奎恩特进一步把裙下摆提高到膝盖上四英寸，英国少女的装扮已成为令人羡慕和仿效的对象。这种风格被誉为"伦敦造型"，到了60年代中期，"伦敦造型"成为国际性的流行样式。新时装潮流不可遏制，青年人狂热地欢迎迷你裙，中年女性也以惊羡的目光接受这一变革，多种不同的迷你风格装应运而生。

新一代的设计家皮尔·卡丹、古海热、圣·洛朗、安伽罗等也都相继推出一组组风格各异的迷你裙系列。这一年，英女王伊丽莎白访问美国，当她的船抵达纽约时，美英时装团体组织了迷你裙大型表演。这时，即便是最保守的高级时装店，也悄悄地剪短了他们的裙子产品。50年前，一位著名的时装大师让·帕杜曾嘲笑短裙是"笨伯头脑创造出来的"，但是，半个世纪以后，人类服装史上首次出现如此之短的裙子，玛丽·奎恩特赢得了全世界的胜利。

"生活的道路一旦选定，就要勇敢地走到底，决不回头。"这位叱咤风云的女设计家很快成为一个精明的企业家，由一个捉襟见肘的小本经营（开始仅有 20 台缝纫机和 20 个工人），发展到年收入 1200 万美元，拥有百余家时装商店分布全英国，它们专营摩登、别致、价格适中的时装，起皱衬衫，闪光的紧身运动衣等等。著名的女装店如"你，快点"、男装店"贵族男仆"开张。后来她的经营范围遍及许多国家，仅美国就有 320 位经销商，已成为百万富商行列中之一员。

在中国现在这个社会中，正在完成从计划到市场经济的转变，这给了我们许多想象的空间，无数的商机。只要每个青年人能够抓住这个商机，敢于领先一步，无论小富、中富、大富，你就一定能够富起来。

智慧箴言

立刻行动起来，不要有任何的耽搁。要知道世界上所有的计划都不能帮助你成功，要想实现理想，就得赶快行动起来。成功的道路有千条万条，但是行动却是每一个成功者必须要付出的，行动也是通向成功的捷径。

7. 努力创造并抓住机遇

机不可失，时不再来。创造机会，抓住机遇，永远是强者的行动指南。机遇永远青睐于有准备的人，没有准备，即使机遇来到，也只能眼看着它擦身而过。打造自己能够把握机遇的条件，抓住合适的机会，天下没有不成功的事情。

我们一般认为要干一件事情，必须天时、地利、人和都占有。而这三点都有了，我们就会大喊，"我的机会终于到来了"。否则的话就会抱怨时运不济，没有机会，即使有个好机会，也是被别人占了先。

有句名言说，机会只垂青那些有准备的人，其实准备的过程也就是自己进行创造的过程。可是在很多时候，许多人总是眼高手低，总是希望能够有一天机遇降临，自己就会"金榜高中"、"五子登科"，眨眼之间就能干出一番轰轰烈烈的大事情。

马其顿国王亚历山大大帝有一次在打过胜仗之后，别人问他，假如有机会，你想不想占领另一个城市，亚历山大怒吼道："什么？机会？机会是我自己创造的。"因此，"没有机会"只是一个失败者的托辞，机会时时刻刻都有，到处都在，关键是我们能不能创造，关键是我们如何抓得住。

20世纪30年代，在美国芝加哥有一位名叫约翰的无业汉子，在家里搞卫生时不小心打烂了一只祖上传下来的瓷花瓶，非常地心痛，于是琢磨着粘补。他先是用树胶，再用蛋清，后来又用角胶。在一年多的时间里，他先后试用了十多种胶液，都不理想。直到1935年，他终于将几种胶液调和，调出了一种不但粘得很坚牢而且粘痕很浅的胶液。他也因此从一个无业汉子成为了风光无限的大企业家。

机遇确实很重要，因为它能改变人眼下的处境，甚至改变人一生的命运。对机遇，可谓人人皆盼之、求之。有种观点说"机遇可遇而不可求"。其实，平白无故的机遇能"遇"到的不能说没有，就是有恐怕也是微乎其微，毕竟机遇不会无缘无故地降临。机遇的出现，虽然带有一定的偶然性，但又以必然性为基础。如果你有足够的勇气，睿智的脑袋，敏锐的观察力、判断力，机遇就能够被"创造"出来。善于等待机遇、抓住机遇可谓是一种智慧，那么做到善于创造机遇就更是一种大智慧。

菲勒出身在一个贫民窟里，他和很多出身在贫民窟的孩子一样争强好胜，也喜欢玩，调皮甚至逃学。但与众不同的是，菲勒从小就有一种善于发现财富的非凡眼光。他把一辆从街上捡来的玩具车修好，让同学们玩，然后向每个人收取0.5美分。在一个星期之内，他竟然赚回一辆新的玩具车。菲勒的老师深感惋惜地对他说："如果你出生在一个富人的家庭，你会成为一个出色的商人。但是，这对你来说已经是不可能的事了，你能成为街头商贩就不错了。"

菲勒中学毕业后，正如他的老师所说，他真的成了一名小商贩。他卖过电池、小五金、柠檬水，每一样都经营的得心应手。与贫民窟的同龄人相比，他已经可以算是出人头地了。但老师的预言也不全对，菲勒靠一批丝绸起家，从小商贩一跃而成为商人。那批丝绸来自日本，数量足有一吨之多，因为在轮船运输过程中，遇到了风暴，这些丝绸被染料浸染了。如何处理这些被染料浸染的丝绸，成了日本人非常头痛的事情。他们想卖掉，却无人问津；想运出港口扔掉，又怕被环境部门处罚。于是，日本人打算在回程的路上把丝绸抛到大海里。

　　港口区域里有一个地下酒吧，菲勒经常到那里喝酒。那天，菲勒喝醉了。当他步履不稳地走过几位日本海员身边时，海员们正在与酒吧的服务员说那些令人讨厌的丝绸之事。说者无心，听者有意，他感觉到机会来了。

　　第二天，菲勒来到轮船上，用手指着停在港口的一辆卡车对船长说："我可以帮你们把这些没有用的丝绸处理掉。"结果，他没有花任何代价便拥有了这些被染料浸染的丝绸。然后，他用这些丝绸制成迷彩服装、迷彩领带和迷彩帽子。几乎一夜之间，他拥有了 10 万美元的财富。

　　有一天，菲勒在郊外看上了一块地皮。他找到这块地皮的主人，说他愿花 10 万美元买下来。地皮的主人拿到 10 万美元后，心里还在嘲笑他："这样偏僻的地段，只有傻子才会出那么高的价钱！"令人想不到的是，一年后，市政府宣布在郊外建环城公路。不久，菲勒的地皮升值了 150 倍，城里的一位富豪找到他，愿意用 2000 万美元购买他的地皮，富豪想在这里建造别墅群。但是，菲勒没有出卖他的地皮，他笑着告诉富豪："我还想等等，因为我觉得这块地皮应该增值得更多。"果然不出菲勒所料，3 年后，那块地皮卖了 2500 万美元。他的同行们很想知道当初他是如何获得那些信息的，他们甚至怀疑他和市政府的官员有来往。但结果令他们很失望，菲勒没有一位在市政府任职的朋友。

　　菲勒活了 77 岁，临死前，他让秘书在报纸上发布了一条消息，说他即将去天堂，愿意给失去亲人的人带口信，每人收费 100 美元。这一荒唐的消息，引起了无数人的好奇心，结果他赚了 10 万美元。如果他在病床上多坚持几天，赚得还会更多。

　　他的遗嘱也十分特别，他让秘书登了一则广告，说他是一位绅士，愿意和一位有教养的女士同卧一个墓穴。结果，一位贵妇人愿意出资 5 万美元和他一起长眠。

　　菲勒的发迹和致富，在许多人的眼中一直都是个谜。解铃还须系铃人。他那别具匠心的碑文，也许概括了他不断在平凡中发现奇迹的传奇一生，也许能帮助不少人解开他发迹和致富之谜："我们身边并不缺少财富，而是缺少发现财富的眼光。"

　　著名画家罗丹曾经说过："机遇只与跳进舞池里的人跳舞。"怎样把握这机遇呢？需要的是勇气，需要的是信心，在机遇来临之前，我们自身就要有始终对生活的热爱，要追求真理。要知道，机遇只会降临到有准备的人身

上，有准备的人，才会把握住机遇。当机遇来临时，我们要抓住它，但机遇还没到来时，我们要做好准备，但是我们不能被机遇所左右。成功离不开机遇，更离不开自己的努力。

孙子曰："不可胜者，守也；可胜者，攻也。"其中的意思也就是说，当我方不可能战胜敌人时，应当采取防御的作战策略；在敌人兵力不足的时候，正是我们取得胜利的机会，在这种情况下要采取进攻的策略，否则战争的机会就会失去。

对于人生来说也是如此，当机遇之风从我们面前吹过的时候，如果我们不能及时地发现并把握它，为人生推波助澜，机遇就会因此而丧失，而这一机遇有可能关系到你一生。因此，在人生的战场上，对于机遇也要采取进攻战略，抓住偶然性背后潜藏着的必然性规律。在人生的海洋中，让生命之帆，乘着机遇之风航行到成功的彼岸。

智慧箴言

机遇对于想成功的人来说是最宝贵的，机遇会光顾每个人，没有抓住机遇，再有才华的人也会被埋没一生。一个人不会时刻都面临机遇，这需要靠你自己去创造机遇。你要知道，要抓住和创造机遇，必须付出你的实际行动。

第七章
唯专注才能赢得成功

　　当你以百分之一百二十的心力专注于自己所做的任何事情的时候，成功便离你不远了！因为专注，所以成功。太阳光怎样才能点燃一根火柴？答案很简单，用凸透镜把所有的光聚集在一点上就行了。一个人怎样才能创造奇迹？答案也很简单，把所有的精力都投入到自己的目标中去就行了。

　　成功源于专注。事实上，每个人都是一样的，没有谁天生就是名人。他们之所以能有所作为，关键是他们从自始至终都把专注倾注在自己追求成功的道路上。即使前方荆棘丛丛，险阻不断，只要专注，专注，再专注，成功就一定会在不远处向每一个人招手。曾有人说，最艰难的时候就是我们离成功不远之时！因此，不管你何时何地，也无论处境如何艰难，请不要让眼前的困难重重吓到，让专注为你撑起另一片蓝天，让专注带领你走向希望和成功。

　　世上无难事，只怕有心人，成功的秘诀在于专注，也是成功者最可贵的品质！"欲多则心散，心散则志衰，志衰则思不达也"，惟有志存高远，学会经营自己的强项，才能坚定信念和追求，做到专注和成功。

1. 确立一个明确的目标

起跑领先一小步，人生领先一大步：成功从选定目标开始。现代科学表明，杰出人士与平庸之辈的根本差别并不是天赋、机遇，而在于有无目标。

为什么大多数人没有成功？据科学研究统计，真正能完成自己计划的人只有5%，大多数人不是将自己的目标舍弃，就是沦为缺乏行动的空想。如果你想在35岁以前成功，你一定在25至30岁之间确立好你的人生目标，每日、每月、每年都要问自己：我是否达到了自己定下的目标。

如果你想成为一个真正的富人，那么，你就应该立下成为富人的目标。因为，成功是用目标的阶梯搭就的。所谓成功，就是实现既定的目标。所以，成功的第一步，从设立目标开始。

有一个小男孩，他的的父亲是位马术师，他从小就必须跟着父亲东奔西跑，一个马厩接着一个马厩，一个农场接着一个农场地去训练马匹。由于经常四处奔波，男孩的求学过程并不顺利。初中时，有次老师叫全班同学写作文，题目是长大后的志愿。那晚他洋洋洒洒写了7张纸，描述他的伟大志愿，那就是想拥有一座属于自己的牧马农场，并且仔细画了一张200亩农场的设计图，上面标有马厩、跑道等的位置，然后在这一大片农场中央，还要建造一栋占地400平方英尺的巨宅。

成功人士比你富一千倍，就能说明他们比你聪明一千倍吗？绝对不是。关键在于他们确立了人生目标。他花了好大心血把报告完成，第二天交给了老师。两天后他拿回了，第一面上打了一个又红又大的"F"，旁边还写了一行字：下课后来见我。

脑中充满幻想的他下课后带了报告去找老师："为什么给我不及格？"

老师回答道："你年纪轻轻，不要老做白日梦。你没钱，没家庭背景，什么都没有。盖座农场可是个花钱的大工程，你要花钱买地、花钱买纯种马匹、花钱照顾它们。"他接着又说："如果你肯重写一个比较不离谱的志愿，我会给你打你想要的分数。"这男孩回家后反复思量了好几次，然后征求父亲的意见。父亲只是告诉他："儿子，这是非常重要的决定，你必须自己拿定主意。"再三考虑几天后，他决定原稿交回，一个字都不改，他告诉老师："即使拿个大红字，我也不愿放弃梦想。"

20多年以后，这位老师带领他的30个学生来到那个曾被他指责的男孩的农场露营一星期。离开之前，他对如今已是农场主的男孩说："说来有些惭愧。你读初中时，我曾泼过你冷水。这些年来，也对不少学生说过相同的话。幸亏你有这个毅力坚持自己的目标。"

奥格·曼狄诺说："一颗种子可以孕育出一大片森林。"

《福布斯》世界富豪、日籍韩裔富豪孙正义19岁的时候曾做过一个50年生涯规划：20多岁时，要向所投身的行业，宣布自己的存在；30多岁时，要有1亿美元的种子资金，足够做一件大事情；40多岁时，要选一个非常重要的行业，然后把重点都放在这个行业上，并在这个行业中取得第一，公司拥有10亿美元以上的资产用于投资，整个集团拥有1000家以上的公司；50岁时，完成自己的事业，公司营业额超过100亿美元；60岁时，把事业传给下一代，自己回归家庭，怡养天年。现在看来，孙正义正在逐步实现着他的计划，从一个弹子房小老板的儿子，到今天闻名世界的大富豪，孙正义只用了短短的十几年。

富人与穷人的区别就在于富人有自己明确的奋斗目标，要想成为富人就必须确定成为富人的目标。当你确定好你的人生目标时，才能成为一艘有航行目标的船，任何方向的风都会成为顺风。当你拎起第一桶金后，你会发现赚第二个100万比第一个100万简单容易得多。

如果你不知道自己的方向，你就会谨小慎微，裹足不前。不少人终生都像梦游者一样，漫无目标地游荡。他们每天都按熟悉的"老一套"生活，从来不问自己："我这一生要干什么？"他们对自己的作为不甚了了，因为他们缺少目标。

唐太宗贞观年间，长安城西的一家磨坊里，有一匹马和一头驴子。它们是好朋友，马在外面拉东西，驴子在屋里推磨。贞观三年，这匹马被玄奘大师选中，出发经西域前往印度取经。17年后，这匹马驮着佛经回到长安。它重到磨坊会见驴子朋友。老马谈起这次旅途的经历：浩瀚无边的沙漠，高入云霄的山岭，凌峰的冰雪，热海的波澜……那些神话般的境界，使驴子听了极为惊异。驴子惊叹道："你有多么丰富的见闻啊！那么遥远的道路，我连想都不敢想。"老马说："其实，我们跨过的距离是大体相等的，当我向西域前行的时候，你一步也没停止。不同的是，我同玄奘大师有一个遥远的目标，按照始终如一的方向前进，所以我们打开了一个广阔的世界。而你被蒙住了眼睛，一生就围着磨盘打转，所以永远也走不出这个狭隘的天地。"

杰出人士与平庸之辈最根本的差别，并不在于天赋，也不在于机遇，而在于有无人生目标！就像那匹老马与驴子，当老马始终如一地向西天前进时，驴子只是围着磨盘打转。尽管驴子一生所跨出的步子与老马相差无几，可因为缺乏目标，它的一生始终走不出那个狭隘的天地。

生活的道理同样如此。对于没有目标的人来说，岁月的流逝只意味着年龄的增长，平庸的他们只能日复一日地重复自己。如果你想成为一名百万富翁、千万富翁，想做一名出色的商人，以此作为自己生活的核心目标，那么就让它成为点亮你自己的"北斗星"。

智慧箴言

有人说，一个人无论现在年龄有多大，他真正的人生之旅，都是从设定目标的那一天开始的。你的生活目标选定了吗？你生活中的北斗星在哪里？如果你还没确定，那你就及早选择吧。

2. 看准目标要勇往直前

中国有句老话："有志之人立常志"和"无志之人常立志"，这不是什么"绕口令"，而是古往今来的"警世箴言"和"醒世铭言"。只要有"抱负"就必定会"立志"。"常立志"者尽管多有志向，但是往往"明日复明日"。"立常志"者未必志向高远，但是一经立下，就会脚踏实地，一往无前。两种不同的"立志"，必会产生两种不同的结果：成功和平庸。

对于人生目标，必须孜孜追求、必须一往无前、必须锲而不舍。优秀跳高运动员，之所以能够达到常人不能企及的跨越高度，除了先天素质之外，至关重要的是：他们会给自己制定不大好实现、但经刻苦努力又能实现的目标。更为重要的是：他们每当实现一个目标之后，必将制定更高目标并奋力向新的高度拼搏。我们虽然不是跳高运动员，但从他们身上应当有所感悟、有所触动。

远大理想和人生目标，绝大多数人都会有。但是相当一部分却仅只停留在憧憬和幻想：真的很好！什么时候才能实现啊？正确答案：必须付诸艰辛，不能束之高阁！

如果对于计划、安排仅是一时兴起匆匆而就，那与"纸上谈兵"没有什么两样。计划、安排的严肃性，应当建立在立足现实、审慎思考的基础上，更为重要的是必须落实到行动中，坚韧不拔，真抓实干。唯有如此，才有可能抵达胜利彼岸。一个坚定地向目标迈进的人，整个世界都会为他让路。

如果你想在35岁之前成功，一定要吸取别人的教训，做事一定要专注。美国一位成功学家讲述了这样一个故事：

在好多年前，当时有人正要将一块木板钉在树上当搁板，贾金斯便走过去管闲事，说要帮他一把。他说："你应该先把木板头子锯掉再钉上去。"于是，他找来锯子之后，还没有锯到两、三下又撒手了，说要把锯子磨快些。

于是他又去找锉刀。接着又发现必须先在锉刀上安一个顺手的手柄。于是，他又去灌木丛中寻找小树，可砍树又得先磨快斧头。

磨快斧头需将磨石固定好，这又免不了要制作支撑磨石的木条。制作木条少不了木匠用的长凳，可这没有一套齐全的工具是不行的。于是，贾金斯到村里去找他所需要的工具，然而这一走，就再也不见回来了。

贾金斯无论学什么都是半途而废。他曾经废寝忘食地攻读法语，但要真正掌握法语，必须首先对古法语有透彻的了解，而没有对拉丁语的全面掌握和理解，要想学好古法语是绝不可能的。

社会上想改变自己处境的人很多，但是很少有人将这种改变处境的欲望具体化为一个个清晰明确的目标，并为之奋斗。结果，这些人的欲望也仅仅是欲望而已。贾金斯进而发现，掌握拉丁语的唯一途径是学习梵文，因此便一头扑进梵文的学习之中，可这就更加旷日废时了。

贾金斯从未获得过什么学位，他所受过的教育也始终没有用武之地。但他的先辈为他留下了一些本钱。他拿出十万美元投资办一家煤气厂，可是煤气所需的煤炭价钱昂贵，这使他大为亏本。于是，他以九万美元的售价把煤气厂转让出去，开办起煤矿来。可这又不走运，因为采矿机械的耗资大得吓人。因此，贾金斯把在矿里拥有的股份变卖成八万美元，转入了煤矿机器制造业。从那以后，他便像一个内行的滑冰者，在有关的各种工业部门中滑进滑出，没完没了。

他恋爱过好几次，虽然每一次都毫无结果。他对一位姑娘一见钟情，十分坦率地向她表露了心迹。为使自己匹配得上她，他开始在精神品德方面陶冶自己。他去一所星期日学校上了一个半月的课，但不久便自动逃掉了。两年后，当他认为问心无愧、无妨启齿求婚之日，那位姑娘早已嫁给了一个愚蠢的家伙。

不久他又如痴如醉地爱上了一位迷人的、有五个妹妹的姑娘。可是，当他上姑娘家时，却喜欢上了二妹。不久又迷上了更小的妹妹。到最后一个也没谈成功。

来回摇摆的人永远都不可能成功。贾金斯的情形每况愈下，越来越穷。他卖掉了最后一项营生的最后一份股份后，便用这笔钱买了一份逐年支取的终生年金，可是这样一来，支取的金额将会逐年减少，因此他要是活的时间长了，早晚还得挨饿。

社会上想改变自己处境的人很多，但是很少有人将这种改变处境的欲望具体化为一个个清晰明确的目标，并为之奋斗。结果，这些人的欲望也仅仅是欲望而已。

哈佛大学曾对一群智力、学历、环境等客观条件都差不多的年轻人，做过一个长达25年的跟踪调查，调查内容为目标对人生的影响，结果发现：27%的人，没有目标；60%的人，目标模糊；10%的人，有清晰但比较短期的目标；3%的人，有清晰且长期的目标。

25年后，这些调查对象的生活状况如下：3%的有清晰且长远目标的人，25年来几乎都不曾更改过自己的人生目标，并向实现目标做着不懈的努力。25年后，他们几乎都成了社会各界顶尖的成功人士，他们中不乏白手创业者、行业领袖、社会精英。那些没有人生目标的人，几乎都生活在社会的最底层。10%的有清晰短期目标者，大都生活在社会的中上层。他们的共同特征是：那些短期目标不断得以实现，生活水平稳步上升，成为各行各业不可或缺的专业人士，如医生、律师、工程师、高级主管等。60%的目标模糊的人，几乎都生活在社会的中下层面，能安稳地工作与生活，但都没有什么特别的成绩。余下 27% 的那些没有目标的人，几乎都生活在社会的最底层，生活状况很不如意，经常处于失业状态，靠社会救济，并且时常抱怨他人、社会、世界。

为什么大多数人没有成功？真正能完成自己计划的人只有 5%，大多数人不是将自己的目标舍弃，就是沦为缺乏行动的空想。

著名的松下电器创始人松下幸之助就是一个从贫苦生活中走出来的实业家。1910 年 10 月，二十几岁的松下来到大阪电灯公司当了一名内线实习工。尽管他对电的知识一窍不通，但他并没有因为自己由于贫困而固步自封，他开始加倍地努力学习，很快便掌握了安装和处理技术，成为熟练的独立技工，由于工作出色，1911 年，松下晋升为工程负责人。

在工作中，松下改良并试制出了一种新产品，而上司却对此态度冷淡，松下为自己的发明遭到冷落感到惋惜和不服，产生了挫折感。他感觉到，即使在自己向往的电灯公司工作，也不能使自己的志向和才能得到充分的施展。惟一的办法是另立门户自己创业。

于是，他在大阪市租了一间不足 10 平米的房间，开办了一家小作坊，职工共有 5 人，包括松下夫妇及内弟井植岁男，产品便是松下发明的新式电灯插口。这就是闻名全球的松下电器公司的雏形。

工厂成立后，松下面临的却是失败。1917 年 10 月，电灯插口制作成功，但 10 天内仅卖出 100 个，营业额不足 10 日元，不仅没有盈利，连本钱都赔光了。全家只能靠典当物品艰难度日。

但松下并没有被眼前的困难吓倒，因为他相信，自己的努力一定能带来真正有价值的东西。同年年底，机会来了，川比电气电风扇厂让松下替该厂试制 1000 个电风扇绝缘底盘。这对困境中的松下来说如同久旱逢甘露。松下反复试验，解决了技术难题，与妻子、内弟一起日夜奋战，在年关迫近时如期交了货，且质量博得好评。结果，松下在年底获得了 800 日元的盈利。

1918 年 3 月，松下幸之助在大阪市北区野田成立松下电气器具制作所，从而迈出了他创业生涯中成功的第一步。经过数十年的艰苦经营，松下终于使自己的企业成为以生产电子产品为主的庞大的国际性企业集团。公司规模在日本仅次于丰田与日立两个公司，拥有职工 20 多万人，资产约 500 亿美元。松下幸之助从白手起家一步步变成了富可敌国的企业家。

对于人生目标，必须一往无前、锲而不舍。要脚踏实地的为实现目标而努力、奋斗，才可以缩短梦想与现实的距离，逐步成就自己的理想。所有的成功者，无不是具有锲而不舍、勇往直前精神的人。

智慧箴言

明确的目标可以使生命变得单纯，同时使能力集中焦点。柔和的阳光透过放大镜的焦距，可以立即倍增温度，甚至点燃木材。人的能力也需要凝聚、看准了目标就要全力以赴，勇往直前！

3. 逆境中崛起的力量

"宝剑锋从磨砺出，梅花香自苦寒来"。逆境是人生的必修课，在人类历史的长河中，古往今来，没有谁刻意去寻觅逆境，希望遇到逆境。但人生如逆水行舟，不进则退。逆境对任何人来说都是不可避免的，是不以人的意志为转移的客观现实。所以，只有学会正确认识和对待逆境，才会不被逆境打垮，才能在逆境中求得生存与发展。

一个人处于逆境中，究竟承受力如何，这才是他能否经营成功人生的关键。逆境中，直接受考验的是人的"意志"。而一个人的能力不在于他能够得到什么，而在于他可以承受失去什么，古语云"吃得苦中苦，方为人上人"，我们吃苦，倒不是为了胜过别人，而是为了迎接生命的真实面貌和真正挑战，因为在困难中、在挫折中特别在逆境中，生命是没有遮蔽，可以展示其深度、广度和高度。

犹太民族在二千多年前，失去了家园，在世界各地流散着，但他们并没有因此而丧失了志气和民族的凝聚力，相反却慢慢地生存下来，并且为犹太复国而世代奋斗，不屈不挠。

最终，在本世纪40年代中期建立起以色列国。犹太人对于个人的事业同样充满着积极进取精神，他们具有碰触困难的勇气，敢于向厄运挑战。正是这种精神，使许许多多的犹太人在各个领域中出人头地，业绩卓著。

在商界中，无数犹太人成为行业之王，他们可以说都是凭着积极进取精神，两手空空地创立的。

有一位叫约瑟夫·贺希哈的犹太人，他出生在拉脱维亚的一个贫苦家庭。1908年，他随着父亲迁到美国纽约市的布鲁克林区汉堡特贫民区。

他们一家人在立足未定之时，当年5月一场火灾殃及他们的家，熊熊烈火吞噬了家中屈指可数的财物，从此，约瑟夫·贺希哈沦为在垃圾桶中寻找食物的小乞丐。

在这个号称世界经济最发达国家的美国，虽然年幼的约瑟夫·贺希哈在学校读书机会很少，但他受父母的精神影响，人穷志不穷，在他的乞丐生涯中，无时无刻不渴望着有朝一日能够事业有成。他并不像其他孩子一样，由于受到的教育太少，环境的恶劣把他们的眼睛和志向都蒙住了，催化了他们不思进取，有的甚至是走向可怕的道路，比如小偷小摸、打砸抢、吸毒贩毒、卖淫及至加入黑社会等。

约瑟夫·贺希哈每天在流浪街头觅食时，就拾获一些别人废弃的报纸，他就坐在街边的石椅上看个不停，晚上借助路边灯光阅读捡来的书。在这样恶劣的环境下，他慢慢地对书报上的经济信息、股市行情产生了兴趣，于是他决心从股票方面发展自己的事业。

很多人听起来会觉得这非常可笑，对于一个衣不蔽体、食不裹腹的一无所有者来说，想发展股票事业，简直就是异想天开。但是约瑟夫·贺希哈凭着一股顽强进取的精神，一步一步地向这个发展目标前进着。

1914年，开始了第一次世界大战，纽约证券交易所和美国证券交易所都因经营惨淡而关闭了，美国的绝大多数证券公司也岌岌可危。就在这个时刻，约瑟夫·贺希哈在奋发进取精神的驱使下，到证券交易所去找工作做。几位在交易所门口玩纸牌的人听到他来找工作，不禁哄然大笑起来，认为他在股市大崩溃的情况下还想做股票工作，神经是不是有问题呀。

小贺希哈并没有放弃，他又转身到其他交易所寻找工作，他接连受到冷水般泼来的讥笑。但他仍不放弃自己的追求，他到了百老汇大街1加号的依奎布大厦。终于在爱默生留声机公司找到了一份工作，那是一份干办公室勤杂和午间总机接线工作，工薪很低，每周只有12美元。但他非常乐意地接受下来。因为小贺希哈认识到，"千里之行，始于足下"，人生的奋斗目标，需要从足下开始。

他心底时刻记住古希腊物理学家阿基米德的名言："只要给我一个支点，我就能撑起整个地球。"他满腔热情地开始了工作，并珍惜自己所获得的这个支点的机会，他又抽出晚间和假日的时间，以认真钻研股票业务和市场行情。

没过多久，贺希哈发现爱默生留声机公司发行股票和经营股票，于是他潜心注意着公司的经营情况。他想，自己现在从事的勤杂工作与高层次的股票工作有太大的差距，怎么才能让自己靠拢它乃至参与它呢？他一面工作一面注意公司的运作规则，考虑如何登上这一台阶。

一天，他无意看见总经理办公室里有一个股市行情指示器，他凭着多年钻研股票的知识，深明它的作用。他在该公司半年多的卖力工作，已在总经理的心里留下了良好的印象。

一天上午，他鼓起勇气，敲开总经理办公室之门，大胆地提出："总经理先生，我可以做您的股票经纪人吗？"

总经理惊讶后稍作沉默一下，盯着这位犹太小伙子，觉得他半年来工作勤快，反应灵活，并有勇气向自己提出这个要求，其实心里已默认了。他对贺希哈说："股海冲浪的首要条件就是胆量，既然你有了这种勇气，可以试试看！"

从此，贺希哈成为爱默生留声机公司股票行情图的绘制员，由于他积累了许多股票知识和行情资料，所以很快就上手了。

在工作中，他对股票买卖有了更深的领悟，这为他日后事业的发展打下了牢固的基础。贺希哈在爱默生公司工作时，节衣缩食，想方设法积累一点本钱。

除了每天要花很少的车费、午餐和零用钱外，剩下的全部存了下来。与此同时，他还替另外一家股票交易所当跑腿，这份兼职工作是从每天下午6时到第二天凌晨2时，来回送有关文件，从中每星期赚取12美元的报酬。在3年的艰辛努力下，他积累了250美元。他决定根据自己的奋斗计划，独立成为一名股票经纪人。从此，他走上发迹之路。在不到一年的时间里，他拥有的资产就已经有168万美元了。

股海是一个风云突变的领域，很多时候，人们意志并不能左右它。当贺希哈的财富积累到超亿美元之时，有一次股市骤然下跌，他买进了一家钢铁公司的股票所赚到的上千万美元及其他多宗赢利，全部亏损了。贺希哈并没有因这一次惨败而挫掉积极进取的精神，相反，这使他更坚定信心，变得更聪明了。

他回忆说："我在这一次失败中只留下4000美元，几乎输光了这几年的奋斗积累，可以说是我一生最痛苦的一次错误。但是，我认为，如果一个人说他不会犯错误，那他就是在说谎话。如果我不犯错误，也就无法学到经验了。"

的确，贺希哈在那次失误后，经营变得顺利得多了。1928年时，他每月已经可以赚20万美元，因而被人们称为"股票大王"。他最辉煌的一年要数1929年，当年是美国股市历史上最热闹的一年，可以说全民都加入了股票买卖的行列。丰富的经验已使贺希哈"春江水暖鸭先知"了，他认定大雨和风暴即将来临，他果断地将1928年末至1929年初大量买入的各类股票，一分不留地抛售，得到了相当于原来投资十多倍的回报，一下子就赚了超亿美元，在当时是一个赫赫有名的股票大王。

从约瑟夫·贺希哈的发迹的过程中，可以看出，一个人或一个企业的发迹赚钱是不容易的，要想赚钱赢利，关键要具备积极进取的精神，并能坚持细心观察，认真学习，不畏困难，这样，就会有成功的希望，就会树立起胜利的信心。

在犹太商人中，有许多就是这样创立他们的企业王国的。比如：连锁经营先驱卢宾、金融巨头金兹堡集团、报业大亨奥克斯、好莱坞老板高德温、地产大王里治曼、石油大王洛克菲勒等。

在犹太人中，之所以会有那么多的出类拔萃的人物，最关键的一个原因，就是他们有一种积极进取的民族精神。自幼接受了"我一定要有所作为"的积极观念。由于他们培养了成功的信心，所以才能够努力学习，不用扬鞭自奋蹄，应用本身所具有的潜力，使自己高升壮大。这种精神是他们前进道路上的"马达"，加快了他们的速度，增强了他们面对现实和排除困难的信心和力量。正是这种观念，让他们战胜了一切困难。

没有经过辛苦的挣扎，一只蛹不可能蜕变为健康而美丽的蝴蝶，生物尚如此，更何况我们人类？所以，逆境虽然给人的成功之路带来种种阻拦，但成功的人往往能不忘自己的事业目标，矢志不渝，在困难和逆境中开辟出一条通向成功的道路。

逆境并不可怕，可怕的是被逆境压倒没有志气的人。人如果身处逆境而自强不息，最终取得成功，关键是对逆境的曲折有一个正确的态度。遇到逆境，正确的态度应该是：先承受逆境，由此培养内在定力，再坚持原则，愈挫愈勇。也就是：一不怕，二不折，三以自己的行动或克服它或摆脱它，或者弥补它，或者抛弃它。

实践证明，逆境和曲折在正确的认识下，有时反而会变成一种强大的驱动力，使人们能更加勇敢地去拼搏，并在逆境和曲折的斗争中，获得特殊的思想品质与战胜困难的意志力。

智慧箴言

人的成功，从一定意义上说，就是一个不断迎接困难压力、克服困难、战胜困难的过程。世界著名的重量级拳击冠军穆华德·阿里说："什么是胜利？就是被打倒后站起来的次数比对手多！"

4. 要善于借势发展自己

拿破仑·希尔曾经说过这样一句话："没有人能够不需要任何帮助而成功。毕竟个人的力量有限。所有伟大的人物，都必须靠着他人的帮助，才有拓展和茁壮成长的可能。"希尔的话在今天看来不一定全部正确，但也揭示了这样一个道理：任何人的成功都是集合多人的智慧和力量而来的。

一天，汉武帝的驯马官和班固各骑着一匹奉旨选来的枣红马风驰电掣般地自西向东而来。当他们来到离扶风郡三十里外的杏林时，两人已是汗水淋淋，气喘吁吁，于是双双下马仰卧在草地上休息，马也悠闲的吃着地上的草。

忽然，从林中窜出四个手持长矛刀剑的强盗，其中两人用长矛逼住班固和驯马官，另外两人抓住了马缰绳。

"要想活命的话，就留下马！"其中一个强盗咬牙切齿地说。

"是！"班固沉着地答道。

驯马官一听班固的话，想要站起来同强盗拼命，被班固悄悄用手拽住了后襟。四个强盗见他俩被制住了，便冷笑两声，牵着马朝林外小路上走去。这时，驯马官吹出一种让马止步的口哨。那两匹马立刻站定在地上，任凭强盗如何抽打也一动不动。驯马官见御马被抢，心急如焚，一时间没了主意。班固镇定自若地说："不必发愁，发愁也没用。走，我们出了林子再说。"

他俩刚踏上来时的路，迎面过来了二十多个担着酒罐的挑客。班固急中生智，想了一个办法打算要回御马。

胸有成竹的班固二话不说，就朝头一个人挑的酒罐踢去，两个酒罐应声先后落地，酒洒了一地。班固没等对方明白是怎么回事，拉起驯马官朝着四个强盗和御马站立的地方就跑，刚跑十几步，这些挑客见班固大白天故意踢碎酒罐，便纷纷抽出扁担大声吆喝着从后面追上来。

再说那四个强盗正死拉硬拽那两匹不肯挪步的马，忽见一群人高举扁担朝他们冲了过来，又见马的主人在前面带路，以为是他俩找来了帮手，便再也顾不上要马了，急匆匆的朝林中逃去……

这伙挑客见吓跑了几个手执刀矛的人，还不知道怎么回事，等到了跟前听班固一说，这才化怒为喜，连连称赞班固机智勇敢。班固和驯马官从怀里掏出了银两，加倍赔偿了挑客的损失，又给众挑客买了一罐酒作为酬谢，这才上马飞驰而去。

中国传统智慧崇尚的是为人处世要"能屈能伸"。势力强大的时候乘势反击固然值得肯定；势单力薄的时候，善于借势反击更令人赞叹。

"势"就是事物的趋势、态势和位势。借势包括很多种，如借平台、借热点、借背景等。善于借势，往往就能用少的投入取得好的效果。

北京著名的五星级饭店——长城饭店的声名鹊起和善于"借势"是分不开的。1984年4月26日到5月1日，美国总统里根访问中国。知道这个消息后，北京长城饭店的有关工作人员立即开始了解里根总统访华的日程安排，以及随行人员的具体情况。当工作人员得知随行来访的有一个500多人的新闻代表团，其中包括美国的三大电视广播公司和各通讯社及著名的报刊之后，立即开始筹划，以达到借媒体之势让长城饭店扬名世界的目的。

首先，经过多方磋商，长城饭店如愿以偿获得了接待美国新闻代表团的任务。其次，长城饭店表示，对代表团的所有要求都给予满足，并提出如果各电视广播公司只要在转播时说上一句"我们是在北京长城饭店向观众讲话"，一切费用都可以优惠。富有经济头脑的美国各电视广播公司自然愿意接受这个条件，于是当起了暂时的代言人，就这样，长城饭店的名字开始传向世界。接着，长城饭店又争取到了里根总统的答谢宴会。要知道，按照以往的惯例，这样的宴会应该在人民大会堂或美国大使馆举行。

之后，长城饭店的工作人员立即与中外各大新闻结构联系，邀请他们到饭店租用场地，实况转播美国总统的答谢宴会，费用同样可以优惠，条件仍然是：在转播时提到长城饭店的名字。

答谢宴会举行的那一天，中美首脑、外国驻华使节、中外记者云集长城饭店。电视转播开始时，各国电视台记者和美国三大电视广播公司的节目主持人异口同声地说："现在我们是在中国北京长城饭店转播里根总统访华的最后一项活动——答谢宴会……"

就这样，长城饭店的名字一次次通过电波飞向了世界各地，她的风姿也一次次映入各国公众的眼帘。

答谢宴会举办得非常成功，里根总统的夫人南希后来给长城饭店写信说："感谢你们周到的服务，使我和我的丈夫在这里度过了一个愉快的夜晚。"通过这一成功的公关活动，北京长城饭店的名声大振。

后来，有38个国家的首脑率代表团访问中国时，都在长城饭店举行了答谢宴会。如同轮船扬帆出海需要借"风"一样，企业也需要善于借势。

长城饭店正是通过借里根总统访华这一热点新闻之"势"，达到了别的饭店花多少钱做广告都无法获得的效果，让自己一夜之间声名鹊起。

"借势"，可以考虑从以下几个方面着手：1、借用名人效应。在传播学里有一个理论，就是要注重名人效应，因为大众的注意力是有限的，而名人往往是大众注意力的焦点。如果能充分利用焦点，就可以更好地影响大众。2、借社会关注的热点新闻。3、借道。也就是借别人成熟的渠道，利用合作等机会，使自己尽快成长和壮大起来。

智慧箴言

"东风好作阳和使，逢草逢花报发生"借势生存本质上是一种合作，是寻求利益共赢。借势生存是站在巨人肩膀上发展自己的一种智慧性战略和策略。

5. 知己知彼方可百战不殆

现代社会是一个信息社会，信息传播的速度大大地提高了。信息的快速传递缩短了空间距离，把世界各地的市场信息紧紧地联系在一起了。信息就是机会，就是财富。

但是，信息所提供的机会稍纵即逝，谁能快速拿捏，谁就能把握市场供需，谁就能获得财富，也就能成为时代的佼佼者。你选择了在机会面前果敢地抓住它，就选择了成功。

台塑企业董事长王永庆，就是一位善于在经济不景气时把握准确信息的代表。

台塑于1954年创立，经过50多年的发展，已经成为台湾最大的民营企业。目前，台塑共计拥有台塑、南亚、台化等20多家关系企业，分别在美国、印尼、中国大陆和台湾省均设有工厂。此外，台塑还拥有庞大的教育和医疗机构。

1954年，王永庆投资塑料业时，当时台湾对聚乙烯化合物树脂的需求量很少，更何况台湾还有几个加工厂获得了日本人供应的更廉价的聚乙烯化合物树脂。

这对台塑的打击很大，一度面临倒闭的厄运。面对这一现实，王永庆经过反复研究，作出了令人吃惊的大胆决策——继续扩大生产，他认为与其守株待兔，不如勇敢创造市场。只有大量生产，才能降低成本、压低售价，从而使产品不受地区限制，吸引更多的顾客。

在将台塑产量扩大6倍的同时，王永庆又创办了南亚塑胶工业公司，专为台塑进行下游加工生产。按王永庆的说法，"当时真是骑虎难下"。经过不断地摸索和总结，台塑和南亚的业务开始好转。

这件事后，王永庆也领悟到了许多经营诀窍。他认为，凡是产品滞销与市场萧条的时刻，正是企业锻炼拼搏的最好时机。经营者要沉着冷静，咬紧牙关，提高员工整体素质，不断改善企业内部的经营管理，这样才能降低生产成本，提高核心竞争力。

如果有余力的话，可以拟订一个完善的投资计划，掌握适当的时机，进行前瞻性的投资，化危机为契机。王永庆说："卖冰激凌应该在冬天开业。冬天卖冰激凌，生意清淡，必定促使卖者努力改善经营管理，那么，夏天来临时，就会比其他后来者拥有更多、更明显的优势。"

正是基于这种观点，王永庆在美国石化企业纷纷倒闭、停工之时，却到德克萨斯州去兴建大规模的石化工厂，并先后买下了两家石化工厂与 8 家 PVC 加工厂。

德克萨斯州有一家德拉威尔石化厂，10 多年里亏损累累，三度转手，美国、英国的许多大石化公司都对它一筹莫展。但是，1981 年，只受过小学教育的王永庆买下了它。1984 年，德拉威尔石化厂的损益表上赫然浮现出蓝字。

1985 年，台湾岛内经济极不景气，王永庆居然又宣布这是投资的最佳时机，并投资 47 亿新台币发展资讯电子工业。后来的实践证明，王永庆的看法确实高人一筹。在王永庆的带领下，台塑由初入石化界的"实验室规模"，发展成为聚乙烯化合物树脂产量世界第一，并且拥有近 20 个关系企业的跨国公司。

有人说过，当上帝把所有的"门"都关上的时候，他还会为你留下一扇"窗"。做生意也是一样，别人不看好的"冷门"市场，不一定就没钱可赚，也许"冷门"就是财富之神为你留下的那扇财源广进的"窗"。

"知己知彼，百战不殆。"对敌我双方的情况了如指掌，这是所向披靡、战无不胜的前提条件。孙膑所揭示的这个战争的一般规律，不仅适用于军事家们策划战役，制胜于疆场，更适用于经营者们制定策略，制胜于商场。

1982 年 10 月，广东湛江家用电器公司有 12 万只出口电饭煲因国际市场突变，造成积压。

正待他们准备限产压库时，忽然从报纸上获悉一条信息：湖南省以电代柴会议在平江县召开。

闻讯后，该公司如获至宝，随即派出 5 名推销人员火速赶到平江，现场展开推销，一举拿到了 12 万只电饭煲的订货合同，使积压的产品全部找到了买家。

同时，他们还从这个会议上了解到全国将要建 100 个电气试点县。据此信息，他们又预测到未来国内市场每年将出现 700 万只电饭煲的供货缺口。

于是，他们不仅放弃了原来限产压库的打算，反而作出了当年增产 40

万只电饭煲的经营决策。可靠的消息，为湛江家用电器公司开辟了一条产品畅销之路。这年年底，该公司实现了产销两旺，盈利倍增。

在经营中，若是光对自己心明如镜，而对竞争对手懵懂无知，同样没有把握制胜对手，赢得竞争。

所以，知彼是竞争制胜的一个重要因素。所谓知彼，就是要全面了解和掌握竞争对手的情报信息，包括竞争对手的经营规模、发展战略、营销策略、促销手段及产品开发的方向、性能、特点、包装等。

任何一个经营者只有对"彼"一清二楚的"知"，才能有的放矢地作出制服对手的战备战术，才能做到战而胜之。

20世纪60年代，德国福斯汽车公司为了在通用、福特等强手统治的美国汽车市场上杀出一条血路，抢占一席之地，他们事先对通用、福特等美国汽车公司生产的小轿车进行了全面的调查，从中发现美国的小轿车普遍存在着耗油量大的毛病，每加仑汽油通常只能行驶10英里。

同时，他们在市场需求调查中，又发现美国有10%的低收入者对低油耗小轿车每年的需求量高达100万辆。而这块地盘正是美国各大汽车公司经营战略的盲区。

在熟知"彼"之后，德国福斯汽车公司果断地作出决策，开发生产出一种品牌名叫"金甲虫"的低油耗小轿车，专门在美国市场上行销。这种小轿车每加仑汽油可以行驶30－40英里，比竞争对手的油耗低出3－4倍，深受美国低收入者的欢迎，购买者蜂拥而至。

到了1964年，德国福斯汽车公司的"金甲虫"已开始在美国市场上"横行霸道"了，年销量高达40多万辆，使竞争对手们连连发出"后院着火"的呼叫。

智慧箴言

在战场上，竞争对手在一刹那很可能成为你的致命敌人，你赢我输，或你输我赢。因此，最大的失误就是错误地判断竞争对手，低估或者过高地估计了对手，都会使自己的决策出现错误，带来严重的损失，只有知己知彼，才是做事的最佳策略。

6. 投资信用收获回报

得黄金百斤，不如得季布一诺。秦朝末年，在楚地有一个叫季布的人，性情耿直，为人侠义好助。只要是他答应过的事，无论有多大困难，都设法办到，受到大家的赞扬。楚汉相争时，季布是项羽的部下，曾几次献策，使刘邦的军队吃了败仗。刘邦当了皇帝后，想起这事，就气恨不已，下令通缉季布。这时敬慕季布为人的人，都在暗中帮助他。不久，季布经过化装，到山东一家姓朱的人家当佣工。朱家明知他是季布，仍收留了他，后来，朱家又到洛阳去找刘邦的老朋友汝阴候夏候婴说情。刘邦在夏候婴的劝说下撤消了对季布的通缉令，还封季布做了郎中，不久又改做河东太守。

有一个季布的同乡人曹邱生，专爱结交有权势的官员，借以炫耀和抬高自己，季布一向看不起他。听说季布又做了大官，他就马上去见季布。

季布听说曹邱生要来，就虎着脸，准备发落几句话，让他下不了台。谁知曹邱生一进厅堂，不管季布的脸色多么阴沉，话语多么难听，立即对着季布又是打躬，又是作揖，要与季布拉家常叙旧。并吹捧说："我听到楚地到处流传着'得黄金千两，不如得季布一诺'这样的话，您怎么能够有这样的好名声传扬在梁、楚两地的呢？我们既是同乡，我又到处宣扬你的好名声，你为什么不愿见到我呢？"季布听了曹邱生的这番话，心里顿时高兴起来，留下他住几个月，作为贵客招待。临走，还送给他一笔厚礼。

后来，曹邱生又继续替季布到处宣扬，季布的名声也就越来越大了。信用是宝贵的，我们可以失去金钱，因为可以再赚；可以失去工作，因为可以再找；但一旦信用失去了，就难以挽回了。因为，失去信用就意味着失去一切。所以，信用是为人之本，也是立业之基。

众所周知，犹太人之所以能够致富，是因为善于经商。其经商绝招之一就是讲究信用，这是犹太人立于商界不败之地的根本要诀。

1968 年，藤田接受美国油料公司订制的 300 万个餐具刀叉的合同，规定 9 月 1 日在芝加哥交货。之后，他马上委托岐阜县关市的相关厂家制造。

产品必须在 8 月 1 日在横滨出货，否则就会耽误交货时间。

事情并不如原先计划的那样顺利。制造厂家拖延到 8 月 27 日才交货。无奈之下，藤田想到了航空运输，否则，就无法近期交货。

芝加哥至东京的空运费用是 3 万美金，用它来运 300 万刀叉太不划算了。藤田转念一想："订约的双方是犹太人所支配的美国油料公司，无论如何都必须如期交货。一旦失约，犹太人再也不会信任他们了，今后的一切商务也都不可能存在了。"于是藤田不惜花费 3 万美元空运费租下了波音 707 飞机，于 8 月 31 装好货后，10 时飞往芝加哥，如期于 9 月 1 日交了货。

对方对藤田此举大加赞赏，第二年又向他订货，订制的是比前次多了一倍的西餐用刀叉共 600 万个。但是，不幸的是这一次制造商又耽误了出货日期。无奈之中，他不得不又租用飞机来如期交货。

两次租用飞机按时交货，亏损太大，但换来了犹太人对藤田的高度信任。他两次不惜亏损租用飞机如期交货的消息到处流传，藤田因此获得了"银座犹太人"的美誉，它是含义是"日本唯一遵守契约的商人"。从此，藤田赢得了犹太人的信任。犹太人的订货单也源源不断而来，使他赚了很多钱。这位"银座犹太人"可以说是从信誉中走向成功，从亏损中挣了大钱。

在现代社会中，诚信已经成为一个企业生存发展的根本。对企业来说，诚信的重要性是不言而喻的。企业的诚实守信日积月累就能形成良好的信誉，在生意往来中处于有利地位，成为扩大交往、促进合作、走向成功的通行证。诚信是企业生存发展的保证。

在高度商业化的现代社会中，对于企业而言，诚信是一块金字招牌，是企业的基础和生命线。只有实现诚信基础上的客户认同感，企业才能长期受益。也就是说，谁赢得了优良的市场信誉，谁就能更好地争取客户，进而最大程度地占领市场。

随着市场化的发展，越来越多的事情需要你和不熟悉的人去打交道，而在这之中如何建立信任关系是第一位的。用投资的眼光去看信任是最有效最安全的做法，把信任作为长期投资终将获得丰厚的回报。

智慧箴言

诚信作为一种特殊的资源比有形资产更加可贵。在西方有"信誉就是金钱"的理念，可见讲诚信是一个人以及一个企业最大的无形资产，良好的诚信声誉可以带来实际的经济收益。

7. 要敢于挑战风险

"冒险"，说起来是很可怕的举动。其实仔细一想，人类的生存发展，是经常要冒险的。试想人类之初，靠渔猎生活，下水打鱼，上山打猎，每一点的进步与发展都是冒险取得的。生存竞争中适者生存，在付出代价的同时，也取得经验教训，于是战胜自然，不但生存了，而且得到了发展。

风险总是与机遇、利益如影随形。如果一个人既要想发展获得利益又怕担风险，对未来心存胆怯而裹足不前，那么他就很可能与成功失之交臂，只有事后叹息、后悔的份儿了。如果能够把握关键时刻做出决策，通常是危机转为成功的转折点。

王传福原是一文不名的农家子弟，但26岁时便成为高级工程师、副教授，在短短7年时间里，他将镍镉电池产销量做到全球第一、镍氢电池排名第二、锂电池排名第三，37岁便成为享誉全球的"手机电池大王"，坐拥3.38亿美元财富。

2003年，他斥巨资高歌猛进汽车行业，誓要成为汽车大王……

是什么成就了他青年创业的神话，成为商界奇才呢？很多人认为答案是智慧、精练和汗水，而他自己则认为，"最关键的是要有冒险精神"。

1987年，21岁的王传福从中南工业大学冶金物理化学系毕业，进入北京有色金属研究院。在读研究生期间，他学习刻苦，把全部的精力都投入到电池研究中去。5年后，26岁的王传福被破格委以研究院301室副主任的重任，成为当时全国最年轻的处长。

而更让他意想不到的是，一个促使他从专家向企业家转变的机遇很快就从天而降。1993年，北京有色金属研究院在深圳成立比格电池有限公司，由于和王传福的研究领域密切相关，王传福顺理成章地成为公司总经理。

但在有了一定的企业经营和电池生产的实际经验后，王传福发现，作为自己研究领域之一的电池行业里，要花 2 万 -3 万元才能买到一部大哥大，国内电池产业随着移动电话的"井喷"方兴未艾。作为研究这方面的专家，眼光敏锐独到的王传福坚信，技术不是什么问题，只要能够上规模，就能干出大事业。于是，他作出了一个大胆的决定——脱离比格电池有限公司单干。

1995 年 2 月，深圳乍暖还寒，王传福注册成立了比亚迪科技有限公司。成立一个公司并不难，难的是如何将尽可能小的投入演变为尽可能大的产出。这就需要眼光，需要冒险。而王传福拥有的最大的资本，就是战略眼光和冒险精神。

正在寻求快速发展之道的王传富在一份国际电池行业动态中发现，日本宣布本土将不再生产镍镉电池，而这势必会引发镍镉电池生产基地的国际大转移。王传福立即意识到这将为我国电池企业创造前所未有的黄金时机，于是他决定马上涉足镍镉电池生产。

那时，日本的一条镍镉电池生产线需要几千万元投资，再加上日本禁止出口，王传福买不起也根本买不到这样的生产线。但世上无难事，只怕有心人。王传福根据企业的特点，利用我国人力资源成本低的优势，只花了 100 多万元就建成了一条日产 4000 个镍镉电池的生产线。并利用成本上的优势，通过一些代理商，逐步打开了低端市场。

为进驻高端市场，争取到大的行业用户和大额订单，王传福不断优化生产工艺、引进人才，并购进大批先进设备，集中精力搞研发，使电池品质稳步提升。

在镍镉电池领域站稳脚跟后，不甘寂寞的王传福又开始了镍氢电池的研发，并从 1997 年开始大批量生产镍氢电池。镍氢电池年销售量达到 1900 万块，一举进入世界前 7 名。

2000 年，王传福又投入大量资金开始了锂电池的研发，很快拥有了自己的核心技术，并成为摩托罗拉的第一个中国锂电池供应商。

2001 年，比亚迪公司锂电池市场份额上升到世界第四位，而镍镉和镍氢电池上升到了第二和第三位，实现了 13.65 亿元的销售额，纯利润高达 2.56 亿元。

如果说单干创业对于王传福来讲是第一次冒险，那么决定制造汽车无疑是他冒险的疯狂之举。2003 年 1 月 23 日，比亚迪宣布以 2.7 亿元的价格收购西安秦川汽车有限责任公司 77％的股份。比亚迪成为继吉利之后国内第二家民营轿车生产企业。

王传福的思路是，通过电池生产领域的核心技术优势，打造中国乃至世界电动汽车第一品牌，"我下半辈子就干汽车了。"王传福说。

尽管王传福的规划看上去环环相扣，但是很多人士认为，充电汽车的产业化难度远非现有技术条件可以想象，王传福的造车之梦无疑是一次疯狂冒险之举。

从电池行业进入自己并不熟悉的、全新的汽车行业，这本身就是极大的挑战。冒险精神给比亚迪的发展带来了举世瞩目的成就。

风险和利益的大小是成正比的。如果风险小，许多人都会去追求这种机会，因此利益也不会很大。如果风险大，许多人就会望而却步，所以能得到利益也就大些。

从这个意义上来说，有风险才有利益。也可以说，利益就是对人们承担的风险的相应补偿。

智慧箴言

我们常让自己受困于现状，于是内心的痛苦，促使我们改弦易辙。没有或不能看出周围潜在的机会，以致于失去获得宝贵经验或教训的机会。从这一点上说，不敢冒险又是最愚蠢的做法。

第八章

选准方向可驶得更远

人生重要的不是所站的位置，而是所朝的方向。你的过去怎样？不很重要，如果你要将来过得更好，那就从现在开始很好地——认知自己、明确自己所要奋斗的方向，在竞技场上争取机会，寻求突破。

每个人就是一条奔腾不息的河流，一路上你需要跨越生命中的重要障碍，才能有所突破，有所进步。在这个过程中，有一点很重要，就是要清楚你到底要的是什么，方向，对每一个人的发展都很重要。只有选择了一个方向，沿着这个方向走下去，才会走得更远、走得更好。没有方向的路，只会让人慢慢迷失，永远也走不下去

在这个世界上，通向成功的道路何止千万条，但你要记住：所有的道路，不是别人给的，而是你自己选择的结果。你有什么样的选择，也就有了什么样的人生。你有什么样的职业选择，你就拥有什么样的职业生涯。

1、方法比勤奋更重要

方法比努力更重要。

我们经常说：只要努力了，结果如何并不重要。这一句话有一定道理，但放在一切讲究效率的今天，却并不适用。我们拼尽全力做某件事，自然是希望获得成功，不然也不必白费力气了。

不过，努力并不等于成功，只有找对方法才能拿到成功的金钥匙，只有选对方法才能事半功倍，比别人提前一步到达终点。

有一个简单的寓言，告诉我们一个深刻的道理：有两只蚂蚁想翻越一段墙，寻找墙那头的食物。

一只蚂蚁来到墙脚就毫不犹豫地向上爬去，可是当他爬到大半时，就由于劳累、疲倦而跌落下来。他不气馁，一次次跌落下来，又一次次迅速调整自己，重新开始向上爬去。另一只蚂蚁观察了一下，决定绕过墙去。很快地，这只蚂蚁绕过墙来到食物前，开始享受起来。第一只蚂蚁仍在不停地跌落下去又重新开始。

这个寓言故事向我们昭示了一个道理：很多时候方法比努力、勤奋更重要。无论是学习还是做事，都要选对方法。只有方法正确，才能取得成效。

日本的松下电器公司是世界上有名的电器公司，员工待遇优厚，发展空间大，是很多年轻人向往的地方。

这一年，松下公司要招聘一名高级女职员，一时应聘者如云。经过一番激烈的比拼，纪代美、山田杏子、喜久惠三人脱颖而出，成为进入最后阶段的候选人。

三个人都是名牌大学的高才生，又是各有千秋的美女，条件不相上下，竞争到了白热化的程度。她们都在小心翼翼地做着准备，力争使自己成为"笑到最后"的胜利者。

这天早上8点，三个人准时来到公司人事部。人事部长给她们发了一套白色制服和一个精致的公文包，说："三位小姐，请你们换上公司的制服，带上公文包，到总经理室参加面试。这是你们最后一轮考试，考试的结果将直接决定你们的去留。"三个美女脱下精心搭配的外衣，穿上那套米白色的制服。

人事部长又说："我要提醒你们的是：第一，总经理是个非常注重仪表的先生，而你们所穿的制服上都有一小块黑色的污点。毫无疑问，当你们出现在总经理面前时，必须是一个着装整洁的人，怎样对付那个小污点，就是你们的考题；第二，总经理接见你们的时间是 8 点 15 分，也就是说，10 分钟以后，你们必须准时赶到总经理室，总经理是不会聘用一个不守时的职员的。好了，考试开始。"

三个人立即行动起来。

纪代美用手反复去揩那块污点，反而把污点越弄越大，白色制服最终被弄得惨不忍睹。纪代美紧张起来，红着脸央求人事部长能否给她再换一套制服。没想到，人事部长抱歉地说："绝对不可以，而且，我认为，你没有必要到总经理室去面试了。"纪代美一下子愣住了，当她知道自己已经被取消了竞争资格后，泪眼汪汪地离开了人事部。

与此同时，山田杏子已经飞奔到洗手间，她拧开水龙头，撩起自来水开始清洗那块污点。很快，污点没有了，可麻烦也来了，制服的前襟处被浸湿了一大片，紧紧贴在身上。

于是，山田杏子快步移到烘干器前，打开烘干器，对着那块浸湿处烘烤着。烤了一会儿，她突然想起约定的时间，抬起手腕看表，坏了，马上就到约定的时间了。于是，山田杏子顾不得把衣服彻底烘干，赶紧往总经理室跑。

赶到总经理室门前，山田杏子看表，8 点 15 分，还没有迟到；更让她感到庆幸的是，白色制服上的湿润处已经不再那么明显了，要不是仔细分辨，根本看不出曾经洗过。堂堂大公司总经理怎么会仔细分辨一个女孩的衣服呢？除非他是个色鬼。

山田杏子正准备敲门进屋，门却开了，喜久惠大步走出来。山田杏子看见，喜久惠的白色制服上，那块污迹仍然醒目地躺在那里。山田杏子的心理踏实了，她自信地走进办公室，得体地道声："总经理好。"总经理坐在大办公桌后面，微笑地看着山田杏子白色制服上湿润的那个部位，好像在"分辨"着什么。

山田杏子有点不自在。这时，总经理说话了："山田杏子小姐，如果我没有看错的话，你的白色制服上有块地方被水浸湿了。"山田杏子点了点头。"是清洗那块污渍所到致吗？"总经理问。

山田杏子疑惑地看着总经理，点了点头。总经理看出山田杏子的疑惑，浅笑一声道："污点是我抹上去的，也是我出的考题。在这轮考试中，喜久惠是胜者，也就是说，公司最终决定录用喜久惠。"

山田杏子感到愕然："总经理先生，这不公平。据我所知，您是一位见不得污点的先生。但我看见，喜久惠的白色制服上，那块污点仍然清晰可见啊！"

"问题的关键是"总经理说，"山田杏子小姐，喜久惠小姐没有让我发现她制服上的污点。从她走进我的办公室，那只黑色公文包就一直优雅地横在她的前襟上，她没有让我看见那块污迹。"

山田杏子说："总经理先生，我还是不明白，您为什么选择喜久惠而淘汰我呢？我准时到达您的办公室，也清除了制服上的污点，而喜久惠只不过耍了个小聪明，用皮包遮住了污点。应该说，我和喜久惠打了个平手。"

"不！"总经理坚定地说，"胜利者确实是喜久惠，因为她在处理事情时，思路清晰，善于分清主次，善于利用手中现有的条件，她的问题解决得从容而漂亮。而你，虽然也解决了问题，但你却是在手忙脚乱中完成的，你没有充分利用现有的条件。其实，那只公文包就是我们解决问题的杠杆，而你却将它弃之一旁。如果我没猜错，你的'杠杆'忘在洗手间了吧？"

勤奋固然重要，但是一味的埋头苦干，并不能使你迅速成功。只有开动脑筋，用智慧的力量战胜所有难题才是成功的不二法门。一个人能举起一千斤，只能算他有一大把力气，能掌握四两拨千斤的方法，那才是真本事。

阿基米德说：给我一个杠杆，找准支点，能把地球撬起。在学习、生活、工作中只要我们找准了方法，会更省时、省心、省力、效率会更高，利润会更大，成功非你莫属。

智慧箴言

方法是解决问题的金钥匙，是成功的通行证。生活中只要我们用心地去找对方法，再加上努力，在竞争激烈的今天才能一路披荆轧棘、乘风破浪，夺取胜利的制高点。

2. 形成创新思维的习惯

古今中外，大凡在事业上有所建树、有所作为的人，可以说，都是创新思维能力很强的人。他们凭借高超的创新思维能力，对事物进行优化组合，正确评价，对信息进行科学判断，认真梳理。一句话，他们靠智慧、靠特色、靠创新、靠点子，开拓出了事业上的一片广阔天地，被人们所赞颂、所称道。

清代名将杨时斋，善于逆向创新性思维，组织管理军队，指挥训练打仗，既做到了"军中无闲人"，又展示了他的非凡谋略，在历史上传为佳话。

在行军打仗时，他把聋子留在左右使唤，从而避免了军事机密的泄露；他让哑巴传递密信，即使被敌方捉住，也问不出所以然；他让瘸子守放炮座，既坚守了阵地，又避免了逃兵；他让盲人伏地远听，以及时察觉敌人的行动，先机制敌。显然，通过创造性的逆向思维，使兵员都派上了用场，编配上达到了最佳组合，整体作战能力得到了最大发挥。

另据报载：南方有一家合资企业，在一般人看来，劳动生产率已经到了"山重水复疑无路"的地步，再没有任何潜力，乃至任何招法了。就在这个节骨眼上，公司下属一位车间主任应聘竞争上岗。上任后，在认真调研论证、广泛听取意见和建议的基础上，他对公司所属四个车间分别采取了如下措施——

第一个车间都是男孩，加几个女孩进去，我们经常有人说的，叫男女搭配，工作不累。效率大大的提高。

第二个车间都是青年人，加几个中老年人进去，老成持重，效率明显提高。

第三个车间都是中老年人，加几个青年人进取，增添了活力，效率直线提高。

第四个车间，老的少的，男的女的，都有。怎么提高效率呢？经过认真分析发现，这个车间都是本地人。加几个外地人进去，都拼命地摽劲干，效率大幅度提高。

结果，面貌改变了，效率提高了，效益增强了，事业做大了。

创新思维能力超高、超众，就能敢于说别人没有说过的话，敢于做别人没有做过的事，敢于思考别人没有思考过的问题。创新思维能力的超与凡，将决定一个人的勇气、胆识的大小，谋略水平的高低。中国电子商务教父马云有这样一段关于懒的讲演，认为这个世界实际上是靠懒人来支撑的：

"世界上最富有的人，比尔·盖茨，他是个程序员，懒得读书，他就退学了。他又懒得记那些复杂的 dos 命令，于是，他就编了个图形的界面程序。于是，全世界的电脑都长着相同的脸，而他也成了世界首富。"

"世界上最厉害的餐饮企业，麦当劳。他的老板懒得出奇，懒得学习法国大餐的精美，懒得掌握中餐的复杂技巧。弄两片面包夹块牛肉就卖，结果全世界都能看到那个 M 的标志。必胜客的老板，懒得把馅饼的馅装进去，直接撒在发面饼上边就卖，结果大家管那叫 PIZZA，比 10 张馅饼还贵。"

以上这段话，从侧面反映出因为"懒"，引发出的创新精神、创新思维的重要性。所谓，创新有法，思维无法，贵在创新，重在思维。只有创新思维的存在，才能有富有成效的新产品的诞生、一个有意义方法的提出，一个成功契机的诞生。

不同行业和环境，创新思维，有多样的表现形式。但本质上，是人的一种思维能力的体现，创新思维在我们日常生活中有着异乎寻常的作用，正因为这些"懒人"的创造性发明和创新的出现，新行业得以诞生，企业得以发展、财富得以汇聚、社会得以进步、世界才有了今天这样的精彩。即创新思维是引导社会发展和进步的基石。

尤其是在今天，科学技术不断更新，人与人之间的竞争越加激烈，创新更是取得成功、实现自我价值的必经之路。毫无疑问，我们正处在知识经济这样一个崭新的时代，一个需要创造精神的时代。知识经济的首要特征就是创新性，创新是知识经济的核心和灵魂。

对于个人来说，若要在经济社会获得自我价值的实现，追求成功的人生，就必须培养和展现自己的创新能力，否则，将难以在激烈的竞争中凸现自己的价值。

两个大学毕业生同时被分配到一个公司。两年过后，A 大学生被提拔为副科长。B 大学生对此心理很不平衡，他找到公司老总说："我们两个不是一块来的吗？工作上我们都非常努力，怎么提拔了他，没提拔我啊？"

老总非常有耐心，说："小 B，那好吧，我要给你说清楚了。但是，你来了这么久，你帮我干一件事吧。现在是下午四点整，你到街上隔壁的自由市场去一趟，看有什么东西卖的没有，回来跟我说一声。"小 B 说，"那好，我去看一下。"说完咚咚下楼了，不一会回来说："老总，市场上有个农民推着手推车，正在卖土豆（马铃薯）。"老总问："这一车土豆大概有多少斤啊？""老总，我没问，我去问一下。"小 B 又转身跑下楼去，回来后说："老总，这车土豆 300 多斤。"老总问，"大概多少钱一斤呢？""噢，我还真没问，我再去问一下吧。"不一会回来说，"老总，八角钱一斤。"老总又问："要是全部都买了，能便宜点不？""老总，您等一会，让我再去问一下吧。"过有一会工夫，小 B 气喘吁吁地上楼说："老总，我问好了，6 角钱一斤就卖的。"老总看小 B 前后跑了四趟，汗水出来了，端一杯热茶过去，说："小 B 你先坐下，休息一会"。

于是，又把提了副科长的小 A 叫了过来，说："小 A，你到隔壁市场去看一下，有什么东西要卖没有，回来给我讲一下。"小 A 既稳重又迅速地下楼了。不一会儿回来了，对老总汇报说："有个农民推着一车土豆在卖。""大约有多少斤啊？""我顺便打听了一下，300 斤多一点。""那多少钱一斤呢？""我还真问了一下，8 角钱一斤。""要是全部包了都买呢，他能不能少一点啊？""我也问那位老农啦，他说 6 角钱一斤就卖。"老总说："叫他进院里来吧，我们都买了。"小 A 紧接答道，"我已经叫到门口了，老总，就等您一句话啦。"……小 B 一看到这个过程和结果，心里明白啦，气消了，走人了。

不言而喻，由于创新思维能力上的差异，导致了不同的结果或结局。实践告诉我们，只有不断地创新，不断地否定自己已有的见解，才能生产出更新颖、更有创造性的产品，实现不断的超越和发展。

C·A·克兰是一个专售巧克力的普通商人，每到夏季，他便异常烦闷，由于季节的原因，这时候巧克力会变软，甚至融化，销售量也因此急剧下降。于是，他苦思冥想，制造了一种专供夏季消暑用的硬糖，造型上一改以前的块状、片状，而压制成小小的薄环。于是，在 1912 年，他对这种命名为"救生圈"的具有薄荷味的硬糖正式进行批量生产，最终，很受顾客的欢迎，并且至今不衰。

事实上，我们每个人都可能成为具有创新能力的人，关键是看我们有没有创新的观念和意识，能否掌握创新的思维方法和运用创新的基本技法。推陈出新也绝非一味求新求异，而是要在牢固掌握基本技能和知识的基础上，在已有的成就上逐步寻求更大的收获，这才是创新的真正意义。

智慧箴言

只有把好奇心转化为兴趣，进而发展为习惯，锲而不舍的人，才能从好奇的现象中探幽寻胜，才能最终有所发现和创造，从而打开成功的大门。

3. 积极心态是取得成功的钥匙

面对生活，有人积极热情，有人消极冷淡；面对失败，有人一笑视之，有人愁容满面；面对人生，有人信心百倍，有人垂头丧气。人与人之间原本只有微小的差别，但不同的心态却造成了巨大的差异。

可见，不同的心态可以"摇控"出不同的产物，让我们写下不同的人生。好的心态，让我们走向成功，坏的心态，让我们走向失败。

霍金是我们众所周知的科学家，他唯一的能动的是他的那几根手指。有的人问他是否被一生控制在轮椅上而感到悲哀，而霍金的回答却让每个人都为之震惊。他说虽然上帝只给了我几根能动的手指，但我还有能够想向世界探索未知的头脑，所以我并不感到悲哀。

是的，每个人都不可能是完美的，面对这样或那样的不足，我们用怎样的心态面对是很重要的。人人向往成功，但总有些人会失败，一个好的心态才能摇控出成功的人生。好的心态，让我们发掘潜能，坏的心态，让我们失去自信。面对困难，有的人因为从内心害怕它的强大，这样的心态让我们输掉了自信心。可以想象，失去了自信的人，当他在面对一切事物的时候还会取得成功吗？

心理学曾有过这样的实验：

实验的内容是看一张一群青少年正在沼泽地区挖地的图片。一位实验对象在心情愉快时对这张图片是这样描述的："看来一切都很有趣，这使我想起了夏天，在大自然中劳动，是生命的真正享受，是一种无法比拟的快乐，在泥沼中挖土、种植，然后看着植物发育成长，是对劳动者至高无上的奖赏。"

还是这张图片，还是这位实验对象，在他情绪忧郁的时候，他这样描述道："生活真是一场无休止的苦役。这么小的孩子就要承担如此又脏又重的体力活儿，这个世界没有一点人情味，他们的家长、我们的社会干什么去了？这样年龄的孩子显然还有更有趣的事情可做。这真是一片可怕的黑色土地。"

还是这张图片，还是这位实验对象，在他情绪焦虑的时候，他这样描述道："我真担心，这些孩子会弄伤他们的手脚，这种活应该让年纪大一些的人去干。一旦发生意外，真不知道会酿成怎样的悲剧。瞧，旁边沼泽地的水恐怕不浅吧，万一孩子不小心滑下去……"

同样一个人，在不同的情绪状态下，对同样一项事物，竟然有如此不同的反应，真是耐人寻味。其实，事物还是那个事物，所不同的只是情绪和心态而已。由此说来，环境的意义不在于环境本身，而在于对环境的解读和理解。

在很多情形下，只要稍微调整一下我们的心态、我们的视点，使它处于良好的状态，我们就可以获得一个全新的环境感受。

人与人之间只有很小的差异，却往往造成巨大的不同；很小的差异就是所具备的心态是积极的还是消极的，巨大的不同就是成功和失败。所以，在生活中，我们常常听到一些人抱怨自己所处的环境没有为他的成功创造必要的条件。其实，环境对于人们的影响往往不在于环境的自身，而在于我们对环境的看法。我们怎样对待生活，生活就怎样对待我们；我们怎样对待别人，别人就怎样对待我们。

每个人都处在一定的社会环境和自然环境中，长期以来，我们已习惯于认为是环境制约了我们。其实，真正制约我们的并非是环境，而是我们的心态。在通往成功的路上，能否有一个良好的心态，直接影响着你对周围事物的理解。心态的不同、情绪的不同会直接影响一个人对事物的认识。不同的人对同样事物有截然不同的认识和反应。即使是同一个人，在不同的心态下对相同事物的认识和反应也有迥然不同的情况。

事实上，心态如何在很大程度上决定了我们人生的成败。心态可分为积极心态和消极心态。积极心态能发挥潜能，吸引财富、成功、快乐和健康；消极心态则排斥这些东西，夺走生活中的一切，使人终身陷在谷底，即使爬到了巅峰，也会被它拖下来。积极心态的特点是信心、希望、诚实、爱心和踏实；消极心态的特点是悲观、失望、自卑、虚伪和欺骗。

一位微软的招聘官曾对一个记者说：

"从人力资源的角度讲，我们愿意招的'微软人'，他首先应是一个非常有激情的人：对公司有激情、对技术有激情、对工作有激情。可能在一个具体的工作岗位上，你也会觉得奇怪，怎么会招这么一个人，他在这个行业涉猎不深，年纪也不大，但是他有激情，和他谈完之后，你会受到感染，愿意给他一次机会。"

始终以最佳的精神状态工作不但可以提升个人的工作业绩，而且还可以给公司带来许多意想不到的成果。

麦克是一个汽车行的经理，这家店是 20 家连锁店中的一个，生意相当兴隆，而且员工都热情高涨，对他们自己的工作表示骄傲。

但是麦克来此之前，情形并非如此，那时，员工们已经厌倦了这里的工作，甚至认为这里的工作枯燥至极，公司中有些人已打算辞职，可是，麦克却用自己昂扬的精神状态感染了他们，让他们重新快乐地工作起来。

麦克每天第一个到达公司，微笑着向陆续到来的员工打招呼，把自己的工作一一排列在日程表上，他创立了与顾客联谊的员工讨论会，时常把自己的假期向后推迟。总之，他尽他一切的热情努力为公司工作。

在他的影响下，整个公司变得积极上进，业绩稳步上升，他的精神改变了周围的一切，老板因此决定把他的工作方式向其他连锁店推广。

那些每天精神饱满地去迎接工作的挑战，以积极的心态去发挥自己才能的人，都能充分发掘自己的潜能。

史蒂芬·柯维曾告诫我们，心态是一种世界上最神奇的力量。带着爱、希望和鼓励的积极心态往往能将一个人提升到更高的境界；反之，带着失望、怨恨和悲观的消极心态则能毁灭一个人。因此，我们一定要保持一种积极的心态。

智慧箴言

赢得成功与积极心态的培养息息相关。积极心态能让你走出绝望和消沉，建立自信。有了这种内在品性，你便会拥有自尊和美好的感觉，就会营造积极的氛围，抛弃消极的一切。

4. 量入为出，节俭而不吝啬

公元 1080 年，苏东坡被贬官来到黄州时，生活窘迫。为了度过困境，他订出了一套特殊的计划开支办法：把所有收入分成 12 份，每月一份；然后又将每份分为 30 小份，每天只用一小份。他把每月分好的每小份钱挂在屋梁上，每日清晨挑下一包来用，准余不准超。剩余的钱，他另用竹筒保存，以备意外开支之需。

后来，他又在朝廷中做了高官，但仍注重节俭，从不讲究奢华。他自订每餐只能一饭一菜，有客也只能增加两个菜，不许铺排，否则就拒绝用餐。一次，苏东坡的一个老友与他重逢，请他吃饭，他嘱咐朋友千万不可大操大办。可是，当苏东坡应约去老友家赴宴时，见酒席准备得相当奢华，他婉言拒绝入席，告辞而走。

苏东坡走后，他的朋友感慨地说："当年东坡遭难时，生活很节俭。没想到他如今身居高位后，还这样节俭。"

节俭不仅仅体现出一个人的素质、一种生活方式，更是一种理财的方式，它教会我们如何有效地管理自己的金钱，在与财富和长久、良性互动中获得永续的"恒财"。

约翰·戴维森·洛克菲勒是洛克菲勒集团的创始人。他对家族里的孩子们从小进行节约教育和劳动教育。每一个周末，孩子们都从父母那儿得到几十美分的零用钱，至于怎么支配完全由孩子们自己决定，只是他们必须详细地记在自己的小账本上，以备父母查问。

如果孩子们觉得自己的零用钱不够用，他们的父母不会再给他而是鼓励孩子们通过自己的双手去挣钱。所以，星期天的时候，洛克菲勒家的孩子们便忙着修剪草坪，打扫花园或者擦皮鞋。擦一双皮鞋 5 美分，擦一双长靴 20 美分。亿万富翁的孩子都能这样对待钱财，作为普通人的孩子是不是应该明白金钱的价值，学会自主理财的技能呢？

节俭并不是一种对生活的苛求，更不是什么吝啬，可以说是一种生活的智慧，是对自己所拥有的资源进行最合理的配置的方法的艺术，不仅能使我们的财富更多一些，而且还使得我们的生活更有情趣，更富有挑战性。

中岛薰被称为日本的营销之父。在他看来，真正让你实现富足的并不是金钱的数量，而是你的财富性格。如果一个人只是在拥有钞票数量上发生了改变，而在生活和思想的其它方面并没有任何有益的变化，那么这些钱就没有任何意义。甚至还会把一些意志不怎么坚定的人引入歧途。

节俭不仅是积累财富的一种方式，也是许多优秀品质的根本所在。节俭可以提升个人的品性，厉行节约对人的其他能力也有很好的助益。节俭在许多方面都是卓越不凡的一个标志。节俭的习惯表明人的自我控制能力，同时也证明一个人不是其欲望和弱点的不可救药的牺牲品，他能够支配自己的金钱，主宰自己的命运。

节俭意味着科学地管理自己的时间与金钱，意味着最明智地利用我们一生所拥有的资源。无论家中的生活条件是否优裕，我们都应养成勤劳节俭的美德。一个懒惰成性，奢侈成风的人不可能取得事业的成功。事实上，大凡事业有成就之人，都是勤劳节俭的人。

有一次，比尔·盖茨和一位朋友开车去希尔顿饭店。饭店前停了很多车，车位很紧张，而旁边的贵宾车位却空着不少。朋友建议把车停在那儿。但盖茨认为太贵，即便朋友坚持付费的情况下，盖茨最终还是找了个普通车位。

洛克菲勒到饭店住宿，从来只开普通房间。侍者不解，问："您儿子每次来都要最好的房间，您为何这样？"洛克菲勒说："因为他有一个百万富翁的爸爸，而我却没有。"

一次，李嘉诚上车前掏手绢擦脸，带出一块钱的硬币掉到车下。天下着雨，李嘉诚执意要从车下把钱捡出来。后来还是旁边的侍者为他捡回了这一块钱，李嘉诚于是付给他100块的小费。他说：那一块钱如果不捡起来，被水冲走可能就浪费了，这100块却不会被浪费，钱是社会创造的财富，不应被浪费。

世界首富比尔·盖茨、世界上第一个亿万富翁洛克菲勒、中国首富李嘉诚的"吝啬"让许多人不可理解。其实"吝啬"是很多富翁们的生活本色和财富态度。我们不会想到，身价466亿美元的比尔·盖茨竟没有自己的私人司机，公务旅行不坐飞机头等舱却坐经济舱，衣着也不讲究什么名牌，甚至对打折商品感兴趣。我们也不会想到很多富翁过着节俭的生活，《华盛顿观察》曾经做过一个调查显示，70%的"富婆"和68%的富翁都曾经补过鞋，58%的"富婆"和将近一半的富翁们都用优惠券买食物。

节俭既是一种传统美德，也是一种创造财富的手段。节俭是很多富翁之所以成为富翁的财富基因。我们惊诧于跨国公司一张纸正反使用、信封重复使用的吝啬，但正是这种吝啬成就了众多富有的企业和身价特高的富翁。

一只老鼠，从不给自己留下隔夜食，当天的食物总是会消灭干干净净，第二天它不得不饥肠辘辘地忙碌奔走，寻找新一天的食物。不留隔夜食的老鼠永远实现财务自由。不少人一踏入社会就花钱如流水，胡乱挥霍，这些人似乎不知道金钱对于他们事业的价值。

泰森是世界拳王，被媒体誉为"世界上最棒的印钞机"。他可以在 3 场比赛加起来仅有 10 分钟 41 秒的时间里，用自己的快速组合拳挣到几千万美元，其速度比印钞机制造钞票的速度还要快。在他鼎盛的 10 年间，一双"铁拳"带给他 2 亿美元的巨额资产。然而，这位擂台上"印钞机"，在台下却是个一流的"散财童子"，他很快将这些钱挥霍在吃喝玩乐上。结果，"铁拳"生锈之后，这位昔日的拳王在生活上立马一落千丈，沦落到街头靠卖唱为生。

杰西·利弗莫尔是 20 世纪初华尔街的传奇人物，14 岁时在证券大厅赚到到一个 1000 美元；20 岁时赚到第一个 10000 美元。最辉煌的 1925 年曾坐拥 2500 万美元的财产……然而，金钱来得容易去得也快，当这位"短线狙击手"、"投机小子"赚到钱的时候，一掷千金地置办豪宅、游艇、自用火车、甚至在那个时代拥有自己的私人飞机……做股票失利的时候，则沦为乞丐、酒鬼，以至于在生命的最后死在了四处不通风的公寓里，身后还欠下了 226 万美元的巨额债务。

常言道：少不勤俭，老必艰辛；贫不知俭，富必不久。不论是在贫穷时，还是在富裕时，勤俭的作风和意识都是不能有丝毫松懈的。

明朝冯梦龙说："富贵本无根，尽从勤里得；请观懒惰者，面带饥寒色。"勤俭的习惯和意识是要从小、从贫穷时就要树立的一种生活态度、价值取向。

智慧箴言

"勤以得之，俭以守之，勤而不俭，"换言之就是，只有勤劳才能有收获，唯有勤俭才能将收获留住，如果你仅仅只是勤劳，而不去珍惜劳动果实，任意挥霍，那只能是左于拿右于丢。

5. 服务他人发展自己

假设你接到这样一个任务，在一家超市推销一瓶红酒，时间是一天，你认为自己有能力做到吗？你可能会说：小菜一碟。那么，再给你一个新任务，推销汽车，一天一辆，你做得到吗？你也许会说：那就不一定了。

如果是连续多年都是每天卖出一辆汽车呢？您肯定会说：不可能，没人做得到。可是，世界上就有人做得到，这个人在15年的汽车推销生涯中总共卖出了13001辆汽车，平均每天销售6辆，而且全部是一对一销售给个人的。他也因此创造了吉尼斯汽车销售的世界纪录，同时获得了"世界上最伟大推销员"的称号，这个人就是乔·吉拉德先生。

乔·吉拉德，1928年11月1日出生于美国底特律市的一个贫民家庭。9岁时，乔·吉拉德开始给人擦鞋、送报，赚钱补贴家用。乔·吉拉德16岁就离开了学校，成为了一名锅炉工，并在那里染了严重的气喘病。35岁那年，乔·吉拉德破产了，负债高达6万美元。

为了生存下去，他走进了一家汽车经销店，3年之后，乔·吉拉德以年销售1425辆汽车的成绩，打破了汽车销售的吉尼斯世界纪录。从此，乔·吉拉德就被人们称为"世界上最伟大的营销员"。

乔·吉拉德在1963年1月份之前，是一个建筑师，盖房子。到1963年1月为止，盖了13年房子，赔得一无所有，什么都没了。把房子都赔进去了，银行把他从家里赶了出来，把他的太太和两个孩子都赶了出来，还没收了他和他太太的车。他破产了一次，太太的问话给他当头一棒。她说："乔治，我们没钱了，也没吃的了。我们该怎么办？"

第二天，他出去找工作。那天，非常冷，雪很厚，他不知道当时为什么去了汽车经销店。只记得他走进去，请他们给他一份工作。老板嘲笑说："我不能雇你，正值隆冬，没有那么多生意。如果我雇了你，其他助理推销员肯定会生气的。我们不能雇你。顺便问一下，你卖过车吗？""没有，可我卖过房子。""那就更不能雇你。"乔·吉拉德告诉他"只要给我一部电话、一张桌子。我不会让任何一个跨进门来的客户流失，并且我还会带来自己的客户，我会在两个月内成为你们这里最棒的推销员。"老板说："你疯了！"乔·吉拉德说："不！我饿了！"

老板终于答应了，给了他电话和桌子。就这样，乔·吉拉德一天打了八、九个小时的电话，兑现了承诺，没有漏掉一个跨进门的客户。在那时候，他甚至还没意识到他的生活又重新开始了。店门打开，客户进来径直向他走来。

用近乎乞求的方式，乔·吉拉德销售出自己销售生涯里的第一辆汽车，从而迈出了成功的第一步。当时饱受饥饿折磨的乔·吉拉德很清楚，只要多卖出一辆车，就能换回更多的食物。

于是，乔·吉拉德得出了自己销售生涯中的一大结论：顾客就是你的衣食父母，不要得罪任何一个顾客。因为每个顾客身后还有包括亲戚朋友在内的250个顾客，如果你只要赶走一个顾客，就等于赶走了潜在的250个顾客。这就是乔·吉拉德的"250定律"。

乔·吉拉德从事汽车销售的第二月，销售最好成绩就达到了一天18辆车，这个纪录到目前都还没有被打破过。那么，在他从事汽车销售的职业生涯中，什么原则是一定要遵守的？

乔·吉拉德：当我乔·吉拉德卖给你一辆车以后，我要做三件事：服务、服务、还是服务。

乔·吉拉德有一句名言："推销活动真正的开始在成交之后，而不是之前。"他深信：在成交之后继续关心顾客，将会既赢得老顾客，又能吸引新顾客。于是，乔·吉拉德每月会给他曾经的顾客寄出上万张他亲笔签名的贺卡，让顾客们永远记住乔·吉拉德，永远记住，买汽车只要去找一个人就可以了，那个人就是——乔·吉拉德。

乔·吉拉德的吉尼斯世界汽车销售记录是在三、四十年前创造的，现在整个社会环境发生了很大变化，工业发展，商业环境也有很大变化，但有一些不变的因素还在决定你能否获得成功，那就是关爱和努力。

人的美德有许多，比如团结、勇敢、诚实、创造力、同情等等。还有非常重要的一点，那就是"服务精神"。服务他人的精神是社会中任何人都应该具有的基本品德。

在今天这个社会中，我们所使用的东西95%以上都不是我们自己生产和制造的。我们吃的食物、穿的衣服，我们使用的电脑、汽车、手机，这些都是他人为我们提供的。这个社会中的人只有处在"我为别人服务，同时别人也为我提供服务"的状态当中，用这种服务精神把我们大家紧密地联系在一起，大家才能共同生存和进步。

所以，在今天，服务的精神要比以往任何一个时代都显得重要。我们要为自己部门的其他人提供服务，要为公司提供服务，还要为家庭提供服务，最后要为全社会提供服务。如果没有这种服务精神，我们就无法在这个社会中生存。

如果服务精神差，我们就不能继续提高，长久下去还会影响我们的生存与发展。一个社会、一个国家、一个公司就像人体一样，各部分都有它特定的功能，只有相互服务，彼此协调，才能够成长为一个健康协调的身体。

智慧箴言

在社会生活中，我们所具有的服务意识，并在行动中加以体现，不仅给人以"宾至如归，如沐春风"的感觉，同时，也给我们自身创造了无限的机会。付出与回报一定是成正比的。

6. 选对方向就是成功的一半

古往今来，人人都向往成功。因为成功带给人的是荣耀、名誉、别人的尊重和内心的平静。然而，成功者却是少数。于是，有人把成功归于好的家庭背景、好的学历、好的运气以及超凡的能力。这些固然重要，但最重要的却是选择。

俗话说：男怕入错行，女怕嫁错郎。好的选择，等于成功了一半。一位成功学家说过一句这样的话：做对的事情，比把一件事情做对要强一百倍。为什么选择是最重要的因素呢？一则寓言能说明这一点：

从前，有一个名叫张梦金的人，他养了一只青蛙叫托尔斯泰。张梦金在一家跨国公司里上班，虽然生活无忧，但是他总梦想着有朝一日自己能够暴富起来。一天，张梦金灵机一动，对托尔斯泰说："我们就要发财了，我将教会你飞！""等一等，我不会飞呀！我是一只青蛙，而不是一只麻雀！"张梦金非常失望："你这种消极态度确实是一个大问题。我要为你报一个培训班。"于是托尔斯泰就上了三天培训班，它学习了战略制定、时间管理以及高效沟通等课程，但关于飞行方面却什么也没有学。

第一天飞行训练，张梦金异常兴奋，但是托尔斯泰却很害怕。张梦金解释说，他们住的公寓一共有15层，托尔斯泰从第一层开始，从窗户向外跳，每天加一层，最终达到15层。在每一次跳完之后，托尔斯泰要总结经验，找出最有效的飞行技术，然而把这些技术运用到下一次训练中。等到到达最高一层的时候，托尔斯泰就学会飞了。

可怜的托尔斯泰请求张梦金考虑一下自己的性命，但是张梦金根本听不进："这只青蛙根本就不理解青蛙会飞的意义，它更看不到我的宏图大略。"因此，张梦金毫不犹豫地打开第一层楼的窗户，把托尔斯泰扔了出去。

第二天，准备第二次飞行训练的时候，托尔斯泰再次恳求张梦金不要把自己扔出去。张梦金拿出一本袖珍的《高绩效管理》，然后向托尔斯泰解释，当人们面对一个全新的、创造性的项目时，抵制的情绪会多么严重。接下来，只听见"啪"的一声，托尔斯泰又被扔了出来。

第三天，托尔斯泰调整了自己的策略，即拖延。它要求延迟飞行训练，直到有最适合飞行的气候条件为止。但是张梦金对此早有准备，他拿出一张进度表，指着说："你肯定不想破坏训练的进度，对不对？"于是托尔斯泰知道，今天不跳仅仅意味着明天跳两次而已。

不能说托尔斯泰没有尽其所能。如，第五天它给自己的腿加上了副翼，试图变成鸟；第六天，它在自己脖子上戴了一个红色的斗篷，试图把自己变成"超人"，但这一切都是徒劳。到了第七天，托尔斯泰只好听天由命，它不再乞求张梦金的仁慈。它只是直直地看着张梦金说，"你知道你在杀死我，对不对？"

张梦金则指出，到目前为止，托尔斯泰的表现没有任何可仿效性，因此完全没有达到自己为其制定的目标。对此，托尔斯泰平静地说道，"闭嘴，开窗。"然后，它瞄着楼下的一个石头角落跳下去。

托尔斯泰被摔得像一片叶子一样瘪。张梦金对托尔斯泰极其失望。飞行计划完全失败了，托尔斯泰没有学会如何飞，它降落的过程就像一袋沙子从楼上扔下来一样，而且它丝毫也没有听取张梦金的建议："聪明地飞，而不是猛烈地下降。"

现在，张梦金惟一能做的事就是分析整个过程，找出什么地方错了。经过仔细的思考，张梦金笑了："下次，我找一只聪明的青蛙不就行了嘛！"

成功与否不在于你有多么宏伟的蓝图，而在于你是否选择了正确的方向。方向错了，你的计划再严密、你再努力、远景再美好，那也是枉然。

在非洲西撒哈拉沙漠中，有一个叫比塞尔的小村庄，它靠在一块1.5平方公里的绿洲旁，每年有数以万计的旅游者来到这儿。可是在肯·莱文发现它之前，这里还是一个封闭而落后的地方。这儿的人没有一个走出过大漠，据说不是他们不愿离开这块贫瘠的土地，而是尝试过很多次都没有走出去。

肯·莱文当然不相信这种说法。为了证实这种说法，他做了一次试验，从比塞尔村向北走，结果三天半就走了出来。

比塞尔人为什么走不出来呢？肯·莱文非常纳闷，最后他只得雇了一个比塞尔人，让他带路，看看到底是为什么。他们带了半个月的水，牵了两峰骆驼，肯·莱文收起指南针等现代设备，只挂着一根木棍跟在后面。十天过去了，他们走了大约八百英里的路程，第十一天的早晨，他们果然又回到了比塞尔。这一次肯·莱文终于明白了，比塞尔人之所以走不出大漠，是因为他们根本就不认识北斗星。

在一望无际的沙漠里，一个人如果仅凭着感觉往前走，他会走出许多大小不一的圆圈，最后的足迹十有八九是一把卷尺的形状。比塞尔村处在浩瀚的沙漠中间，方圆上千公里没有一点参照物，若不认识北斗星又没有指南针，想走出沙漠，确实是不可能的。

肯·莱文在离开比塞尔时，带了一位叫阿古特尔的青年，就是上次和他合作的人。他告诉这位汉子，只要你白天休息，夜晚朝着北面那颗星走，就能走出沙漠。阿古特尔照着去做，三天之后果然来到了大漠的边缘。阿古特尔因此成为比塞尔的开拓者，他的铜像被竖在小城的中央。铜像的底座上刻着一行字：新生活是从选定方向开始的。

有时，我们会急着去做那些自以为正确的事，可结果却是南辕北辙。当我们暗自怀疑自己的能力有限或者方法出了问题时，不妨小心地看看脚下，是不是站错了位置，走错了方向。

我们中的很多人之所以不成功，并不是因为他们不努力，而是因为没有方向或者选错了方向。无论你多么意气风发，无论你是多么足智多谋，无论你花费了多大的心血，如果没有一个明确的方向，就会走得很辛苦、很茫然，渐渐就丧失了斗志，忘却了最初的梦想，就会走上弯路甚至不归路。

智慧箴言

一个人无论现在多大年龄，真正的人生之旅，是从选定正确的方向、设定适合自己的目标的那一天开始的。有了方向和目标，我们就会知道自己该干什么，不该干什么，一句话，正确的方向是成功的开始。

7. 思考后就要行动

在思考中卓越成长，强调思考决定一切，但绝不排斥行动的重要性，行动和思考一样重要。思考后就要行动，行动才能把构想变成现实。没有思考的行动，和没有行动的思考，对成长和成功都是有害无益。

发明家凯特林说过："没有智慧的行动是疯狂的一种形式，而没有行动的智慧是世界上最大的愚蠢。"

一个好的想法，如果没有付之于行动的话，将会产生可怕的心理创伤。而如果你将一个创造性的想法付之行动，就会给自己带来巨大的精神满足和丰富的物质报酬。

没有任何思考，就去盲目行动，是一种疯狂行为；有了思考结果，不敢采取行动，是一种懦夫行为；而幻想有一天获得十全十美的构想，然后才心甘情愿地去实行，将构想永久屯积在心灵的仓库中，则是一种逃避行为。

美国著名的成功学大师皮鲁克斯说："思考能拯救一个人的命运。"杰出人物的习惯是：先花费大量的时间和精力进行艰苦地思考，一旦思考有了结果，就立即雷厉风行地行动。他们会在行动中不断完善自己的构想和计划，再用更周详的计划去采取更准确、更富有成果的行动。思考的重要性人人都懂，但只有付诸实践，立即行动，才能创造奇迹。

1973 年，英国利物浦市有一个叫科莱特的青年，考入了美国哈佛大学，常和他坐在一起听课的，是一位 18 岁的美国小伙子。大学二年级那年，这位小伙子和科莱特商议，一起退学，去开发 32Bit 财务软件，因为新编教科书中，已解决了进位制路径转换的难题。

当时，科莱特感到非常惊讶。因为他来这里是求学的，可不是来闹着玩的，再说对 Bit 系统，博士才教了点皮毛，要开发 Bit 财务软件，不学完大学的全部课程是根本不可能的。他委婉地拒绝了那位小伙子的邀请。

10 年后，科莱特成为哈佛大学计算机系 Bit 方面的博士研究生，那位退学的小伙子也在这一年，进入美国《福布斯》杂志亿万富翁排行榜。1992年，科莱特继续攻读，成为博士后；那位美国小伙子的个人资产，在这一年则仅次于华尔街大亨巴菲特，达到了 65 亿美元，成为美国第二富豪。

1995 年，科莱特认为自己已具备了足够的学识，可以研究和开发 32Bit财务软件了，而那个小伙子则已绕过了 Bit 系统，开发出了 Eip 财务软件，它比 Bit 快 1500 倍，并且在两周内占领了全球市场。这一年，那个小伙子成了世界首富，一个代表着成功和财富的名字——比尔·盖茨，也随之传遍全球的每一个角落。

要成功就要采取行动，因为只有行动才会把思考的结果变成现实。人人都明白"成功开始于想法"的道理，但是，有了好的想法，没有立即行动，还是不可能成功。

无论何时，当"立即行动"这个警句从你的潜识心理闪现到有意识心理时，你就该立即行动。许多人都有拖延的习惯。由于这种习惯，他们可能出门误车，上学迟到，或者更重要的——失去可能更好地改变他们整个生活进程的良机。

在四川的偏远地区有两个和尚，其中一个贫穷，一个富裕。

有一天，穷和尚对富和尚说："我想到南海去，您看怎么样？"富和尚说："你凭借什么去呢？"穷和尚说："我有一个水瓶，一个饭钵就足够了。"富和尚说："我多年来就想租条船沿着长江而下，现在还没有做到呢，你凭什么去？"

第二年，穷和尚从南海归来，把到南海的事告诉富和尚，富和尚深感惭愧。

"立即行动"可以影响你思考中卓越成长的每一个环节，它可以帮助你去做该做而不喜欢做的事；而遭遇令人厌烦的事情时，它可以教你不脱延。

胆略过人的人必定是行动果断的人，不管他错误的次数有多少，在事业上取得的成就要比那些犹豫不决、缩手缩脚的人大得多。要知道，站在成长的站台思前想后，呆立不动的人，永远到不了他想去的地方。

著名华裔电脑人王安博士六岁的时候，一天在外面玩耍，发现了一个鸟巢被风从树上吹掉在地，从里面滚出了一个嗷嗷待哺的小鸟，他决定把它带回家喂养。

当他托着鸟巢走到家门口的时候，他突然想起妈妈不允许他在家里养小动物。于是，他轻轻把鸟巢放在门口，急忙走进屋去请求妈妈，在他的苦苦哀求下妈妈破例答应了。

小王安兴奋地跑到门口，不料小鸟已经不见了，他看见一只黑猫正在意犹未尽地舔着嘴巴，小王安为此伤心了很久。但从此他也记住了一个教训：只要自己认准的事情，绝不可优柔寡断。应该说，正是成长中这种性格的培养，使他成人后成就了自己的事业。

思前想后，犹豫不决固然可以减少失误的可能，但也会失去许多成长的契机。

果断行动胜过不行动，早行动好过晚行动。假使事件当前，需要你的决定，你就应该当机立断，然后全力以赴，直到胜利。

今天我们都知道达尔文是进化论的创始人，而他也的确是最早着手探讨物种起源的，可是这个创始人位置差一点就花落他家。

从1842年，达尔文就开始起草进化论的提要，1844年，完成了《物种起源》的详细提纲，直到1858年，他仍然在撰写这部书。他的好朋友赖尔和虎克都不断催促他，让他赶快把他的理论写出来，并且警告他说："否则，就会有人跑到你的前面去了。"达尔文听了只是一笑置之。他是一位严肃认真的科学家，非要找到确凿的证据才肯动手，并且要使他的理论尽可能地完善、严谨。

就在这期间，果真有一位年轻人走到了他的前面，那就是华莱士。华莱士与达尔文的性格完全不同，他一旦产生某种新思想，马上就伏案写作，两天后完稿。1858年夏天，华莱士将自己的论文寄给一位自己所尊敬和信赖的学者，这个学者就是达尔文。

当达尔文看到这篇论文不禁大吃一惊。他一口气把论文读完，发现文中所写的完全都是自己思考过的问题，甚至所用的语言也和自己的完全一样。只要他推荐了它，华莱士就将成为这一重大发现的创始人，这意味着自己将失去为之倾注了全部的心血、耗费了二十年时间的重要理论的开创权。

达尔文心中非常懊丧和遗憾，但他是一位非常正直的科学家，他立即提笔写了一封热情洋溢的推荐信，并且决定放弃自己的大规模写作。当朋友们知道这件事后，认为很不公平，因为他在1842年写的摘要就已经是一篇完整的进化论论文。在他们的倡仪下，两篇论文同时发表了。

华莱士也不愧为一位高尚的科学家，当他知道事情的真相后，深受感动，并心甘情愿地把进化论创始人的位置让给了达尔文。而达尔文在朋友们的鼓励下，重新拿起笔来，10个月后，科学巨著《物种起源》出版了。

有了创造性的想法，就要果断付诸实施，在实践中再不断地修正、完善，这是成功者的共同特点。机遇对那些优柔寡断、拖拖拉拉的的人总是一闪即逝，果断行动比犹豫不决更能让你在思考中卓越成长。

智慧箴言

梦想是成功的起跑线，决心则是起跑时的枪声。行动犹如运动员全力奔跑，惟有坚持跑到终点的人，才可能获得成功的奖赏。

第九章

坚持努力使梦想成真

许多人彷徨在梦想的途中，不知道向前、向左、向右；甚至有的人不知道该不该继续前进。这一切，都很正常，在通往梦想的路上不仅仅只有这些，磨难、痛苦、失落、绝望都会时常的伴随着我们；知道吗？这些都是上帝的恩赐，它是要考验我们，让我们能成为人上人的试题，只要我们能够一一过关，必定有收获成功的果实。

有了坚持，才能劈荆斩棘，才能一千次的跌倒又一千零一次的站起！可以说，有了坚持不一定成功；但没有坚持，就注定失败。对于成功，坚持的塑造必不可少！

无数的事实也证明，起步时走在前面的登山者如果缺少了韧劲，没有了坚持，也许会前功尽弃，而坚持前行的人，一定会到达顶峰。一辈子坚持只做一件事的人，一定会成功，并且会成为一个强者，一个佼佼者。

我们每个人应坚守着自己的梦想，脚踏实地从最低处做起，只有锲而不舍，坚持到底，才有梦想成真的那一天。

1. 该出手时就出手

人生中无时无刻不存在着机遇与挑战，能抓住你便有了胜利的把握，而错失了则也会令你悔恨交加，品尝失败；其实，人生亦是如此，面对机遇挑战，必须敢于去挑战，更要有决断力，疏不知，机遇便是在你犹犹豫豫的指尖溜走的。做事情需要胆大心细，看清局势，在必要时刻就得看准时机勇于出手，主动出击。

真理告诉我们，机遇只属于勤奋执着、不怕艰苦、苦苦追求的人。没有坚定的目标，不屈不挠的精神，为求成功即使刀山火海也在所不惜的意志，是难以品尝到机遇转化为成功的甜蜜的。

利用杠杆，白手起家看准时代特征，掌握大势，找准机会，见缝插针，这样做下去，自然会获得成功。

善于抓住机遇的人，具有敏锐的目光，机遇一出现，他就立刻出手。因而，机会永远只属于面对机遇果断出击的人，对于那些犹豫不决的人来说，他们只有在回忆中才会发现机会在哪里，机会永远不会垂青他们。

可以说，人生也是一个不断把握机遇或放弃机遇的过程。机遇并不神秘，它存在于人生的旅途之中，关键是我们是否能"该出手时就出手"。在把握机遇的同时，就是要适当的出手，抓住最佳时机，才能达到事半功倍的效果。

作为一个现代人，一定要有胆有识，更要懂得该出手时就出手，但又不是盲目出手，要善于以卓越的胆识，敢于与狼共舞、与时共进，做到主动出击。在市场中永远没有等待，无论你是买入还是卖出。让自己变成主动者，做到该出手时就出手。

有一次，一个名叫摩根的年轻人，由于工作原因，他被派往古巴采购海鲜货物。在返回的途中，货船在新奥尔良码头作了短暂的停留。因为闲来无事，摩根便在码头上闲逛了起来。

突然，一位陌生人从他后面叫住了他，并问他是否有兴趣购买一船咖啡。一向对任何事物都感兴趣的摩根，就和他交谈起来。从谈话中得知，原来此人是巴西人，他是一艘船的船长，正在为一个美国商人运送一船咖啡。可是货到了，而收货人却破产了，因此无法接收，他只好就地贱卖抛售。

摩根听了船长的介绍后，便看了咖啡样品，觉得咖啡的成色和品质都不错，于是果断地决定全部买下。

要知道，对于一个普通的职员来说，做出这样的决定需要冒极大的风险。但是摩根凭着自己的直觉，还是果断地买下了这批咖啡，然后用电报通知公司。他很快接到公司的回电：赶快退货。这样，摩根陷入进退两难之境。但是，他相信自己的直觉判断没有错，他并没有畏惧退缩。

于是他决定向自己的父亲求援。他的父亲也是一个冒险家，对儿子的行为十分赞赏，当即决定投资。受到父亲的支持，摩根索性放开手脚大干一场，把码头上其它几条船上的咖啡也以很便宜的价格买了下来。

应该说，摩根的眼光是很准的，没过多久，巴西咖啡因为受到寒潮的侵袭而产量骤减，市场供应量猛然少了许多。物以稀为贵，咖啡的价格一下子猛涨了好几倍！

于是，摩根由此大赚特赚，他取得了第一笔巨额的风险收益。此后，摩根创办了自己的公司，并进行了一次又一次大胆的风险投资，并且几乎每次都是大获其利，并最终成为左右美国经济达半个世纪之久的金融巨擘。

摩根敢想敢干的作风，成为了成功商人们的经典案例，当机会来临时，切不可优柔寡断，左顾右盼，一定要主动出击，奋力一搏。

有时候，当我们面对一些事的时候，是没有第二次选择的机会，却可以珍惜每一个机会，把握住每一次机会。那么，当面对选择时，要珍惜每一个机会。也许你已经练就了一身绝顶的好功夫，但若总是远离竞技的圈子，远观比赛的擂台，你武林高手的称谓似乎永远只是虚名或是自封。该出手时就出手，抓住机会，主动出击，在决定你命运的人面前适时地抖出你的绝活是职场永不过时的铁杆定律。

有一个沿街流浪的乞丐，他在路旁每天总在想，假如我手头有两万元钱就好了。一天，这个乞丐无意中发觉了一只跑丢的小狗，这个小狗看上去十分可爱，乞丐看看四周没人，便把狗抱回了他住的窑洞里，拴了起来。

这只狗的主人是本市出了名的大富翁。这位富翁丢狗后心里非常的着急，因为这只狗不是一般的狗，它是一只纯正的进口名犬。于是，就在当地电视台发了一则寻狗启事：如有拾到者请速还，付酬金两万元。这对乞丐来说是一个机会，也正符合他所想的钱数。

第二天，乞丐沿街行乞时，看到这则启事，便迫不急待地抱着小狗准备去领那两万元酬金，可当他匆匆忙忙抱着狗又路过贴启示处时，发现启事上的酬金已变成了3万元。原来，大富翁寻不着狗，又打电话通知电视台把酬金提高到了3万元。

乞丐似乎不相信自己的眼睛，向前走的脚步突然间停了下来，想了想又转身将狗抱回了窑洞，重新拴了起来。第三天，酬金果然又涨了，第四天又涨了，直到第七天，酬金涨到了让市民都感到惊讶时，乞丐这才跑回窑洞去抱狗。

可是那只可爱的小狗已被饿死了，乞丐还是乞丐。一个人该出手时一定要出手，否则的话，最终会像故事中的这个乞丐一样，一无所有。因此，我们一定要做到该出手时就出手。

从前，古希腊哲学大师苏格拉底的三个弟子曾请教老师，怎么样才能找到理想的伴侣。苏格拉底没有直接回答他们的问题，却带弟子们来到一片麦田，让他们每人在麦田中选摘一支最大的麦穗，不能走回头路，并且只能摘一支。

第一个弟子刚走几步便迫不及待地摘了一支自认为是最大的麦穗，结果发现后面的大麦穗多得是，懊悔不已；而第二个弟子一直左顾右盼，东瞧西望，认为麦穗不够大，一直到了终点才发现，前面最大的麦穗已经错过了，当不知不觉快走出麦地时，立即随便摘了一支。而第三个弟子把麦田分为三份，走第一个1/3时，只看不摘，分出大，中，小三类麦穗，在第二个1/3里验证是否正确，然后选择了大麦穗中的一支美丽的麦穗。

虽然在数不清的麦穗中寻找最大的似乎是不可能的，而且所谓最大的时常也是要在错过之后才能知道，但倘若在调查研究的基础上果断出手，这样即便是不能选择到最大的麦穗，但离最大的一定也差不了很多。这就是"麦穗哲理"。在我们的现实生活中，有很多事情都有麦穗哲理的影子，比如面对机遇，比如选择工作。假如用采撷麦穗象征着选择婚姻对象的话，那么每个人都只有一次选择的机会。倘若想要拥有最完美的婚姻，那你就不能盲目草率地做决定，否则只会让你日后悔恨；而犹豫不定，又只会错过一次次机会，最后也是空留余恨。

我们只有在青春感性中保持理性，随着阅历的积累，了解到自己真正需要的是什么，再去选择真正适合自己的人生伴侣，那么得到幸福的机率就会大一些。

其实人生在世，好多美好的东西并不是我们无缘得到，机会来了而不知道主动去抓，到最后却是一事无成。所以说，理智地抓住机遇，果断地把握现在，切实地付诸行动，永远是通向人生彼岸、成就事业大厦、创造理想未来的不可或缺的保证，该出手时就出手，才能抓住生命中的每一次火花。

机会犹如白驹过隙，电光石火，稍纵即逝，该出手时不出手，那你就再没有勇气、也再没有机会出手了。

智慧箴言

人生是一个不断把握机遇或放弃机遇的过程。在把握机遇的同时，就是要适当的出手，抓住最佳时机，才能达到事半功倍的效果。

2. 物欲前要有平常心态

保持一颗平常心，是人生的一种尺度。有一颗平常心，才能合理节制欲望的膨胀！

"欲望越小，人生越幸福"是蕴涵着深厚人生哲理的名言。人对富贵荣耀和名利的追求是无止境的，拥有一颗平常的心，能让我们拿捏好尺寸，把握住幸福。

人有进取心是好事，但是在物欲面前，更要保持一颗平常之心。这是一个真实故事，故事发生在美国。

在 1856 年的某一天，在亚历山大的某商场发生了一起影响很大的盗窃案，共失窃 8 块金表和现金 16 万美元，这在当时，可是相当庞大的数目。

然而，就在这个盗窃案尚未破获以前，一个洛杉矶商人到这个城市批发货物，他把 4 万美元现金携带在了身上。

当他到达下榻的酒店后，先办理了贵重物品的保存手续，接着将钱存进了酒店的保险柜中，随即出门去吃早餐。

在酒店的餐厅里，那个洛杉矶商人听见邻桌的客人在谈论那个金表失窃案，虽然那个失窃案算得上在当地很严重的事情，但是这毕竟是一般社会新闻，这个商人并不当一回事。

在第二天吃饭时，他又听见有人讨论此事，他还听到有人用2万美元买了3块金表，转手后即净赚4万美元，其他人纷纷投以羡慕的眼光说："如果让我遇上，不知道该有多好！"

然而，这个商人并不以为然，他很怀疑地想："哪有这么好的事？"奇怪的是，在吃午饭时，那个话题居然又一次被大家谈论着，他吃完饭，回到房间后，忽然接到一个神秘的电话："你对金表有兴趣吗？老实跟你说，我知道你是做大买卖的商人，这些金表在本地并不好脱手，如果你有兴趣，我们可以商量看看，品质方面，你可以到附近的珠宝店鉴定。如何？"

商人听到后，开始有想法了，他开始回想几次听到的人们的谈论，心里在想难道这是真的？他不禁怦然心动，他想这笔生意可获取的利润比一般生意优厚许多，所以他便答应与对方会面详谈，结果以4万美元买下了传说中被盗的8块金表中的3块。

但是，后来有一天，商人仔细观看金表，他忽然觉得有什么地方不对劲。于是他将金表带到熟人那里鉴定，没想到这些金表居然都是假货，全部只值2000美元而已。

最后，商人报了案，直到这帮骗子落网后，商人才明白，自从他一进酒店存钱，这帮骗子就盯上了他，而他一整天听到的金表话题，也是他们故意安排设计的。

没错，歹徒早就作好了计划，如果第一次商人没有上钩，接下来，他们还会有许多花招准备诱骗他，直到他掏出钱为止。

其实，在我们周围，因为贪财、爱占小便宜的心理，而最终导致迷失方向的人有很多，因贪图钱财而丧失良心的人也随处可见。要知道，贪欲不仅可怕，也是导致许多人失败的原因。

贪婪的人、自私自利的人往往目光短浅，所以他们只知道眼前的利益，看不见身边隐藏的危机，也看不见自己生活的方向。

正如著名作家托尔斯泰所说："人的欲望越小，他的人生就越幸福。"这话蕴含着深刻的人生哲理。没错，人的欲望越大，人就会越贪婪，那么他的人生越容易致祸。古往今来，被难填的欲壑所葬送的贪婪者，多得不计其数。

其实，那些贪欲大的人，往往生活在日益加剧的痛苦中，而不能自拔，一旦欲望无法获得满足，他们便会失去正确的人生目标，陷入对蝇头小利的追逐。

其实，每一个人所拥有的财与物，无论是房子、车子还是金钱；不管是有形的财富，还是无形的资产，没有一样是属于你的，这些财物从根本上来说，也只是暂时寄存于你，或者让你暂时使用，或者让你暂时保管而已。所以，聪明人懂得把这些财富统统视为身外之物。

上面故事中的那个商人，他明知道金表是"赃货"，但因为被自己的贪念而知法犯法，最终抗拒不了骗子的诱惑而自食恶果，损失的不仅是钱财，还有他的良知和法律责任。

因此，也有人对成功的定义就是要"开心"，要"感觉好"。当你遇到不顺心的事的时候，要学会自我宽慰，自我开导，正所谓"比上不足，比下有余"，这时，烦闷自然也就随着一笑而散去了。

有时候，人的许多烦恼都是因为觉得不如周围的人而生出来的，正所谓"世上本无事，庸人自扰之"。

其实，别人肯定会有不如你的地方，但也不可能没有任何优点，总会有比你强的地方，因此，如果别人过得比你好，说明他某些方面还是比你强，一旦你想明白了这个道理，就会没有心结了。如果你还是想不开，那就和那些不如你的人比一比。

每个人都应该有一个比较切合自己实际的自我期望值，要承认人是有个体差异的，你不可能什么都比别人强，既要看到自己的优势，也要承认自己的不足。要允许自己在某些方面不如别人，坚信"天生我材必有用"，只要自己尽力了，就不要因为没有达到既定的目标而过多自责。这样，你的心理肯定可以宽慰许多。

智慧箴言

平常心贵在平常。在这追名逐利、灯红酒绿、金钱至上的现实生活里，要真正做到就需要在修养方面不懈努力和千锤百炼。努力追求"荣辱不惊，静观庭前花开花落；去留随意，笑看天上云卷云舒。"的人生最佳境界。

3. 勇气使机会成真

勇气就是在你心里恐惧到了极点时，得以采取必要行动的一种能力。我们必须有勇气去以我们的想法做赌注，去冒必要的危险、去行动。若要使生活充满效率和幸福，则每一天都必须具备勇气去面对这一切。丧失财富的人损失很大；可是丧失勇气的人，便什么都完了。

害怕失败的态度比失败本身更可怕。我们必须养成自己敢于胜利，不怕失败的无畏精神。勇敢里面自有天才、力量。

卡耐基曾说："当你害怕做某事时，只要你去做，你就会发现，情况并不是你害怕的那么糟糕。"行动的唯一目的就是提高自己的勇气，这种行动的本身是勇气的开始。越是害怕的事情，越要接触，这样才能逐渐变得不怕。

勇气就是敢作敢为，就是将自信表现在行动中的一种胆识。有的人想得很多，甚至制定出了明确的目标和方案，却总没有做。因此，再准的目标，再好的计划，没有行动就等于零。成功学的精髓就是两个字"行动"。当你感受到这一切的时候，你唯一所需的就是勇气，就是勇气所支撑下来的行动。

一次记者采访一个登上珠峰的队员，他说："当我登上珠峰后，我才发现原来我什么也没征服，征服的只是我自己。"

是啊，这种行动就在于证明人类的能力，给人类以鞭策、鼓励、激发人们的勇气。第一个顽皮的猴子，敢于直立起来，走出大森林，才有人类的今天。西方很多人从事探险，高崖跳水，无动力漂流等活动，正是为激励人们开掘出潜在的勇气。

全球著名的营养保健饮品利宾纳黑加仑果汁，是世界第二大食品及药品制造商澳洲葛兰素史克公司的主打产品。该种果汁于 1930 年推向市场，70多年来热销包括新西兰在内的 20 多个国家，一直深受大众的青睐。但谁也没有想到，2004 年的一天，该公司却被住在新西兰奥克兰、年仅 14 岁的中学生安娜·戴沃塔森和华裔女孩苏简妮一纸诉状告上了法庭。

众所周知，澳洲葛兰素史克公司的"后台"是葛兰素史克公司。2000

年 12 月，葛兰素公司和史克必成公司强强联合，组建成立葛兰素史克公司，分部遍及世界 80 多个国家，一举成为世界制药行业中无可争议亦无可撼动的领导者。按中国的说法："背靠大树好乘凉"，要告倒澳洲葛兰素史克公司，谈何容易？

"不管输赢，我们都要试一试。因为我们有证据，并非无理取闹。"面对师生的质疑和劝阻，安娜和苏简妮的态度很坚决。而她们所说的证据，不过是一份在学校实验室里做的果汁化验报告。

原来，奥克兰电视台每天都要在黄金时段滚动播出利宾纳黑加仑果汁的广告。广告中宣称：该果汁中维生素 C 的含量是橙子的 4 倍。长期以来，从没有人对这则广告产生过任何怀疑。仅仅是出于好奇，在化学课上，一向爱吃甜橙的苏简妮和安娜取出一瓶黑加仑果汁，兴致勃勃地做起了实验。谁知检测结果一出炉，两个女孩都愣住了：果汁中维生素 C 的含量微乎其微，几乎检测不到。

这不是欺诈和误导消费者吗？安娜和苏简妮很快将检测结果发送给葛兰素史克公司，希望能得到一个合理的解释。孰料，总部和分部对两个小女孩"不知天高地厚"的"狂妄"之举不以为意。三个月后，安娜和苏简妮既没有得到答复，也没有看到葛兰素史克公司对报刊和电视上登载、播出的广告内容做丝毫修改。这下，两个小女孩较起真来，直接将葛兰素史克公司告到了新西兰商业委员会。

新西兰商业委员会受理此案后，立即着手调查。经权威鉴定，利宾纳黑加仑果汁中维生素 C 的含量确如安娜和苏简妮所测的那样微乎其微。于是，葛兰素史克公司因涉嫌违反 15 项公平交易法被起诉。

这场官司，足足打了三年多。经过十余次交锋，法庭做出了最终裁决：葛兰素史克公司违反公平交易法罪名成立，被处以 22 万 7 千 5 百新元（约合 16 万 3 千美元）罚款，并立即在新西兰主要报刊上就其不实广告内容作出修正。

裁决结果一经敲定，中学生安娜和苏简妮便成了媒体关注的焦点。有记者问："你们是怎么发现黑加仑果汁中维生素 C 的含量极低的？"安娜和苏简妮简短地回道："好奇。"记者又问："这场官司一打就是三年，是什么力量支撑你们走到了最后？"安娜和苏简妮的回答同样简练："勇气。"

没错，出于好奇，她们从世人的司空见惯中发现了不寻常之处；缘于勇气，年纪轻轻的她们敢于和世界著名大公司对簿公堂。而好奇和勇气的完美结合，则成就了一场艰苦博弈的最终胜利。

勇气是自然的本能。我们每个人都有一种潜在的英雄本色。当人受到外界凌辱时，人人都会想到反抗；哪里有压迫，哪里就有反抗，这正意味着勇气是人类的本能。只不过，有的人消极地带着各种颓废态度过一生自己不想过的生活。

实际上，"大胆产生勇气，多疑产生恐惧"，只要勇敢的毫无顾忌地去做、去拼。你的勇气将会激发巨大的潜能，它能创造人类伟大的奇迹。

二次世界大战名将，号称"血胆将军"的巴顿，有人问他在开战之前是否感到恐惧，他说："有，我常在重要会战前，甚至交战中发生恐惧。"但是，他又说："我绝不向恐惧屈服"。真正的勇气不是没有恐惧，而在于决不让恐惧压倒。"

一个人走在成功的道路上，坎坷和和磨难总是时时相伴，胜利也总是和失败接踵。有勇气追寻成功的人是善于从教训中积累力量的，他们不会被困难所威胁，反而会从失败中获得新生。使他们胜利的决心更加牢不可破。这就是成功者的气魄，勇气是他们成功的最大动力。

一个留学生到了澳洲，好不容易找到一份工作。面试时主管问他："你有车吗？你会开车吗？这份工作是离不开车的。"留学生忙说："有，会。"其实那个留学生连方向盘都没有摸过，他只是不想丧失这一绝好的机会。

于是主管说："那好，一周后我们进行面试，请您开车前来。"留学生回去后就借钱买了辆二手车，第二天去学驾驶，第三天就开车上了路，第四天，沉着的开车去考驾照，第五天开着车绕悉尼城转了几圈，开得十分稳妥，一周后通过了面试。现在，凭着自己的努力，他已经一跃成为澳洲电讯的业务主管。

其实，抓住机遇并不难，只要你有足够的勇气和自信，成功就是属于你的。面对机遇，我们不能犹豫，稍一犹豫机遇就会弃你而去，只要是你决定的事情就不要放弃，要有坚定不移的信念。

人生就是这样，机会常常就在我们的身边，只是看你有没有勇气去把握住。很多人把机会给流失了，所以成功离他很远；有的人能及时地去抓住机会，所以成功离他越来越近，直至到了成功的顶峰。

现实生活中，你如果没有勇敢追求的精神，那机遇就可能与你失之交臂。

德国化学家维勒就因为错过一次机遇，使钒的发明权落到了琴夫斯特木手里，维勒十分懊悔。

正在悔恨中，他的老师柏米里乌斯给他写了一封信，信中讲了一个动人的故事：在北方一所秘密的房子里，住着一位绝顶美丽的女神，她的名字叫凡娜迪斯。

有一天，一个小伙子来敲她的房门，试图向她求爱。但是，这位女神听到敲门声以后，仍旧舒服地坐着，心里想："让来的那个青年再敲一会儿吧。"可是，敲门声响了一次就停止了，敲门人没有坚持敲下去，而是转身走了。这个人对于他是否被女神请进去，显得满不在乎。"他究竟是谁呢？"女神也觉得很奇怪，她赶忙奔到窗前，想去瞧瞧那位掉头离去的小伙子。"啊！"女神惊奇的自言自语地说："原来是维勒！好吧，让他白跑一趟是应该的，如果他不那么淡漠，我会请他进来的……。"

过了一段时间，又有人来敲门了。这次来敲门的人和维勒大不相同，他一直敲个不停。最后女神只好开门迎客，进来的是漂亮的小伙子琴夫斯特木，他和女神相会了。他们结合以后，就生下了新元素"钒"。

读完之后，维勒恍然大悟，明白了老师所讲的道理，就是因自己没有勇气坚持下去而让机会白白溜走了。从此，他引以为戒，时常用这件事来激励自己。终于使自己的事业又做出了新的成绩，把自己的能力贡献给了人类。

机会不是等来的，在很多时候还得靠自己去发现、挖掘，甚至还得靠自己去创造。倘若在有了机会，就看你有没有勇气抓住它获得成功。很多时候，失败者就是由于没有勇气而被成功淘汰出局了。勇气只是多跨一步超越恐惧，抱怨自己没有机会的人，多半没有勇气冒险。

因此，我们要拥有勇气，因为拥有勇气可以让机会变成现实，让我们的梦想得以实现。

智慧箴言

失去什么都不要失掉勇气！勇气在，世界就在。在这个世界上，很多人之所以没有成功，并不是因为他们缺少智慧，而是他们面对事情的艰难时缺少做下去的勇气。很多时候，我们工作生活中的胜败都是勇气的较量，我们败，并不是我们能力不足，而往往是我们勇气不足。

4. 到达顶峰必须从低处开始

一位哲人曾经说过："想要达到最高处，必须从最低处开始。"成功只会眷顾那些脚踏实地、从小事做起的人。一个人也只有从小事做起，从平凡的事做起，才能抵达自己想要到达的地方。

成功其实没有捷径，成功需要一个过程。成功有一个很重要的秘诀，那便是积累实力。当你拥有稳扎稳打的实力之后，自然会充满自信，即使前面有一道鸿沟，你也能一跃而过，走向成功的彼岸。

老子曾经说过："千里之行，始于足下。"——即使一个人天分再高，如果他不艰苦操劳，他不仅不会做出伟大的事业，就是平凡的成绩也不可能做到。

1862 年，德国哥丁根大学医学院的亨尔教授迎来了他的新学生。在对新生进行面试和笔试后，亨尔教授脸上露出了笑容，但他马上又神色凝重起来。因为他隐约感觉到这届学生中的很大一部分人是他教学生涯中碰到的最聪明的苗子。

开学不久的一天，亨尔教授突然把自己多年积下的论文手稿全部搬到教室里，分给学生们，让他们重新仔细工整地誊写一遍。

但是，当学生们翻开亨尔教授的论文手稿时，发现这些手稿已经非常工整了。几乎所有的学生都认为根本没有重抄一遍的必要，做这种没有价值而又繁冗枯燥的工作是在浪费自己的青春和生命。

有这些时间，还不如发挥自己的聪明才智去搞研究。他们的结论是，傻子才会坐在那里当抄写员。

最后，他们都去实验室里搞研究去了。让人想不到的是，竟然真有一个"傻子"坐在教室里抄写教授的论文手稿，他叫科赫。

一个学期以后，科赫把抄好的手稿送到了亨尔教授的办公室。看着科赫满脸疑问，一向和蔼的教授突然严肃地对他说："我向你表示崇高的敬意，孩子！因为只有你完成了这项工作。而那些我认为很聪明的学生，竟然都不愿做这种繁重、乏味的抄写工作。"

"我们从事医学研究的人，不光需要聪明的头脑和勤奋的精神，更为重要的是一定要具备一种一丝不苟的精神。特别是年轻人，往往急于求成，容易忽略细节。要知道，医理上走错一步，就是人命关天的大事啊！而抄那些手稿的工作，既是学习医学知识的机会，也是一种修炼心性的过程。"教授最后说。

这番话深深触动了科赫年轻的心灵。在此后的学习和工作中，科赫一直牢记导师的话，他老老实实做最傻的人，一直保持严谨的学习心态和研究作风。这种做事态度让他在人类历史上首次发现了结核菌、霍乱菌。

第一个发现传染病是由于病原体感染而造成的人，也是这位叫科赫的"最傻的人"。1905年，鉴于在细菌研究方面的卓越成就，瑞典皇家学会将诺贝尔生理学与医学奖授予了科赫。

只有脚踏实地的耕耘者，才能在平凡的工作中创造机会，抓住机会，实现自己的梦想；而眼光不愿俯视手中的工作细节的人，在等待机会的焦虑中，度过了并不愉快的一生。

有一名叫约翰·格兰特的人，在一家五金商店工作，每周只能赚2美元。他刚一进商店时，老板就对他说："你必须对这个生意的所有细节熟门熟路，这样你才能成为一个对我们有用的人。"

和格兰特一起进公司的年轻同事满不在乎地说："一周2美元的工作，还值得认真去做？"可是，格兰特对这个简单得不能再简单的工作，却干得很用心。

经过格兰特几个星期的仔细观察，他注意到，老板每次总要认真检查那些进口的外国商品的账单。由于那些账单使用的都是法文和德文，于是，格兰特开始努力学习法文和德文，而且还开始仔细研究那些账单。

有一天，老板在检查账单时忽然觉得非常地劳累和厌倦，格兰特看到这种状况时，主动提出帮老板检查账单的要求。他平时所学的法、德文也在此时派上了用场，由于他干得很出色，以后的账单自然就由格兰特接管了。

就这样努力干了一个月后的一天，格兰特被叫到了一间办公室。老板很诚恳地对他说："格兰特，公司打算让你来主管外贸。这是一个相当重要的职位，我们需要能胜任的人来主持这项工作。目前，在我们公司有20名与你年龄相仿的年轻人，只有你看到了这个机会，并凭你自己的努力，用实力抓住了它。我在这一行已经干了40年，你是我亲眼见过的3位能从工作琐事中发现机遇并紧紧抓住它的年轻人之一。其他2个人，现在都已经拥有了自己的公司，并且小有建树，而你呢？努力吧年轻人。"

格兰特的薪水也很快就被涨到了每周10美元。他的薪水在一年之后，达到了180美元，而且还时常被派驻法国、德国。

他的老板评价他时说："约翰·格兰特很有可能在30岁之前成为我们公司的股东。他已经从平凡的外贸主管的工作中看到了这个机遇，并尽量使自己有能力抓住这个机遇，虽然做出了一些牺牲，但这是值得的。"果然，格兰特最终成为了实力很大的股东，为人们所敬佩。

我们应该记住：凡事切忌急功近利，"勿以善小而不为"。要想获得成功，先要历练自己的心境、沉淀自己的情绪。从零做起，从"小善"做起，从眼前事做起。

能不能做好眼前的事，反映的是一种能力，更是一种态度。一个人胸怀远大的理想值得称赞，但不应因此而脱离了实际，更不能沉迷于虚妄的幻想中而不能自拔。

在竞争激烈的现代社会，一些求职者自命清高、好高骛远，小事不愿做，大事做不了，以致牢骚满腹，虚度了不少时光。在今天这个社会，几乎所有的年轻人都胸怀大志、满腔热血，但是空有抱负是远远不够的，成功需要从一点一滴做起。

如果不把眼前的事情做好，必将一事无成。因此，不要看轻任何一项工作，没有人可以一步登天。认真对待每一件小事，你就会发现自己的人生之路越走越宽，成功的机遇也会接踵而来。

智慧箴言

凡事都要脚踏实地去做，不驰于空想，不骛于虚声，而惟求真的态度作踏实的功夫，以此态度求学，则真理可明；以此态度做事，则功业可就。成功的大道上荆棘丛生，这也是好事，常人都望而怯步，只有意志坚强和脚踏实地的人例外。他们往往是最终的成功者。

5．认准了目标就要锲而不舍

一滴水滴在石头上，然后又是一滴……如此日复一日，年复一年，石头上的坑越来越深，最后柔柔弱弱的水将石头滴穿了，这是"水滴石穿"的故事。绳子不停地摩擦着粗壮的木头，让木头最终断为两截，这是"绳锯木断"的传说。

孙悟空西天取经失去了耐心，离开唐僧，在他放弃的时候碰到了用粗铁棒磨绣花针的老婆婆，孙悟空问老妇这样什么时候才能磨好？老妇只有一句话："只要功夫深，钢铁也能磨成针"，让孙悟空迷途知返。

历史上真实的玄奘为西行求法，历尽千难万险，置生命于不顾，坚持不懈，最终求得真法。坚持，凡事贵在坚持，任何一个在本行业做出成就的人都是坚持下来的人。三百六十行，行行出状元，做事应该认准方向，要做就做最好的，人对于冠军与亚军会有完全不同的印象，人们经常会记住第一名而记不住第二名，"要做就做最好"真该成为每个人的座右铭。

成功最大的障碍，就在于轻易放弃。我们每个人要想获得成功，选定目标之后，就要瞄准目标，锲而不舍。人们常说，一个人做一件事并不难，难的是能够始终如一、持之以恒地坚持下去，直到最终胜利。

1847 年 2 月 11 日，爱迪生诞生于美国俄亥俄州的米兰镇。他一生只在学校里念过三个月的书，但他勤奋好学，勤于思考，发明创造了电灯、留声机、电影摄影机等 1000 多种成果，为人类做出了重大的贡献。

爱迪生 12 岁时，便沉迷于科学实验之中，经过自己孜孜不倦地自学和实验，16 岁那年，便发明了每小时拍发一个信号的自动电报机。后来，又接连发明了自动数票机，第一架实用打字机、二重与四重电报机，自动电话机和留声机等。

有了这些发明成果的爱迪生并不满足。1878 年 9 月，爱迪生决定向电力照明这个堡垒发起进攻。他翻阅了大量的有关电力照明的书籍，决心制造出价钱便宜，经久耐用，而且安全方便的电灯。他从白热灯着手试验。把一小截耐热的东西装在玻璃泡里，当电流把它烧到白热化的程度时，便由热而发光。他首先想到炭，于是就把一小截炭丝装进玻璃泡里，可刚一通电马上就断裂了。

"这是什么原因呢？"爱迪生拿起断成两段的炭丝，再看看玻璃泡，过了许久，才忽然想起，"噢，也许因为这里面有空气，空气中的氧又帮助炭丝燃烧，致使它马上断掉！"于是他用自己手制的抽气机，尽可能地把玻璃泡里的空气抽掉。一通电，果然没有马上熄掉。但8分钟后，灯还是灭了，可不管怎么说，爱迪生终于发现：真空状态时白热灯显得非常重要，关键是炭丝，问题的症结就在这里。那么应选择什么样的耐热材料好呢？

爱迪生左思右想，熔点最高，耐热性较强要算白金啦！于是，爱迪生和他的助手们，用白金试了好几次，可这种熔点较高的白金，虽然使电灯发光时间延长了好多，但不时要自动熄掉再自动发光，仍然很不理想。

爱迪生并不气馁，继续着自己的试验工作。他先后试用了钡、钛、铟等各种稀有金属，效果都不很理想。过了一段时间，爱迪生对前边的实验工作做了一个总结，把自己所能想到的各种耐热材料全部写下来，总共有1600种之多。接下来，他与助手们将这1600种耐热材料分门别类地开始试验，可试来试去，还是采用白金最为合适。由于改进了抽气方法，使玻璃泡内的真空程度更高，灯的寿命已延长到2个小时。但这种由白金为材料做成的灯，价格太昂贵了，谁愿意化这么多钱去买只能用2个小时的电灯呢？

实验工作陷入了低谷，爱迪生非常苦恼，一个寒冷的冬天，爱迪生在炉火旁闲坐，看着炽烈的炭火，口中不禁自言自语道："炭……"可用木炭做的炭条已经试过，该怎么办呢？爱迪生感到浑身燥热，顺手把脖子上的围巾扯下，看到这用棉纱织成的围脖，爱迪生脑海突然萌发了一个念头：对！棉纱的纤维比木材的好，能不能用这种材料？

他急忙从围巾上扯下一根棉纱，在炉火上烤了好长时间，棉纱变成了焦焦的炭。他小心地把这根炭丝装进玻璃泡里，一试验，效果果然很好。爱迪生非常高兴，紧接又制造很多棉纱做成的炭丝，连续进行了多次试验。灯炮的寿命一下子延长13个小时，后来又达到45小时。

这个消息一传开，轰动了整个世界。使英国伦敦的煤气股票价格狂跌，煤气行也出现一片混乱。人们预感到，点燃煤气灯即将成为历史，未来将是电光的时代。大家纷纷向爱迪生祝贺，可爱迪生却无丝毫高兴的样子，摇头说道："不行，还得找其它材料！"

"怎么，亮了45个小时还不行？"助手吃惊地问道。"不行！我希望它能亮1000个小时，最好是16000个小时！"爱迪生答道。大家知道，亮1000多个小时固然很好，可去找什么材料合适呢？爱迪生这时心中已有数。他根据棉纱的性质，决定从植物纤维这方面去寻找新的材料。

于是，马拉松式的试验又开始了。凡是植物方面的材料，只要能找到，爱迪生都做了试验，甚至连马的鬃，人的头发和胡子都拿来当灯丝试验。最后，爱迪生选择竹这种植物。他在试验之前，先取出一片竹子，用显微镜一看，高兴得跳了起来。于是，把炭化后的竹丝装进玻璃泡，通上电后，这种竹丝灯泡竟连续不断地亮了1200个小时！

这下，爱迪生终于松了口气，助手们纷纷向他祝贺，可他又认真地说道："世界各地有很多竹子，其结构不尽相同，我们应认真挑选一下！"助手深为爱迪生精益求精的科学态度所感动，纷纷自告奋勇到各地去考察。经过比较，在日本出产的一种竹子最为合适，便大量从日本进口这种竹子。与此同时，爱迪生又开设电厂，架设电线。过了不久，美国人民便用上这种价廉物美，经久耐用的竹丝灯泡。

竹丝灯用了好多年。直到1906年，爱迪生又改用钨丝来做，使灯泡的质量又得到提高，一直沿用到今天。当人们点亮电灯时，每每会想到这位伟大的发明家，是他，给黑暗带来无穷无尽的光明。1979年，美国花费了几百万美元，举行长达一年之久的纪念活动，来纪念爱迪生发明电灯一百周年。

许多人之所以一生一无所获，主要原因就是在最需要努力、奋进、花大功夫、毫不懈怠地坚持下去的时候，他却放弃了自己的坚持，也许这样做很容易，也很简单，但是成功却从此与他无缘了。

其实，我们无论做任何事情都好比在马拉松赛跑一样，你最终的成功与失败往往只是一步或者半步之差，起决定性意义的只是最后的那一瞬间。谁在最后爆发出巨大的潜力和能量，谁就是最后的胜利者。可以说，最后的努力是决定一个人最终命运的努力。出身贫寒的松下，年轻时到一家电器工厂去谋职，这家工厂人事主管看着面前的小伙子衣着肮脏，身体又瘦又小，觉得不理想，信口说："我们现在暂时不缺人，你一个月以后再来看看吧。"

这本来是个推辞，没想到一个月后松下真的来了，那位负责人又推托说："有事，过几天再说吧。"隔了几天松下又来了，如此反复了多次，主管只好直接说出自己的态度："你这样脏兮兮的是进不了我们工厂的。"于是松下立即回去借钱买了一身整齐的衣服穿上再来面试。

负责人看他如此实在，只好说："关于电器方面的知识，你知道得太少了，我们不能要你。"不料两个月后，松下再次出现在人事主管面前："我已经学会了不少有关电器方面的知识，您看我哪方面还有差距，我一项项来弥补。"这位人事主管紧盯着态度诚恳的松下看了半天才说："我干这一行几十年了，还是第一次遇到像你这样来找工作的。我真佩服你的耐心和韧性。"于是松下幸之助这种不轻言放弃的精神打动了主管，他得到了这份工作，并通过不断努力逐渐成为电器行业非凡的人物。

松下的成功告诉我们，失败不仅是一次挫折，也是一次机会，它使你找到自身的欠缺，不轻言放弃，补上这一课，就成功了。

智慧箴言

俗话说，三百六十行，行行出状元。成功不在于你选择了什么，而在于你如何去实现。大凡成功人士，他们一个共同的特点就是都有着坚强的毅力，"咬定青山不放松"，锲而不舍地沿着自己的目标奋斗。

6. 向自己的怯懦挑战

列夫·托尔斯泰说："大多数人想改造这个世界，但却极少有人想改造自己。"一个人能自己改变自己，意味着理智的胜利；自己感动自己，意味着心灵的升华；自己征服自己，意味着人生的成熟。

能够改变、感动并征服自己的人，就有力量战胜一切挫折、痛苦和不幸。受挫一次，对生活的理解就上升一层；失误一次，对人生的感悟就增添一阶；不幸一次，对世界的认识就成熟一级；磨难一次，对成功的内涵就深化一步。从这个意义上来说，要想获得成功和幸福，要想过得快乐和欢欣，首先要把失败、不幸、挫折和痛苦读懂。

智者的智慧往往在于，他善于通过他人、现实和历史来剖析、调整、完善自己。人是有智慧的动物，我们的理性和智慧能够帮我们调好生命的琴弦，奏出美妙的乐章。

美国石油大亨保罗·盖蒂特别能抽烟，没有一根烟叼在口中就感觉无法忍受。一次，他在一个小城的旅馆过夜，很快进入梦乡。清晨两点钟，他醒了，想抽一根烟，不料烟盒是空的。而此时，旅馆的餐厅、酒吧早关门了，要想得到香烟，唯一的办法是到几条街外的火车站去买。

越没烟，烟瘾就越大。盖蒂脱下睡衣，穿好了衣服准备出门，在伸手去拿雨衣时，他突然停住了。他问自己：我这是在干什么？半夜三更的！我是一个知识分子，而且是一个相当成功的商人，一个自以为有足够理智对别人下命令的人，为何竟有如此可笑的举动？竟要在深更半夜离开旅馆，冒着大雨走过几条街，仅仅是为得到一支烟？难道自己竟然如此懦弱，让一支烟主宰自己？而自己对这个懦弱的自我，竟然只有屈膝投降吗？

如此一来，他的心灵受到震撼，他下定决心，将空烟盒揉成一团扔进了纸篓，换上睡衣回到床上，酣然入睡。在经历过这一事件后，保罗·盖蒂再也没有抽过香烟。他以坚强的意志，战胜了曾经懦弱的自己，不仅事业越做越大，成为世界顶尖富豪之一，而且身体也很好，到了80多岁的高龄时，还能通宵加班。

如果我们纵容自己的弱点，不努力控制这种情况，那么留给我们的只有"失败"这两个字。如果我们善于以自己的短处为基础，努力修缮，就可以扬长避短。

生活在现代社会，我们必须调整自己那种害怕受伤、怯懦畏惧的心理，端正心态，以一颗健康有力的心尝试生活，明天才会有更好的开始。懦弱的人总是害怕自己处于有压力的状态，因而他们害怕竞争。在对手或困难面前，他们往往不善于坚持，而选择回避或屈服。

因此，很多时候会有这样的一种现象：懦弱者时常会害怕机遇，因为他们不习惯、没有勇气去迎接挑战。他们从机遇中看到的是忧患，而在真正的忧患中，他们又看不到机遇。

懦弱的人不善于制造或处理冲突，因而他们也害怕刀剑，即便进攻与防卫的武器在他们的手里他们也捍卫不了自身。

懦弱的人经常会遭到他人的嘲笑，而遭到了嘲笑之后，他将会变得更加懦弱。懦弱的人经常自怨自艾，在他们心中，生活没有长远的目标，甚至没有任何的高贵之处。理想与未来是他们眼中的浮云，可望而不可及。

懦弱总是会成为恐惧的伴侣，它们都束缚了人的心灵和手脚。而最终，懦弱的人将会体会到悲剧的滋味。

其实，没有人能够完全摆脱怯懦和畏惧，最幸运的人有时也不免有懦弱胆小、畏缩不前的心理状态。但如果使它成为一种习惯，它就会成为情绪上的一种疾弊，它使人过于谨慎、小心翼翼、多虑、犹豫不决，在心中还没有确定目标之时，已经开始恐惧，在稍有挫折时便退缩不前，因而懦弱影响自我设计目标的完成。

懦弱的人总是害怕面对冲突，担心他人不高兴，害怕丢面子。所以，很多时候，他们会蹑手蹑脚。甚至在择业时，他们因为怯懦常常退避三尺，缩手缩脚，不敢自荐。在用人单位面前他们唯唯诺诺，不是语无伦次，就是面红耳赤、张口结舌。他们谨小慎微，生怕说错话，害怕回答不好问题而影响自己在用人单位代表心目中的形象。在公平的竞争机遇面前，由于怯懦，他们常常不能充分发挥自己的才能，以至于败下阵来，错失良机，于是产生悲观失望的情绪，导致自我评价和自信心的下降。

美国最伟大的推销员弗兰克说："如果你是懦夫，那你就是自己最大的敌人；如果你是勇士，那你就是自己最好的朋友。"对于胆怯而又犹疑不决的人来说，一切都是不可能的，正如采珍珠的人如果被鳄鱼吓住，怎能得到名贵的珍珠？事实上，总是担惊受怕的人，就不是一个自由的人，他总是会被各种各样的恐惧、忧虑包围着，看不到前面的路，更看不到前方的风景。正如法国著名的文学家蒙田所说："谁害怕受苦，谁就已经因为害怕而在受苦了。"

世上没有任何绝对的事情，懦弱的人并不注定永远懦弱，只要他鼓起勇气，大胆地向困难和逆境宣战，并付诸行动，便开始成为勇士。

智慧箴言

人最大的弱点就是战胜自己，最大的敌人就是自己，开启的钥匙也是自己，唯有超越自己才能取得成功。"知人者智，自知者明，胜人者力，自胜者强。"能够超越自己，并鼓励别人超越自己的人才是真正的强者。

7. 让钱为你工作

赚钱的层次分为三个等级：最底层是靠体力赚钱，中间层是靠知识赚钱，最上层是钱生钱。最底层和中间层的赚钱方式，都是要靠时间去换取金钱，靠的是"人追钱"过的是为钱工作的辛苦生活。但最上层的赚钱方式，过的是"钱生钱"的轻松投资生活，达到"让钱为我们工作"的赚钱境界。

所以，赚钱不一定要一味地追求勤劳致富，"懒人"也有致富路，他们反而过的是有钱又有闲的生活。为什么我们要追求让钱为我们工作，而不是我们为钱工作呢？如果让金钱成为你的主人，你就会成为奴隶，为了它你付出健康、快乐、亲情、友情，甚至是宝贵的生命。

相反的，如果你做了金钱的主人，你就可以驾驭金钱，让它卖力地为你不分昼夜地工作，以钱生钱，最终实现你的财富梦想。因此，有人总结说：发现金钱奴隶与金钱主人的差异是拥有财商智慧的第一步！

但如何让钱为你工作，如何让钱生钱？

这里很有必要讲一下广为流传的曼哈顿岛的故事。曼哈顿岛最初是一个荒岛，1626 年，一个荷兰人用 60 荷兰盾（折合 24 美元）的物品就从印第安人的手中换取了这个荒岛。而现在，曼哈顿岛成为全世界最繁华的大都市，至少值 50 万亿美元。我们现在来看这宗交易，感觉那个荷兰人赚了大便宜。不过，假设卖出曼哈顿荒岛的印第安人，当时把卖岛所得的 24 美元拿去投资，仅以 8% 的年复利来计算，到了 380 多年后的今天，这 24 美元已经"成长"成 120 万亿美元。而 120 万亿美元远超出曼哈顿岛的现值，他们又可以极为轻松地将曼哈顿再买回去。

从上述故事中可以看出，让钱生钱，首先要让钱从你的口袋里"走"出去，让它进入投资领域，去为你赚钱。注意是将钱投入到投资领域，而不是消费领域。假如，1626 年时，那个荷兰人不是将 60 荷兰盾买下曼哈顿岛，而是将 60 荷兰盾花销掉，可想而知结果会多令人失望。

每个人都有消费的欲望，有的人压抑欲望，延期消费，推迟钱的花销，将钱投资出去获取收益；而另一些为数更多的人，却认为反正自己富裕不了，就有一分钱花一分钱，结果没有钱投资去钱生钱。长期下来，结果就是前一部分人成为富人，而后一部分人仍然过着贫穷的生活。

任何人的富有都不是天生的，亿万富翁们起初也只是贫穷者。但他们善于借用资源，借钱生钱，最终走向富裕，是他们共有的特征之一。

著名的"希尔顿饭店"的创始人希尔顿从一文不名到成为身价57亿美元的富翁的过程，只用了17年的时间，他发财的秘诀就是借用资源经营。他借到资源后不断地让资源变成了新的资源，最后成为了全部资源的主人——一名亿万富翁。希尔顿年轻的时候特别想发财，可是一直没有机会。一天，他正在街上转悠，突然发现整个繁华的优林斯商业区居然只有一家饭店。他就想：我如果在这里建立一座高档次的旅店，生意准会兴隆。

于是，他认真研究了一番，觉得位于达拉斯商业区大街拐角地段的一块土地最适合做旅店用地。他调查清楚了这块土地的所有者是一个叫老德米克的房地产商人之后，就去找他。老德米克也开了个价，如果想买这块地皮就要希尔顿掏30万美元。

希尔顿不置可否，却请来了建筑设计师和房地产评估师给"他的旅馆"进行测算。其实，这不过是希尔顿假想的一个旅馆，他问按他设想的那个旅店需要多少钱，建筑师告诉他起码需要100万美元。

希尔顿只有5000美元，但是他成功地用这些钱买下了一个旅馆，并不停地升值，不久他就有了5万美元，然后找到了一个朋友，请他一起出资，两人凑了10万美元，开始建设这个旅馆。当然这点钱还不够购买地皮的，离他设想的那个旅馆还相差很远。许多人觉得希尔顿这个想法是痴人说梦。

希尔顿再次找到老德米克签订了买卖土地的协议，土地出让费为30万美元。然而就在老德米克等着希尔顿如期付款的时候，希尔顿却对土地所有者老德米克说："我想买你的土地，是想建造一座大型旅店，而我的钱只够建造一般的旅馆，所以我现在不想买你的地，只想租借你的地。"老德米克有点发火，不愿意和希尔顿合作了。

希尔顿非常认真地说："如果我可以只租借你的土地的话，我的租期为90年，分期付款，每年的租金为3万美元，你可以保留土地所有权，如果我不能按期付款，那么就请你收回你的土地和在这块土地上我建造的饭店。"

老德米克一听，转怒为喜："世界上还有这样的好事？30万美元的土地出让费没有了，却换来 270 万美元的未来收益和自己土地的所有权，还有可能包括土地上的饭店。"

这样，这笔交易就谈成了，希尔顿第一年只需支付给老德米克 3 万美元就可以，而不用一次性支付昂贵的 30 万美元。就是说，希尔顿只用了 3 万美元就拿到了应该用 30 万美元才能拿到的土地使用权。这样希尔顿省下了 27 万美元，但是这与建造旅店需要的 100 万美元相比，差距还是很大。

于是，希尔顿又找到老德米克，对他说道："我想以土地作为抵押去贷款，希望你能同意。"老德米克非常生气，可是又没有办法。

就这样，希尔顿拥有了土地使用权，于是从银行顺利地获得了 30 万美元贷款，加上他已经支付给老德米克的 3 万美元后剩下的 7 万美元，他就有了 37 万美元。可是，这笔资金离 100 万美元还是相差得很远，于是他又找到一个土地开发商，请求他一起开发这个旅馆，这个开发商给了他 20 万美元，这样他的资金就达到了 57 万美元。

1924 年 5 月，希尔顿旅店在资金缺口已不太大的情况下开工了。但是当旅店建设了一半的时候，他的 57 万美元已经全部用光了，希尔顿又陷入了困境。这时，他还是来找老德米克，如实细说了资金上的困难，希望老德米克能出资，把建了一半的建筑物继续完成。

他说："如果旅店一完工，你就可以拥有这个旅店，不过您应该租赁给我经营，我每年付给您的租金最低不少于 10 万美元。"这个时候，老德米克已经被套牢了，如果他不答应，不但希尔顿的钱收不回来，自己的钱也一分回不来了，他只好同意。而且最重要的是自己并不吃亏——建希尔顿饭店，不但饭店是自己的，连土地也是自己的，每年还可以拿到丰厚的租金收入，于是他同意出资继续完成剩下的工程。

1925 年 8 月 4 日，以希尔顿名字命名的"希尔顿旅店"建成开业，希尔顿的人生由此开始步入辉煌时期。

智慧箴言

钱，是富人的工具，也是产品。犹如砍下木头削成斧柄，握紧斧柄再去砍树，砍下树再制作更多的斧柄，如此循环往复。收获财富，使钱生钱，就得学会让死钱变活钱，不断地繁殖和增多。

第十章

品质决定成功的高度

　　一个人不管多聪明，多能干，背景条件有多好，如果人品很差，那么，他的事业将会大受影响，只有好的人品才能做大事。我们从小到大，有关做人的道理耳熟能详。然而，品性优劣却人各有异，做事的结果也大相径庭。任何失败者都不是偶然的，同样，任何成功者的成功都有其必然性，其中最重要的一个因素就在于人品。

　　好人品是人生的桂冠和荣耀。它是一个人最宝贵的财产，它构成了人的地位和身份，它是一个人信誉方面的全部财产。

　　有一名人谈到自己的成功经验时说："一个人一辈子做诚实有德之人，绝对会赢得别人永久的信任！"世间技巧无穷，唯有德者可以其力，世间变幻莫测，唯有人品可立一生！这就是作为一个成功人士或希望成为一个成功人士应该具备的优秀品质。

　　人生道路，不管你是用人还是为人做事，都要牢记要有好人品这句箴言。好的人品让生命更美好，让自己更强大，让心境更平和，好的人品将有助于你走上成功之路。

1. 慷慨得当　回报无穷

善用计谋的人都懂得：要收获，须先播种；要成功，要得到更多，须先慷慨解囊。如果你想以小博大，都必须懂得这个道理并加以正确运用。

"节俭"是商人的必修课，"共享"是商人的生意经。一个对自己节俭、对他人慷慨的商人，其实已经掌握了经商的真谛。

因为，节约的都是利润。一个不懂节俭的商人，就不懂得如何创造财富，也难以累积财富。许多巨贾富豪都战胜了个人的贪欲，保持着节俭的习惯，这是经商成功的内功修炼方法。

但是，另一方面，那些深刻领悟节俭智慧的商人，对员工、客户、生意伙伴往往十分慷慨，这又是经营中的"分享"哲学。

一个成功的商人，当然少不了一颗善知得失的头脑，想必古今中外都是如此，唐朝时就有这么一个商人。

那时京师长安城内有个窦姓商人，由于他刚好有块地坐落在某位颇有权势的大宦官的隔邻，在他得知这位大宦官有意购买这块地之后，他脑筋一闪，马上想到这是个难得的好机会，于是二话不说，便很大方地把这块地送给了这位大宦官。

宦官没花半毛钱，就拥有这么块地，当然是快乐得不得了，直夸窦姓商人是个豪爽的好兄弟。不过，过了几天之后，窦姓商人声称要到江浙一带去做生意，希望宦官能给他写几封亲笔的介绍信。"没问题，没问题！小事一桩！"宦官立刻挥笔书写，很乐意地回报这位慷慨的"民间友人"。

由于宦官的名号够响，很少人敢不买他的账，窦姓商人便拿着那几封有如令箭的鸡毛信，到处去攀交情、打通关系，显示身份的不同凡响，做起生意来当然方便许多，也让他获得了比那块不值几个钱的空地还要大上几倍、几十倍的收益。

天生慷慨虽然可以得到欣赏与感激，不过，却也很容易让自己变得一无所有。但是，懂得利用慷慨，将慷慨用对时机、用对地方，回报恐怕就会加倍。

窦姓商人或许久经商场，深谙市场法则，知道如何以最小的代价获取最大的利益，甚至能将抽象的德性拿来换回实质的收益，可以说是商人中的商人。

李嘉诚说："如果一单生意只有自己赚，而对方一点不赚，这样的生意绝对不能干。"在他看来，做生意千万不要"铁公鸡一毛不拔"。相反，要经常让些利润给别人。做生意，首先要有"分享"的意识。有钱大家赚，利润大家分享，这样才有人愿意合作，你的生意才能做得足够大。

有钱大家赚，这是李嘉诚不变的原则。在利益共享方面十分慷慨，容易赢得众多追随者，这使李嘉诚很有人缘，生意越做越大，越做越容易。

在香港地区，董事长每年会从利润中拿出一定比例来奖励董事会成员，称之为"袍金"。李嘉诚出任十余家公司的董事长或董事，所得"袍金"会有上千万港元。但是，他把所有的袍金都归入长江实业的账上，自己全年只象征性地拿5000港元。

要知道，这5000港元还不及一名清洁工在20世纪80年代初的年薪。李嘉诚在董事袍金上的做法，成为香港商界、舆论界的美谈。

更重要的是，李嘉诚每年放弃数千万元袍金，主动把利益和大家一起分享，而不是独吞，获得了公司众股东的一致好感。爱屋及乌，大家自然也信任长江实业的股票，甚至出现了这样的情况，李嘉诚购入其他公司股票，投资者主动跟进，成为投资界的一道风景。

李嘉诚的"分享"哲学，体现了互利互惠的经营观。做生意，本身就是合作的过程，只有在合作中才能实现交易。经商过程中，主动与人分享利益，赢得的是他人的信任，更多的业务伙伴，以及未来的市场。

李嘉诚说过："如果一单生意只有自己赚，而对方一点不赚，这样的生意绝对不能干。"意思是，生意人应该利益均沾，这样才能保持久远的合作关系。相反，光顾一己利益，而无视对方的权益，只能是一锤子买卖，自己将生意做断做绝。

事实上，让小利于别人，别人不仅不会因争利而与你敌对，反而会生出感激之情，信任于你。取得别人的信任比什么都重要，而取得同行的信任就更为重要。信任你的同行不仅不会让别人拆你的墙角，关键时刻还会帮你一把。即使不能帮你，他也不会落井下石。

作为一个理智的商家，就一定要具有长远的战略眼光，应该把精力集中在创富上，而不是过于抠门。如果与伙伴争小利，眼睛死死盯在眼前的利益上，一方面会因把精力耗于此种竞争而无精力去"造大势"；另一方面会因争小利而得罪周围的同行，树敌过多，被人联合而攻之。

此外，我们还要明白，做生意的本质就是合作，要时刻注意合作伙伴的利益和诉求，要让合作伙伴拥有足够的回报空间。

在任何一个行业中，如果能有两家公司保持比较好的合作伙伴关系，这两家公司都可以达到双赢的局面。合作伙伴之间的活动对双方都有利是双方保持稳定合作的基础，这就需要双方的任何一方都多为对方着想，多考虑对方的利益。如果只是想着自己多得到一些利益，而让对方少得到一些利益，这种合作伙伴关系必将走向破裂，受害的是合作的双方。

试想一下，在一项业务合作中，如果双方都拿50%的利润，这个活动可以很好地进行下去，因为双方都感觉到自己的50%是应该拿的。但如果一方只拿40%，而愿意把利润的60%都让给对方呢？这样在短期内或许是吃亏，但从长远看呢？你的赢利是什么呢？

答案不言自明，长期合作的收益远远比一次合作的收益要高得多，有着良好的信誉，在行业中有几家关系稳定的合作伙伴，是事业立于不败之地的重要保障。对生意人来说，懂得让利，在利润分享上大方一些，才能赢得合作，让生意长长久久。小利不舍，大利不来，这是经商的定则。生意人不要只局限于眼前的利益，更要看到长远的前景，善于在分享中赢得合作机会。

让利于人，一定要让得巧妙，否则难以收到预期的效果。所谓巧妙，其实质在于要抓住顾客的需求心理，给予他想要得到的东西。巧妙让利，让对方心服口服，非常受用，才能最大程度上保证合作共享。

的确，"慷慨付出"是让自己成名的大好机会，因为大多数人都怕麻烦或者舍不得付出，所以"自找麻烦"的人和慷慨的人反而特别容易引人注意。如果你想成功，别吝啬你的时间和金钱，只要你愿意坚持下去，你一定能找到成功的契机！

智慧箴言

一个不懂节俭的商人，就不懂得如何创造财富，也难以累积财富。但是，另一方面，那些深刻领悟节俭智慧的商人，也往往十分慷慨，懂得在得失之中衡量利弊。这又是经营中的"分享"哲学。

2. 明处吃亏　暗中得福

古话云：人生在世，吃亏是福。意思是说，当人们吃亏的时候，人生福报就会在今后发生在自己身上了。

吃亏的背后，总会有收获的一面，当人生吃亏时，收获已经在你的人生银行中存储下来了。一个是可见的，一个是不可见的。

人生吃亏，就是人生积福的秘方，吃亏原本也是一种获得。凡是人生能够心甘情愿吃亏到底的人，都是前程可以期待之人，都是福报具足之士。吃小亏换小福，吃大亏换大智。

胡雪岩本是江浙杭州的小商人，他不但善经营，也会做人，常给周围的人一些小恩惠。但小打小闹不能使他满意，他一直想成就大事业。他想，在中国，一贯重农抑商，单靠纯粹经商是不太可能出人头地的。大商人吕不韦另辟蹊径，从商改为从政，名利双收，所以，胡雪岩也想走这条路子。

王有龄是杭州一介小官，想往上爬，又苦于没有钱作敲门砖。胡雪岩与他也稍有往来。随着交往加深，两人发现他们有共同的目的，完全是殊途同归。王有龄对胡雪岩说："雪岩兄，我并非无门路，只是手头无钱，十谒失门九不开。"胡雪岩说："我愿倾家荡产，助你一臂之力。"王有龄说："我富贵了，决不会忘记胡兄。"

胡雪岩变卖了家产，筹措了几千两银子，送给王有龄。王有龄去京师求官后，胡雪岩仍然操其旧业，对别人的讥笑并不放在心上。几年后，王有龄身着巡抚的官服登门拜访胡雪岩，问他有何要求，胡雪岩说："祝贺你福星高照，我并无困难。"王有龄是个讲交情的人，他利用职务之便，令军需官到胡雪岩的店中购买军用物资，胡雪岩的生意越做越好、越做越大。他与王有龄的关系也更加密切。正是凭着这种功夫，胡雪岩使自己吉星高照，后来被左宗棠举荐为二品官，成为大清朝惟一的"红顶商人"。

有时看似一件很吃亏的事，往往会变成非常有利的事。

20世纪70年代后期，香江才女林燕妮为公司租场地，跑到长江大厦看楼，发现李嘉诚仍在生产塑胶花。当时，塑胶花已经成为夕阳产业，根本无利可图。而李嘉诚凭借地产已经站稳脚跟，根本不需要再经营利润微薄的塑胶花。但是，李嘉诚偏偏维持小额的塑胶花生产。

后来，林燕妮才明白，李嘉诚是顾念着老员工，给他们一点生计，所以不忍心抛弃旧产业。而李嘉诚的职员也说："长江大厦租出后，塑胶花厂停工了。不过，老员工也被安排在大厦里做管理。对老员工，他是很念旧的。"

有人提起李嘉诚善待老员工的事，不由得翘起大拇指，李嘉诚却说："一间企业就像一个家庭，他们是企业的功臣，理应得到这样的待遇。现在他们老了，作为晚一辈，就该负起照顾他们的义务。"

还有人感叹李嘉诚为人忠厚："李先生精神难能可贵，不少老板待员工老了一脚踢开，你却不同。这批员工，过去靠你的厂养活，现在厂没有了，你仍把他们包下来。"李嘉诚却谦虚地说："千万不能这么说，老板养活员工，是旧式老板的观点。应该是员工养活老板、养活公司。"

人才是现代商业竞争的关键，这是许多商人都明白的道理。但是，懂了是一回事，执行又是一回事。商人皆为利来，只要赚钱。商人不是慈善家，工厂没有效益，关闭是无可厚非的。从这个角度来看，商场是无情的，也是无奈的。但是，李嘉诚却化无情为有情，上演一幕幕感人的人情戏，让员工不得不对他感恩戴德。这又是一种为人处世的智慧。

李嘉诚对别人慷慨，有一种强烈的责任感。这种精神，是他拥有强大领导力、一呼百应的基础。正如他所说："有时看似是一件很吃亏的事，往往会变成非常有利的事。"这就是吃亏是福。以吃亏来得利，是一种比较高明和有远见的办事技巧。

商业俗语说，"钓鱼需长线，有赔也有赚"。对于生意场上的得失，一定要站得高，看得远，千万不要"只见锥刀末，不见凿头方"，只顾一时的利益，从而失去长远的利益。那年，35岁的美国人休斯顿在斯图尔市的闹市区租了房子，准备发掘自己人生的第一桶金——从事水果批发生意。

在此之前，休斯顿在一家小公司干了7年的仓库保管员，没有任何的生意经验。但他不想一生都为别人打工，他想自己做老板，干一番事业。

谁也没想到，休斯顿的水果批发生意异于常人，他经营的所有水果价格均是全市最低价。本来，质优价廉未尝不可，但业内的人都吃惊于一点——休斯顿的水果批发价格之所以能做到行内最低，那是因为休斯顿的水果全部都是以零利润出售的。也就是说，休斯顿不仅赚不到钱，还要每月赔上房租、水电等费用。休斯顿果真是没有任何生意经验的人，居然会做出这样的傻事。面对同行的嗤笑和亲友的质问，休斯顿从不多作解释，始终坚持以零利润经营水果生意。更让人吃惊的在后头，休斯顿又将自己7年的工作积蓄全部取出来，在斯图尔市涉足首饰加工业和服装干洗业。而且，价格上仍然是以零利润经营。

所有人都认为休斯顿是脑子里哪根筋出问题了——世间哪会有人这么傻？不可否认，休斯顿所经营的生意，无论是水果批发，还是首饰加工和服装干洗方面，从来都是顾客最多、生意最为繁忙的，但谁都清楚一个不争的事实，那就是在顾客络绎不绝、一派繁华的背后，是休斯顿必须付出不断赔本的代价。很多人预测，休斯顿撑不了多长时间。事实印证了人们的猜想，一年之后，休斯顿停止了自己所有的生意，将所有店面都关停了。

之后，休斯顿迅速筹措了资金，居然又新开了一家店面，而且是全市除他之外绝无第二家的店面——经营中国什锦。这次，休斯顿改变了零利润的经营思路。

休斯顿的中国什锦生意并没有让人们继续看笑话，从开业之初，美丽的中国什锦首先吸引了消费者的眼球，加之品种繁多、质量优异，休斯顿的什锦之路一天比一天宽广。不到半年时间，他就连开了5家分店，且生意都非常兴隆。有人嗅到了商机，看着休斯顿的什锦生意眼红，也开类似的店面，但他们都奇怪地发现，几乎所有购买什锦的客户都集中在休斯顿的店里，很少光顾别家。无奈，他们只得草草收场。

很多人都在为休斯顿感到幸运，称他这个"成事不足，败事有余"的小子在什锦上却"瞎猫撞上了死耗子"。其实，真正的秘诀只有休斯顿知道：自己的成功并非是他们所说的"幸运"，而是完全靠自己高超的经营智慧和对人性的精确掌握。原来，休斯顿从创业之初就决定做中国的什锦生意。只不过，他清醒地认识到，要想让当地民众认可中国什锦且能让自己将什锦生意做大做强，除了产品的质量和价格外，还必须打出属于自己的个人品牌。因此，休斯顿先在前期以零利润的经营方式博取民众的深刻印象。时间一久，所有消费者的潜意识里就有了一个自我暗示：休斯顿出售的东西，价格都是最优惠的。在行内人看来，休斯顿"零利润"背后是不断地损失，而在消费者心目中，"休斯顿"三个字俨然已经成为最实惠的品牌代言。

休斯顿的零利润经营方式貌似很傻很愚笨，但经过了他聪明的市场运作和对人性的精确分析，却成了绝妙的智慧体现：眼前的损失是暂时的，个人的品牌和实在的长期回报才是真理。

有人说，世界上有三种人一点不肯吃亏。一种人肚量太差，吃了亏就想不开，茶不思饭不想，好像被剜了肉一样。一种人火气太大，吃了亏就要双脚跳，轻则破口大骂，重则大打出手，把事情弄得不可收拾。还有一种人心眼太小，吃了亏就要睚眦必报，常常让别人怨声载道，让自己因小失大。

事实上，如果你能够平心静气地对待吃亏，表现自己的肚量，往往能够获得他人的青睐，获得经商所需要的人脉资源，从而获得商业上的成功。

世界上没有白吃的亏，有付出必然有回报，生活中有太多的这种事情，如果过于斤斤计较，往往得不到他人的支持。只有放开肚量，从长远的角度思考问题，那么吃亏实际上就是一种商业投入，吃亏就是福呀！

智慧箴言

愿意吃亏、不怕吃亏的人总是拥有一个宏大、宽容、纯净的世界。这个世界里，他享受着永远的快乐和幸福。吃亏的人，不但赢得好人缘，还会在道义上得到更多人的支持，为自己赢得滚滚财源。

3. 努力超越自己

每个人都是一座山，世上最难攀越的山，其实是自己，人生没有爬不过的山，只要不断坚持，不懈的追求，终究会超越自己，实现目标。

我们在登山时不断地仰望山峰，都会觉得峰顶的目标看起来高不可攀，但每向前一步，距离目标就更近一步。不要去攀比其他的登山者，踏踏实实地走好自己的路，只要真诚付出了努力，每一步都是一个胜利的超越，都是对自己原始记录的刷新。

在拿破仑还是一个单纯的孩子时，一次偶然的机会中，他的叔叔问拿破仑，将来长大想要做什么？拿破仑在听叔叔这样问他之后，马上滔滔不绝地发表了心中构想已久的伟大抱负。小拿破仑从他立志从军开始，一直说到想带领法国的雄兵，席卷整个欧洲，建立一个前所未有的超级大帝国，并且让自己成为这个大帝国的皇帝。不料，叔叔听完小拿破仑的抱负之后，当场大笑不已，指着小拿破仑的额头，嘲讽道："空想，你所说的一切全都是空想！想当法国皇帝？那是不可能的！依我看，你长大之后，还是去当一个小说家，反倒更容易实现你的皇帝梦……"

小拿破仑被叔叔这一阵抢白，非但没有动怒，反而静静地走到窗前，指着远处的天边，认真地问道："叔叔，你看得到那颗星星吗？"这时还是正午时分，拿破仑的叔叔诧异地走到窗前，茫然地答道："什么星星？现在是中午，当然看不到啊！孩子，你该不会是疯了吧？"再次面对叔叔的质疑，小拿破仑却是依然镇定而冷静地说道："就是那颗星星啊！我真的看得到，它依然高挂在天边，不分日夜，一直为了我而闪烁着，那是属于我的希望之星；只要它存在一天，我的梦想就永远不会破灭……"

事实上，那颗希望之星从未高悬天际，它一直躲藏在拿破仑的内心深处，凭借内在希望之星的引导，终于使得拿破仑成为真正的法国皇帝。

成功的动力源于拥有一个值得努力的目标，并努力抛开自我，放眼去寻求生命的真谛。没有生活目标的人，生活的层面是十分狭隘的。他们只关心自己，只关心眼前的一点利益。这种人就像井底之蛙。胸怀大志的人所显露的一个显著特征就是他们勇于超越自我，全力以赴实现自己心中的梦。

一百多年前，一位穷苦的牧羊人带着两个幼小的儿子替别人放羊为生。

有一天，他们赶着羊来到一个山坡上，一群大雁鸣叫着从他们头顶飞过，并很快消失在远方。牧羊人的小儿子问父亲："大雁要往哪里飞？"牧羊人说："它们要去一个温暖的地方，在那里安家，度过寒冷的冬天。"大儿子眨着眼睛羡慕地说："要是我也能像大雁那样飞起来就好了。"小儿子也说："要是能做一只会飞的大雁该多好啊！"

牧羊人沉默了一会儿，然后对两个儿子说："只要你们想，你们也能飞起来。"两个儿子试了试，都没能飞起来，他们用怀疑的眼神看着父亲，牧羊人说："让我飞给你们看。"于是他张开双臂，但也没能飞起来。可是，牧羊人肯定地说："我因为年纪大了才飞不起来，你们还小，只要不断努力，将来就一定能飞起来，去想去的地方。"两个儿子牢牢记住了父亲的话，并一直努力着，等他们长大——哥哥36岁，弟弟32岁时——他们果然飞起来了，因为他们发明了飞机。这两个人就是美国的莱特兄弟。

生命的价值，在于不断地超越自己。只有不断地超越自己，才能保持饱满的精神状态，迎接新的挑战；只有不断地超越自己，才能让你的明天更美好；只有不断地超越自己，才能让你的生命越来越有价值；只有不断地超越自己，才能实现自我的价值。超越自己，就是不断地放弃，不断地创新，不断地跨越，不断地延伸，不断地否定自己，认识自己，向自己挑战。

在一本杂志上看到：一个心理学家曾经说过："你一定比你想象的还要好，但是许多人并不这样认为。"许多杰出人士在小小年纪时，就怀有大志，就想与众不同，无论遭遇任何磨难，仍相信自己是最好的。你是不是有这样的信念，有别人打不倒自己的信心呢？你的坚持有多强，你的自信就有多强，你的路就有多长。

每一个人都应该永远记住这个真理，只有不断超越自我的人，才是一个真正聪明的人。人生在世，每个人都有自己独特的禀性和天赋，每个人都有自己独特的实现人生价值的切入点。你只要按照自己的禀赋发展自己，不断地超越心灵的绊马索，你就不会忽略了自己生命中的太阳，而湮没在他人的光辉里。不要左顾右盼别人路上的风光，增添自己的烦恼，扰乱自己前进的步伐，回首之际，你会发现你错过了途中向你微笑的花朵。

英国作家约翰·克莱斯，可以说是全世界数一数二的多产作家，他一共出过564部小说，如果以一年出10本来算，他花了将近五六十年时间在写小说。出了那么多书，你可能会以为他是百战百胜的作家，那你就错了，他曾经被退稿达753次！试问你承受得住753次的沮丧吗？

爱迪生这个童年被老师认为愚钝的人，却创造出1093项发明，不折不扣是个发明大王，你可知道他失败了多少次？他失败了3000次。所以作为大师的他会如此说：九十九分的努力，一分的天才。

美国的学者吉思克尔说："成功无法门，但失败一定会有所收获。"愈早失败对一个人愈有益，这样你才能在年轻时，获得大智慧。

台湾著名漫画家朱德庸25岁红透宝岛，《双响炮》、《涩女郎》、《醋溜族》等作品在台湾深受喜爱；在内地，他的漫画也非常畅销。可小时候的他却是一个问题孩子，并认为自己非常笨。十多岁以后，他发现自己对文字反应迟钝，但对图形很敏感。于是他在学校里画，回到家里也画，书和作业本上的空白地方都画得满满的；在学校受了哪个老师的批评，一回到家就画他，狠狠地画，后来就有媒体发现了他，为他开设漫画专栏。因为找准了自己的最佳结合点，他成为一位优秀的漫画家。

人就是要不断地提升自己，不断地超越自己，朝着更好更高的目标不断努力。人在不同阶段会有不同的追求，自己的目标也在不断的调整，人的自信心也是工作成果的一个反馈。如果你的判断付诸实施成功了，你的自信心就会朝着一个良性的方向发展。

遇到挫折时，你可以客观地认识自己，进行调整，这样不会很深地伤到自信心，然后吸取经验继续前行。在自己能力范围之内，尽其所有地做一些事情。将人生的智慧和才华发挥出来，对社会和他人有贡献，才是人生的真谛，才具有生命的意义！

智慧箴言

生命的价值，在于不断地超越自己。只有不断地超越自己，才能保持饱满的精神状态，迎接新的挑战；只有不断地超越自己，才能让你的明天更美好；只有不断地超越自己，才能让你的生命越来越有价值。

4．财富跟着爱心来

1929 年，美国人伊勒·C·哈斯只是位非常普通的医生。他行医、娶妻，享受天伦之乐；他还热衷于发明创造，且十二分的投入。

好几次，他无意中听到妻子抱怨自己身为女人，有种种的不方便，尤其是每月的那几天……深爱妻子的哈斯医生觉得自己该为妻子做些什么，他放下手头的发明试验，坐到她身边。于是，哈斯夫妇进行了一次亲密无间的谈话。

哈斯医生终于明白了妻子的苦恼……哈斯医生一连几天躲在实验室里……世界上第一支女性内用卫生棉条，就这样诞生在一个时刻关爱妻子的医生手上。

这项服务于全人类女性的发明，于 1933 年获得了专利，它首销于美国，如今已被世界上一百多个国家的妇女所接受。这项专利无论带给哈斯医生怎样的巨大财富，哈斯太太一生所感念的，仍是丈夫那颗仁爱之心。

拥有一颗善心，一种爱人的心情，一种为爱敢于付出又能够付出的资质，就是拥有了无与伦比的财富。提起江苏黄埔再生资源利用有限公司，可能很多人会感到陌生，但如果提起这家公司的董事长陈光标，相信关注过 2008 年汶川地震的人都会感到很熟悉。他就是位居中国十大慈善家之首的陈光标。

也许在汶川地震前，你从没有听说过陈光标的名字。虽然他 10 年来向慈善事业捐款捐物累计达到了 4.75 亿元，仅 2008 年度其捐赠总额就达 1.81 亿元，但一向行事低调的他从不愿将"善行"公布。

尽管如此，在那些被他资助过的 20 多万人，以及他们周围人的心目中，陈光标的名字还是如雷贯耳。汶川地震后，陈光标再也无法默默地进行他的慈善事业，因为他"慈济天下"的行为感动了所有中国人。

2008 年 5 月 12 日，中国四川的汶川大地震让天地动摇，而"中国首善"陈光标在抗震救灾中的表现则同样感天动地。

汶川地震发生仅两个小时，陈光标便带着 20 万元现金、200 万元支票，带领由推土机、挖土机、吊车等 60 辆重型机械设备和 120 名操作手组成的抢险队，千里驰援救灾一线。从江苏、安徽日夜兼程，几乎与军队同时抵达了灾区，成为自发抗灾抵达地震灾区的首支民间队伍。

陈光标和他的工程队冒着余震、泥石流和山体坍塌的危险，参与打通了通往北川、汶川和映秀的生命线，推出了映秀镇的停机坪，在岷江边修出了近 4 公里的道路，让军队得以进入灾区。

在参与救灾的 20 多天里，陈光标每天仅休息三四个小时，陈光标和他的救援队共挖出被埋群众 6000 多人，救活 128 人，其中，陈光标亲手抱出、抬出 200 多人，救活 12 人。在赈灾中，陈光标共捐出 785 万元现金、2300 顶帐篷、2-3 万台收音机、1000 台电视机、1500 台电风扇、8000 个书包……

2008 年，陈光标以 1.81 亿元的年度捐助被评为"中国首善"，并被授予"中国红十字勋章"。在 2008 胡润慈善排行榜上，陈光标荣获了"最具慷慨爱心个人奖"……

温家宝总理充分肯定了陈光标的救灾善举，称赞他是有良知、有感情、心系灾区的企业家，并向他表示致敬，"企业家要有经营理念，还要有爱心，有灵魂。我向你表示致敬"。这是温总理对陈光标的"致敬"，也是亿万中国人对他的致敬。

汶川地震考验着每一个中国人，尤其是中国的企业家，就像陈光标所说的："地震发生了，党和人民对民营企业家履行社会责任的考验时刻已经到了。我希望有更多的人行动起来。灾民们后面的困难还很多，要吃饭、要饮水、要医疗、要防止瘟疫，还要重建家园……我们不能把这一切责任都推给政府！"2008年11月4日，辽宁阜新要在南京开一场招商会，阜新市市长潘利国邀请陈光标出面组织50名企业家参会。让潘利国大为意外和感动的是，陈光标一呼百应，现场居然来了近200名知名企业家……这就是人心的力量。

正是凭着这种"上善若水，慈济天下"的慈善观，陈光标的慈善之路越走越开阔，这也为他带来了巨大的人心财富和号召力。

智慧箴言

有的人用钱来积聚人心，钱财散去，人心也就散了；有的人用"权"来积聚人心，权力旁落，人脉也就断了；陈光标则是用"善"来积聚人脉，慈善济世，人心才能永恒，财源也才能滚滚而来。

5. 诚信多高财富就有多厚

所谓诚信，就是诚实守信，表里如一，言行一致。我国古代的大教育家、哲学家、思想家孔子曾经以言警世："人而无信，不知其可也。"说的是"做人不讲信用，真不知道怎么能行"，此句出自《论语》，说明孔子对"信"的重视。

在《论语》中，"信"有两层含义：一是受人信任，二是对人有信用。人生活在群体中，与人相处，得到别人的信任十分重要。诚信为本，无信而不立这不是做人的应有品质，只有得到人们的信任，办事才能成功；只有自己讲信用，才能得到人们的信任。

诚信自古以来，都是一直被人类社会所推崇的一种伦理道德规范，不论是从早期春秋战国时期商鞅的立木为信，才有了后来商鞅变法的大举成功；还是我们小时候狼来了的故事，给我们不诚实守信，终究会自欺欺人、自食后果、甚至丧失宝贵生命的惨痛教训……

诸如诚信的故事与事件数不胜数，这些都说明了诚信的重要性，做一个诚信的人，一个有高尚品德的人，尊崇"无诚则无德，无信事难成"的观念指引，在社会主义文明高度发展、人与人相处难见真情的今天，只有人人讲信用，建立起人与人之间的互信，人与社会才能和谐共处。

"一个人有两样东西谁也拿不走，一个是知识，一个是信誉。我只要求你做一个正直的公民。不论你将来是贫或富，也不论你将来职位高低，只要你是一个正直的人，你就是我的好儿子。"这是著名企业联想集团董事会主席柳传志的父亲在他小时候教诲他的话语。此后，无论做什么事情，柳传志都以诚信为先，以真诚为首，这一思想一直到后来他任联想集团总裁的时候都未曾改变。

联想的成功，诚信是它的关键因素之一，它取信于银行，取信于员工，更取信于投资者，而这一切都离不开柳传志这位当家人，柳传志的父亲给予"正直做人"的教诲也许就是联想的精神支柱。

1997年，香港联想因为库存积压造成1.9亿港元的亏损，这在当时是个相当大的数字。在这危急的时候，联想的领导层竟然选择了首先告知银行亏损的消息，然后再申请贷款。一般人认为，先借钱再通知银行亏损状况，或者干脆不通知银行会比较容易借到钱。但是联想集团宁愿付出天价也不愿失去银行的信任。此举果然赢得银行的信任，并再次贷到了款。如果不是联想长期守信用，这件事根本就做不成。

联想集团靠诚信赢得了很高的社会信誉，也赢得了巨大的财富。这就是诚信的力量！

诚信不但是人性的基础，而且是创造财富的基石。做人要讲诚信，经商要讲诚信。但真正的诚信是不能挂在嘴上的，要放在心里，要用心去做。所以，诚信是有价的，也是无价的。

在强调别人诚信的同时，自己也要讲求诚信。社会道德需要人们用诚信来维护，诚信的社会没有坑蒙拐骗，人们普遍得到安全和受益。靠诚信创造的财富谁也拿不走，物质没有了，精神还在，而精神又可以创造财富。联想不仅仅是一个例子，不仅仅是一种感动，它更让更多的人思考。

在意大利的罗马城，有一座有名的雕像，是一位老人张着大口，好像在呼喊什么。这座雕像非常有名，传说一个人如果把手伸进老人的嘴里，就能知道这个人是诚实的还是虚伪的。对于诚实的人，他的手安然无恙，如果是个骗子，他的手就会被雕像咬掉。

传说虽是这样，但是千百年来，从未听说过这座雕像曾咬掉过谁的手。这座雕像的存在，以及关于他的传说只不过说明了人世间的真诚是难以考验的，而也正由于它的难以考验，不真诚才永远不能绝迹，人们对真诚的向往同样也永远存在。

"敦厚之人，始可托之以大事"，一个人如果不够诚实，往往为人两面三刀，在社会上成为图利弃友的市侩小人，这样的人是没有朋友的，有朋友也只是利用朋友来达到自己的目的，把朋友当做工具。这种关系不会维持长久。

交友如果不交心，一切都是见利而为，势利眼的人，其最后下场都是不太好的。人难免有势利眼，但应该保留诚实之心，这样会抵消一些由于势利所带来的恶果。可有的人完全势利化了，他喜欢往热闹处寻找自己的利益，一旦他所追随的人失意，他立刻转身而去。这样的人容易被人看出他的心理动机，所以多被诚实的人所不屑，被诚信社会所不取，故而他的人缘是不会很好的，表面上的风光也是暂时的，经不起风吹雨打。

而诚实的人是被人们广泛推崇的，他即使有时会吃点儿亏，但对整个人生来说，却是问心无愧，这样的人，即使不去主动结交朋友，也会有人愿意与其相处。和他打交道没有顾虑，没有戒备，犹如走在清澈见底的溪水边，感到惬意和快乐。

曾经听过这样一个关于诚信经营的故事：一个顾客走进一家汽车维修店，自称是某运输公司的汽车司机。"在我的帐单上多写点零件，我回公司报销后，有你一份好处。"他对店主说。但店主拒绝了这样的要求。顾客纠缠说："我的生意不算小，会常来的，你肯定能赚很多钱！"

店主告诉他，这事无论如何也不会做。顾客气急败坏的嚷道："谁都会这么干的，我看你是太傻了。"店主火了，他要那个顾客马上离开，到别处谈这种生意去。

这时，顾客露出微笑，并满怀敬佩的握住店主的手："我就是那家运输公司的老板。我一直在寻找一个固定的、信得过的维修店，我今后常来！"

　　这种面对诱惑，不怦然心动，不为其所惑，我想这就是一种诚信经营的典范吧，也只有这样，企业才能得到他意想不到或者冥冥之中本该就是他的财富利润与价值吧。

智慧箴言

　　诚信无处不在，无时无刻不影响着我们，一个人要讲究诚信，将心比心，才能找到好友与知己，一个企业也不例外，只有诚信经营，不欺瞒客户，给客户提供更多的附加价值，提高客户的满意度与忠诚度，才能在当今这种竞争激烈的市场经济中平稳、健康、可持续增长，获得长远的利益与发展。

6. 自信照亮你的成功之路

　　一个人的成功，很大部分决于他的自信程度。一个人没有自信，他就一定没有事业的成功，只有自信，才会有成功的机会。

　　当一个机会来临的时候，性格懦弱者会说，我不行，我肯定不行，我不具备成功的条件，我根本就没有这个能力。于是他将永远和成功无缘。性格坚强者说，我行，我一定行，我有十足的把握和信心，我绝对能成功。他取得最后的胜利自然在预料之中。

　　事实证明，苛求成功的信心是创造灵感和获得财富的源泉。人们一旦拥有了这个强烈的信心，它就会千方百计地唤醒那沉睡中的潜力，潜能只有在这样的情况下才能够奇迹般的被引爆，引爆的潜能化做财富，就像火山爆发喷出的滚滚岩浆一般，以其无可阻挡的磅礴气势，排山倒海一样滚滚而来……

　　在一个依山傍水的小村庄里住着一户人家，这家只有兄弟三人，老大叫自信，老二叫成功，老三叫财富。三兄弟一起勤耕细作，山上栽果树，河里养鱼，田里种庄稼，日出而做日落而息，不久就成为十里八村最富裕的人家。

　　随着日子一天天好过起来，老二和老三之间开始有了意见分歧，他俩谁也不服谁，总觉得自己比对方强，一天到晚争吵不休。老三说："没有我财富打前阵，你是巧妇难为无米之炊，凭你用尽浑身解数也难以成功。"

老二不屑地说："就你那点钱也叫财富？买了种子连口粮都剩不下，不是我头脑灵活经验丰富，咱家的日子能有现在这么好过？"哥俩边走边吵，不觉又来到了村口的老槐树下。这是一棵千年古树，树干粗壮枝繁叶茂，尤其是树身长出的凹凸不平的纹理象极了一个长着胡须的老爷爷。他们坐下来乘着凉，又开始了新一轮的有关"鸡生蛋，蛋生鸡"的争执。

微风吹过，树影婆娑，一个苍老低沉的声音传来，"你们别吵了，吵得我都无法修行了！"是老槐树在说话，兄弟俩赶紧站起身来必恭必敬地听着。"你们俩本事差不多，分不出个高低上下，但你们都没有你大哥能耐大，如果没有你大哥自信，就不会有你老二成功和你老三财富。"哥俩有点不服气了，说心里话平常他们有点看不起大哥，总觉得大哥除了整天笑呵呵的有一把子力气和一股子不服输的劲头之外，其他的好象再没有什么了。

树神看出了哥俩对他大哥能力的怀疑，接着说道："你们俩不是都想单独出外闯闯吗？那时侯你就会明白你大哥比你们强了。"树神就是树神，连他们心里的想法都清楚，哥俩很是佩服。他俩这几天是在心里盘算过要出去见见世面，想打拼一份属于自己的事业。

于是，接着树神的话题，他们说了各自的想法，决定离开村庄出去谋事，并且和树神相约，十年后的今天再次相见。哥俩回家和大哥说了情况后带着自己的东西就上路了。

老二成功来到了一个大城市里安顿下来，通过招聘进入一家广告公司做业务员，凭着他的聪明勤快，不久成为这家公司的业务经理，并且拥有了自己的一大帮固定客户。三年后他把这些客户具为己有，自己成立了公司做起了老板。

开始的时候业务十分顺利，渐渐的情况发生了变化，新广告公司犹如雨后春笋般拔地而起，广告业马上就成为僧多粥少的局面。尤其是在他的一位得力干将像当年他炒他的头那样炒了他的鱿鱼，并难以幸免地带走了他的大部分客户后，他的公司陷入瘫痪。他想，广告业目前正处于低迷萧条状态，凭自己微薄的力量去跟整个行业抗争简直是以卵击石，他庆幸自己脑子活泛反映迅速，马上清理家当转行又做起了图书批发买卖。

其实这个行当竞争也非常激烈，平均利润很难超过 10%，如果量又上不去的话，想赚钱不是很容易。眼看约定回乡的日子快到了，老二并未见有什么大的作为，他心急如焚便孤注一掷起来。他倾其所有与地下印刷厂合作，挑选市面上非常畅销的书进行盗版，结果被文化稽查大队逮了个正着，他被没收了书、罚了款、吊销了营业执照，从此又沦落为一名打工崽。重新打工的他，再也没有刚出来时的干劲，整天借酒消愁感叹命运不济，消磨着余下的日子。

老三财富知道自己脑子没有老二灵活，胆子也小，他不敢到城市里去，就选了一个和他家乡非常相似的也有山有水的村庄住了下来。他把在家乡搞过的一切都翻版用到了这里，山上栽树、河里养鱼、田里为美国佬种起了马铃薯。通常胆子小的人心眼也小，在用钱方面也小气，老三就是这样，只有过之而无不及。眼见带来的钱一天比一天少，他便吝啬起来，该用的人辞了，该购的设备省了，该买的保险免了。一个人忙上山忙下河忙耕田，唱起了独角戏。

毕竟他一个人的精力能力有限，管理跟不上漏洞百出，当他发现问题重新聘请管理人才后，生性多疑的他对人家又极为不信任处处设防，搞的人们根本无心继续为他好好工作，从而造成很大的损失。在第五年夏天，小鱼苗都长成大鱼收获在望的时候，一场突如其来的灾难发生了，一天一夜的暴雨使河水泛滥，他的鱼儿转眼就失去了踪影。也真是祸不单行，洼地里的马铃薯也着了灾减了产，他赔了个底朝天。直到这时候他才痛彻心肺地明白，买保险的钱是省不得的。

在这些重创下他病倒了，虽然也想过从头再来，但是总也打不起精神总担心再遭遇什么不测，不见实际行动，结果是鱼也没再养马铃薯也没再种，病病歪歪中荒废了两年。实指望山上的果树来弥补落下的亏空，可是别人家的果树硕果累累，而他的却稀稀拉拉，最终赢得了他不舍得投入疏于管理的回报。最后他以低价把果园转给了别人，彻底认输专等相约日子的到来。

这一天终于到了，老二成功老三财富灰头土脸地聚到了老槐树下。风声乍起，树身晃动，一个白胡子长者立在俩人面前。"怎么样，十年的打拼明白自己不行了吧。"还是那苍老低沉的声音，"老二你别不服气，其实你有起死回生再次成功的机会，只是被你的不自信给错过了。你还记得汽车拉力赛那单广告生意吗？在你关门的第二天人家带着合同找你做最后的谈判，找不到你人家只好换了别的公司，最终给这家公司带去了丰厚的利润。你的想法我知道，你不相信世界级汽车拉力赛中国赛段的广告会落到你头上，你对自己根本没报什么希望。是这样的吧？"老二惭愧地低下了头。

树神转向老三，没等树神开口老三诚恳地说道："树神，这十年我已经发现自己身上的缺点很多，并不是说有钱就能够取得成就，还得需要很多其他素质。我做的事几乎是把在家做过的重复一遍，但我还是输得一塌糊涂。我真的不行啊！"说完，树神对老三投去赞许的目光。

"跟我来，现在让你们看看你大哥这些年都干了些什么吧。"说着，树神爬上附近的山坡，站在这里村里的一切尽收眼底。看到眼前翻天覆地的变化，听着树神的讲解，哥俩不由得对大哥佩服起来。原来大哥的事业并不是一帆风顺的，什么资金困难、人才缺乏、市场瘫痪、危机四伏、四面楚歌、濒临破产都经历过，只是大哥从来不服输，哪里跌倒哪里爬起来，对自己永远充满自信。

正因为他极高的人格魅力，吸引很多仁人志士全力协助投资入股。他们将科学技术引入到传统的种植业养殖业中，建立工厂对这些产品进行精加工，在他们的拉动下其他副食品行业也加入进来，很快就形成了规模巨大的副食品集散地，实现了供、产、销一条龙的集约化生产模式，成为当地经济闪光的亮点。老二老三看着眼前的楼房、工厂、街道、车流、人海，哥俩由衷地对树神承认他们不如大哥，并且保证以后一定向大哥好好学习，决不怠慢。从此以后，哥仨形影不离，只要自信走到哪里，成功和财富就跟到哪里。

天下没有容易成功的伟业，要想成就杰出，必须学会从常规之外寻找新路。普通人之所以不能成功，并非因为他们缺少机遇和能力，而是信心，他们不敢相信凭自己的能力能创造出别人做不到的奇迹。所以，他们不敢去尝试打破常规，遇到难关就放弃。

其实，只要你相信可以达到目标，你的信心与态度就能使你产生无穷的力量，而最终到达你想要去的地方。相信自己，做自己的主人。信心使一个人征服他相信自己可以征服的东西。有位作家说过："我从未看到哪个充满自信、肯定自我能力、并朝着自己的目标全力以赴、勇往直前的人无法取得成功。"

威廉·波音曾经是一个经销木材和家具的商人。当他观看了一场飞机特技表演后，他迷上了飞机。于是，他丢开生意，前往洛杉矶学习飞行技术。在学习过程中，波音产生了一个新的想法：制造飞机也许比驾驶飞机更有趣。

他被这个想法迷住了，学习一结束，他就邀请一位海军军官合作，共同制造飞机。

那时候，他们不但没有工厂，甚至连一个受过专门训练的制造工人也找不到。波音只好动员他那家木材公司的木匠、家具师和仅有的 3 名钳工进行组装。很多人认为波音一定是疯了——试想，一个门外汉带着一群门外汉，怎么可能制造飞机这种高技术含量的产品呢？

但是，波音对自己充满信心。他相信只要经过努力，任何事都可以做成功。最后，他们真的将飞机制造出来了！这是一架水上飞机，波音亲自驾着它进行试飞，并获得了成功。

波音的信心更加高涨，他索性将木材公司改成飞机制造公司，专心研制飞机。时至今日，全世界每天有数千架波音公司生产的飞机在天空飞行，谁能想到它起步之初的水准是那么不可思议呢！

数百万的成功者都曾有过这样的经历，他们奇迹般地做成了普通人认为不可能做成的事。每个人都有可能做成这样的事，但绝大多数人却止步于对自己的消极评价：我不可能做到！

一个人缺乏自信，认为自己"不可能做到"，是因为他只看到了自己的失败之处，并把注意力都集中在它们上面，他所错过的就是"即使是充满自信的成功者也有出错的时候"。这是任何人都避免不了的，不论是成功者还是失败者，不论是老人还是年轻人，这种事都会发生。

叔本华说过："其实，事物的本身并不会影响人，很多时候，是人们受事物看法的影响。"的确，对事物的看法，没有绝对的对与错，但却有积极与消极的看法，而且人总要为自己的看法承担最终的结果。消极心态的人，对事物永远都会找到消极的解释，并且总能为自己找到抱怨的借口，毫无疑问，他最终得到的只能是消极的结果。而拥有积极信念的人，常常能够在困难重重的情况下，找到打开命运枷锁的钥匙，得到灿烂和光明。

智慧箴言

自信是从事大事业所必须具备的素质，是一切成就的基础。有信心的人可以化渺小为伟大，化腐朽为神奇。有位成功人士说过："工作热情或者激情，首先是鼓舞自己，然后是感染别人、带动别人，最后创造奇迹。"